신재생에너지 시스템기술

태양광발전설비

실기실습

최순식 저

일진사

머리말
Preface

태양광 발전이란 태양의 빛 에너지를 변환시켜 전기를 생산하는 발전 기술로 바이오, 풍력, 지열, 수력 발전 등과 함께 재생 가능한 에너지를 변환시켜 이용하는 에너지로, 신재생 에너지에 속한다.

다른 발전 장치들에 비해 설치가 쉽고 오래 사용할 수 있다는 장점이 있으나 초기 투자비와 발전 단가가 높아 부담스럽고 흐린 날, 비오는 날 등의 날씨에는 가동이 어려운 단점을 가지고 있다.

그러나 최근 기후 위기가 심각해지면서 전 세계적으로 화석 연료 사용량을 줄이고 신재생 에너지로 대체하려는 적극적인 움직임을 보이고 있다.

우리나라도 1997년 교토 의정서 채택에 이어 2016년 11월 3일 파리협정 비준, 2050년까지 실질적인 탄소 배출량이 0(zero)이 되는 탄소 중립을 달성하기 위해 신재생 에너지 기술을 개발, 적용하고 있다. 실제로 전 산업에 걸쳐 태양광 발전 제품을 적극적으로 도입하는 양상이 나타나 태양광 발전 산업의 가능성을 볼 수 있다.

그 첫 번째는 어두컴컴한 밤, 공원과 산책로의 안전을 책임지는 가로등 중에도 태양광 발전 제품이 있다는 사실을 알 수 있다. 스마트 태양광 LED 가로등은 상부의 태양광 패널을 통해 낮 동안 태양광 에너지를 배터리에 저장한 뒤 해가 진 밤에 조명을 밝히는 데 사용하며, 가로등 안의 컨트롤러를 통해 조명 밝기뿐만 아니라 일출·일몰 시간을 자동으로 제어하는 효율적인 운영까지 가능하다.

두 번째는 가정집의 지붕 또는 창가, 옥상, 산 중턱, 들판 등에 설치되어 있는 태양광 발전 패널이다. 환경과 우리 집 전기세 절약을 위해서 태양광 패널 설치를 고민한 적이 있을 것이다. 정부에서는 신재생 에너지 사용을 권장하기 위한 태양광 사업을 진행 중이며, 단독·공동주택에 태양광, 태양열 등의 신재생 에너지 발전 기기 설치 비용의 일부를 정부가 지원하는 사업으로 해마다 예산이 빠르게 소진될 만큼 인기가 있다.

따라서 본 교재는 환경을 보전하고 인간의 생명과 안전을 만족시키는 태양광 발전 시스템을 쉽게 이해할 수 있도록 기본 개념을 중심으로 내용을 요점식으로 간략하게 설명하였다.

또한 태양광 발전에 대한 현장의 초보자나 대학생들 누구나 별도의 강의가 없이 학습이 가능하도록 각 단원을 기본 이론과 실습, 결과 및 고찰 등을 통해 학습할 수 있도록 구성하였다.

끝으로 본 교재를 통해 신재생 에너지의 태양광 발전 시스템에 관심 있는 애독자들에게 도움이 되거나 실무 능력이 향상되기를 바라며, 교재 편찬에 협조하여 주신 도서출판 **일진사** 남상호 상무님 이하 출판사 관계자 분들께 깊은 감사를 드리며 부족한 부분은 수정 · 보완하여 좋은 교재가 될 수 있도록 노력하겠다.

저자 최순식

차례
Contents

CHAPTER 1

태양광 발전 시스템의 개요

CHAPTER 2 태양광 발전 시스템의 실무 및 설계

CHAPTER 3 태양광 발전 장치의 구성 및 기능

APPENDIX 부록

CHAPTER 01

태양광 발전 시스템의 개요

1-1 태양광 발전 시스템의 정의

우리나라에는 깊은 산이나 섬 같은 곳이 많이 있다. 전기의 수용가가 적은 오지까지 전주를 이용하여 전선을 연결하는 데는 비용이 많이 든다. 자체 발전기를 이용하여 전기를 생산할 수 있지만 이때에는 발전기를 구동할 때 발생하는 이산화탄소나 유황이 생겨 대기 오염도 많이 일으키게 된다. 이런 오지나 낙도의 등대 등에는 환경 오염 없이 지속적으로 전기를 공급할 수 있는 에너지원이 필요하다. 이러한 곳에 태양광 발전 기술이 많이 이용되고 있다.

태양광 발전은 태양 전지(solar cells)를 이용해서 빛을 전기 에너지로 직접 변환시킴을 뜻하는 용어이다. 이 태양 전지에는 실리콘, 갈륨, 비소, 카드뮴 텔루라이드 또는 구리인듐 디셀레나이드 등의 반도체 재료가 사용된다. 결정질 태양 전지가 가장 일반적으로 사용된다. 현재 태양 전지가 세계 시장에서 약 90%의 점유율을 차지하고 있다.

1 태양광 발전의 장점

① **환경 적합성** : 배기가스, 폐열 등 환경 오염과 소음이 없다(석탄·화력 발전 대비 약 240g-carbon/kWh 절감 효과).

② **무한한 에너지원** : 태양 에너지를 이용하는 것이기 때문에 자원 고갈의 걱정이 없다.

③ **모듈화 가능** : 발전 용량의 신축성, 발전 시설의 유동성이 가능하다.

④ **단기간의 건설 기간** : 건설하는 시간이 많이 소요되지 않으며 수요 증가에 따라 신속하게 대응이 가능하다.

⑤ **무보수성, 고신뢰성** : 무인 자동화 운전이 가능하며, 운전 비용이 절감된다.

⑥ **설치 기기** : 수명이 긴 수명(20년 이상)이다.

2 태양광 발전의 단점

① **에너지 밀도가 낮음** : 일사량에 의존하기 때문에 수요량이 많게 되면 큰 면적이 필요하다.

② **기상 조건(일사량), 설치 장소에 의해 발전량 변화** : 야간, 우천 시에 일사량 변동에 따라 출력이 불안정하거나 발전이 불가능하다.

③ **고전류 출력 불가능** : 공급 가능 전류에 한계가 있고, 급격한 전력 수요에 대응이 불가하다.

3 태양광 발전 시스템의 유형

태양광 발전(PV) 시스템은 독립형 시스템(stand-alone systems)과 계통 연계형 시스템(grid-connected systems)으로 분류할 수 있다.

독립형 시스템에서는 태양광 에너지에서 받은 만큼 전기 에너지를 생산한다. 이 전기 에너지는 연계된 부하에서 요구하는 전기 에너지 수요와 일치하지 않으므로, 일반적으로 부가적인 저장 시스템(축전지)을 이용한다.

태양광 발전 시스템이 추가적인 전력원(풍력, 디젤 발전 장치 등)에 의해 지원되는 경우, **태양광 발전 복합 시스템**(photovoltaic hybrid system)이라 부른다.

계통 연계형 시스템에서는 한국 전력 계통망이 전기 에너지 저장소 역할을 한다. 우리나라 태양광 발전 시스템은 대부분이 계통 연계형이다.

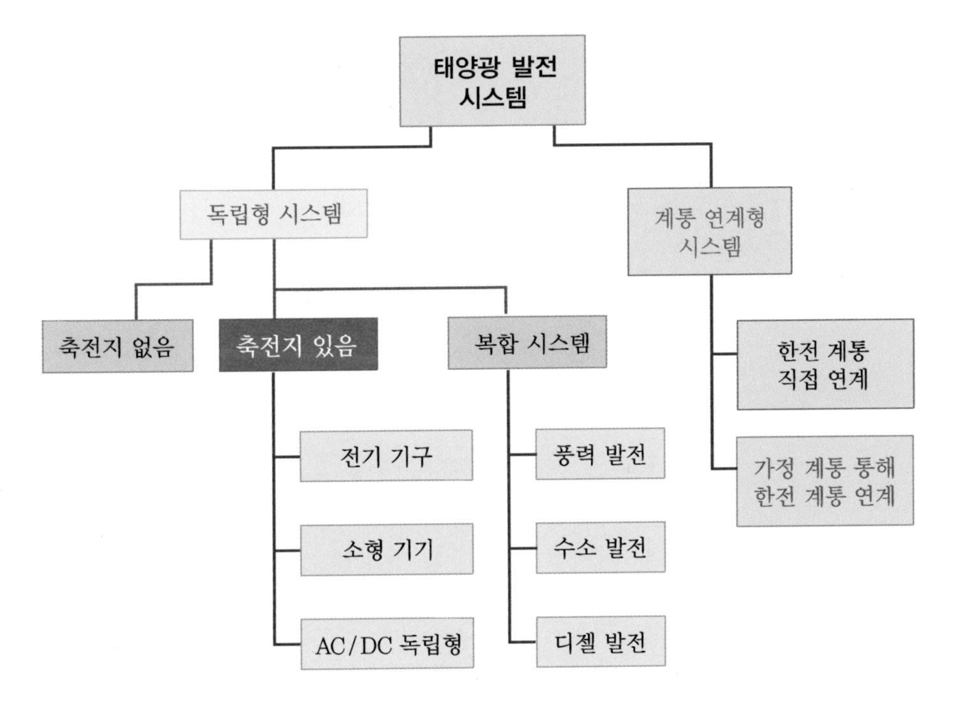

그림 1-1 **태양광 발전 시스템 구성도**

1-2 태양광 발전 시스템의 종류

1 독립형(stand alone) 시스템

최대의 비용 효과를 얻는 태양광 발전 이용법은 독립형 시스템이다. 다른 계통과 연결되지 않는 독립형 발전 방식으로 전력 계통망이 없거나 상용 계통이 없는 지역에서 사용하며 잉여 전력을 축전지에 저장하였다가 필요 시 부하에 전력 공급하며, 이용할 수 있는 범위는 다양하다.

태양광 전력은 소형 기기에도 응용되고 있다. 휴대용 계산기, 시계, 축전지 충전기, 회중전등, 태양광 라디오 등이 태양 전지를 독립형 응용에 성공적으로 사용한 잘 알려진 사례들이다. 다음 내용은 독립형 시스템의 대표적인 응용 사례들이다.

① 자동차, 캠핑용 밴 차량, 보트 등의 이동용 시스템
② 벽지 산속의 오두막, 주말 및 휴일 주택과 개발도상국 마을의 전력화
③ 조난 전화, 주차권 발급기, 교통 신호와 관측 시스템, 통신소, 부표와 계통에서 멀리 떨어진 비슷한 응용
④ 조경과 조망 미화에 대한 응용
⑤ 식수와 물주기를 위한 태양광 펌프 시스템, 태양광 물 소독과 염분 제거

대표적 독립형 시스템은 다음과 같은 주요 구성 요소로 이루어진다.

① 태양광 발전 모듈(PV module, PV array)

태양 전지는 직류(DC : Direct Current)의 전기를 발생한다. 직류 전기 기기는 동작하지만, 교류(AC : Alternating Current) 전기 기기를 동작시키려면 DC-AC 인버터가 필요하게 된다.

② 충전 제어기(charge controller)

배터리에는 충전할 수 있는 전력 용량에 한계가 있다. 그 한계를 초월해 배터리에 전기를 보내면, 사용 수명이 단축되는 것뿐만 아니라, 배터리 자체가 파손된다. 충전 컨트롤러는 배터리의 전압을 감시하고, 과충전 시에는 차단, 부족 충전 시에는 접속하는 동작을 자동적으로 행한다.

③ 축전지(battery) **또는 축전지 뱅크**(battery bank)

태양 전지는 빛이 있을 때만 발전한다. 건전지와 같이 전기를 모아 두는 기능은 없다. 야간이나 흐린 날에 전기를 사용하고 싶을 때는 축전지(battery)에 모아 둔 전력을 사용하게 된다.

안정된 태양광 발전 시스템을 구축할 때는 배터리가 필요하게 된다. 배터리의 종류에는 자동차 등에 사용하는 연축전지부터 단3, 단4 건전지 등에 사용되는 NH 전지, 딥 사이클 등 여러 가지 타입이 있다.

④ 부하(load)

전기 에너지를 다른 유용한 에너지의 형태로 변환시켜 주며, 전압이 가해지는 경우에만 동작하는 전기적 구성 요소이다.

⑤ 인버터(inverter, 직류를 교류로 변환하는 장치)

DC-AC 인버터는 직류를 교류로 변환하는 기기로, 가정의 콘센트에 연결하고 가전기기 제품(퍼스널 컴퓨터, 텔레비전, 오디오, 통신 장비, 전등 등)을 사용할 수 있게 된다.

⑥ 역류 방지 다이오드

태양 전지의 출력이 적을 때, 배터리부터 태양 전지에 전류가 역류하는 것을 방지한다. 태양 전지에 내장되어 있기도 하기 때문에 사양서를 참고로 한다.

⑦ 퓨즈

합선, 과전류에 의한 사고 발생 시에 회로를 차단한다. 퓨즈는 가능한 한 배터리에 가깝게 설치한다. 전기 제품에 내장되어 있기도 하기 때문에 사양서를 참고로 한다.

(1) 광역 독립형 시스템

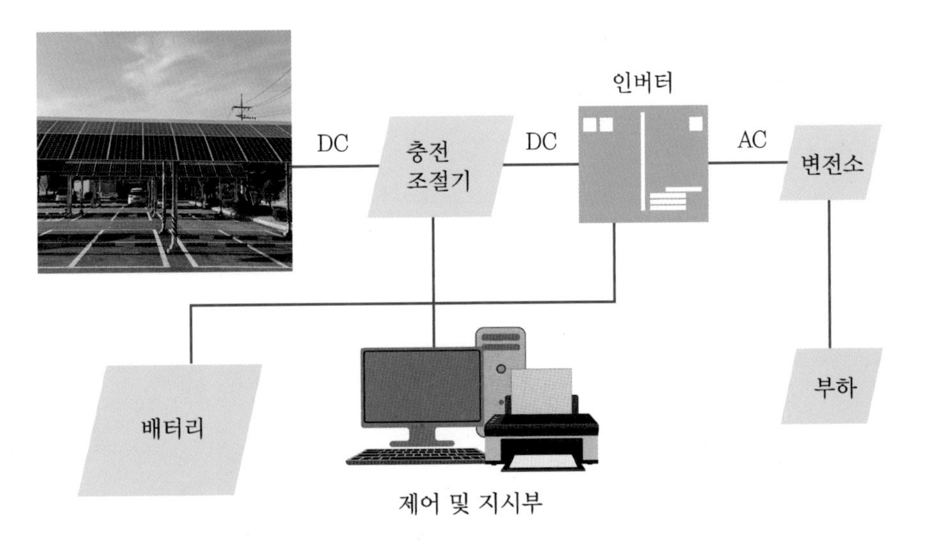

그림 1-2 **광역 독립형 시스템 개략도**

1~10 kW 용량의 소규모 부하에 대해 태양광을 이용한 전력 공급 시스템은 예를 들어 여러 개의 가로등에 개별적 태양광 시스템을 도입하지 않고, 하나의 지역에 설치한 후, 다수의 가로등에 전력을 공급하는 시스템을 구성할 수 있다.

주변 조건에 따라 그림자 영향이 많은 경우 태양광 시스템을 멀리 설치하고, 각 부하에 전력을 공급하는 경우에 적용될 수 있다.

(2) 소형 독립형 시스템

① 가로등과 같은 개별적 전력 발생 및 소비를 하는 경우에 적용되는 시스템이다.
② 소형 풍력 발전기를 동시에 적용하는 하이브리드(hybrid)형 시스템도 적용 가능하며, 자체 내 배선을 통해 별도의 관로 작업이 필요 없다.

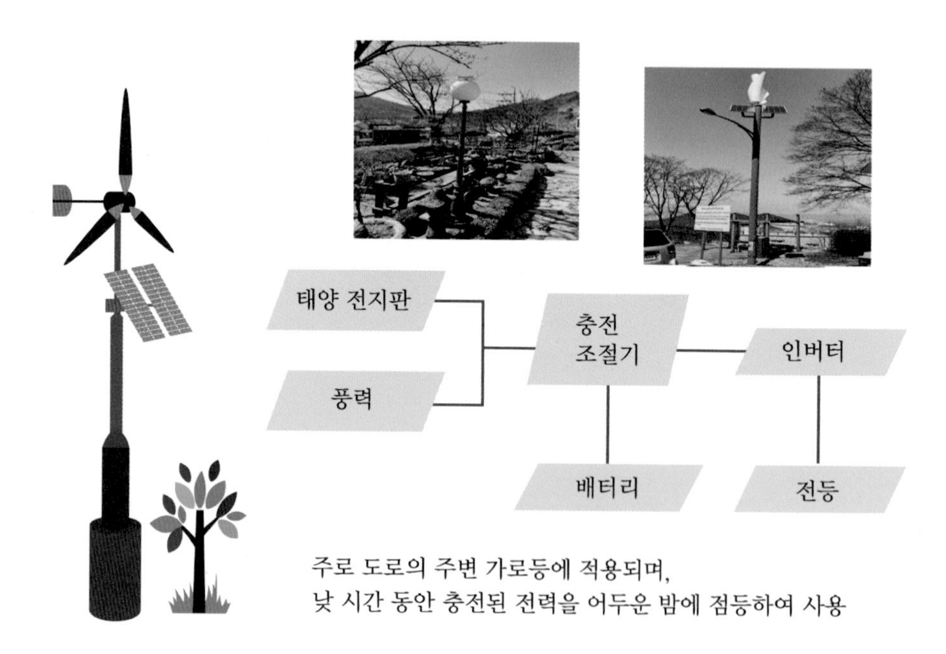

그림 1-3 **소형 독립형 시스템 개략도**

그림 1-4 **독립형 시스템으로의 태양광 가로등**

2 계통 연계형(grid connected) 시스템

상용 전력 계통과 연계 운영되며 잉여 전력을 계통에 반환하거나 부족하면 계통에서 공급을 받는 시스템으로 전력 공급 및 발전 설비로 사용된다.

계통 연계형 태양광 발전 시스템은 다음과 같은 주요 구성 요소로 이루어진다.

① 태양광 발전 모듈 및 태양광 발전 어레이
② 태양광 발전 어레이 접속함(보호 장치 포함)
③ 직류(DC) 케이블링
④ 직류 주 차단/절연 스위치
⑤ 계통 연계형 인버터
⑥ 교류(AC) 케이블링
⑦ 배전 시스템, 송전 수전 계량기 등

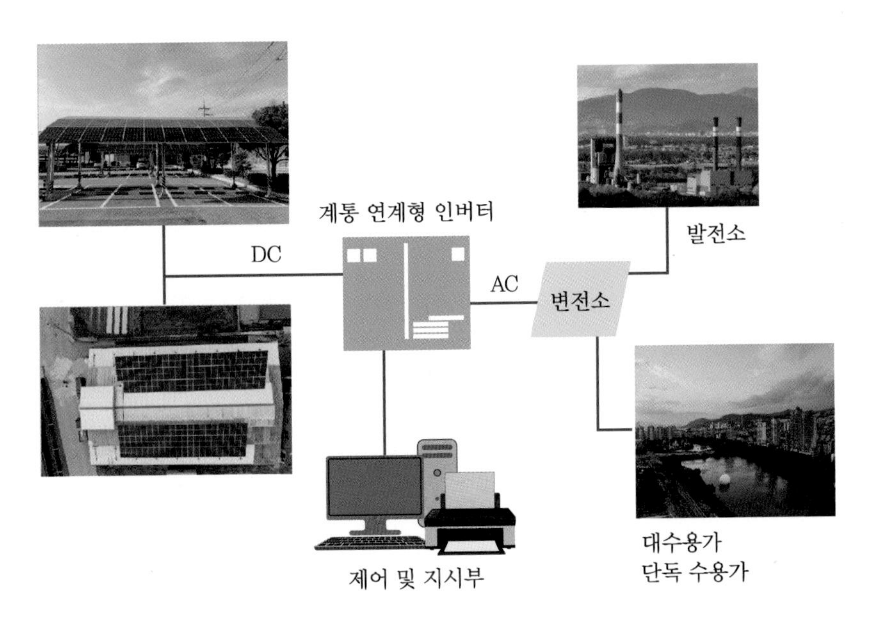

그림 1-5 **계통 연계형 태양광 발전 시스템**

1-3 태양 전지

1 태양 전지의 동작

태양 전지의 동작 원리를 결정질 실리콘 전지(crystalline silicon cells)를 예로 들어 다음에서 보여준다.

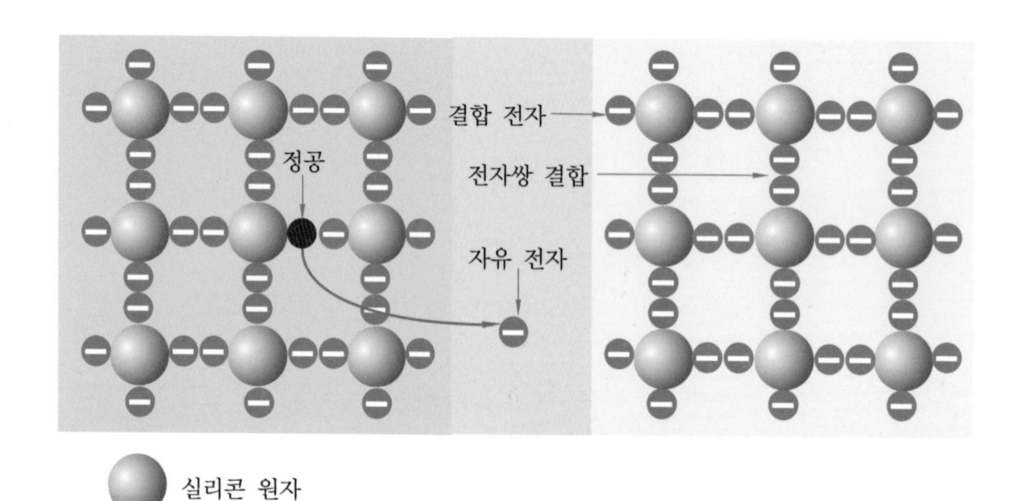

그림 1-6 **결정질 실리콘 전지 동작 원리**

태양 전지를 만들려면 고품질의 결정을 지닌 고순도 실리콘이 필요하다. 실리콘 원자는 안정적인 결정격자(crystal lattice, 結晶格子)를 형성한다.

개별 실리콘 원자는 그 외각(外殼)에 4개의 결합 전자(원자가 전자)를 갖는다. 안정된 전자 배열을 이루기 위해 개별 결정격자에서 이웃한 원자의 전자 2개가 전자쌍의 공유 결합(electron pair bond)을 이룬다. 4개의 이웃 전자와 전자쌍 결합을 이룸으로써 실리콘은 8개의 최외각 전자를 지닌 안정된 배열을 이룬다.

전자 결합은 빛이나 열작용으로 깨질 수 있다. 이때 전자는 자유롭게 움직이며 결정격자에 정공(hole, 正孔)을 남긴다.

이를 고유 전도도(intrinsic conductivity)라 한다.

고유 전도도는 전기를 생산하는 데 사용될 수 없다. 실리콘 재료를 에너지 생산에 사용되게 하기 위해 의도적으로 불순물을 결정격자에 삽입한다. 이것을 **도핑 원자**(doping atoms)라 부른다.

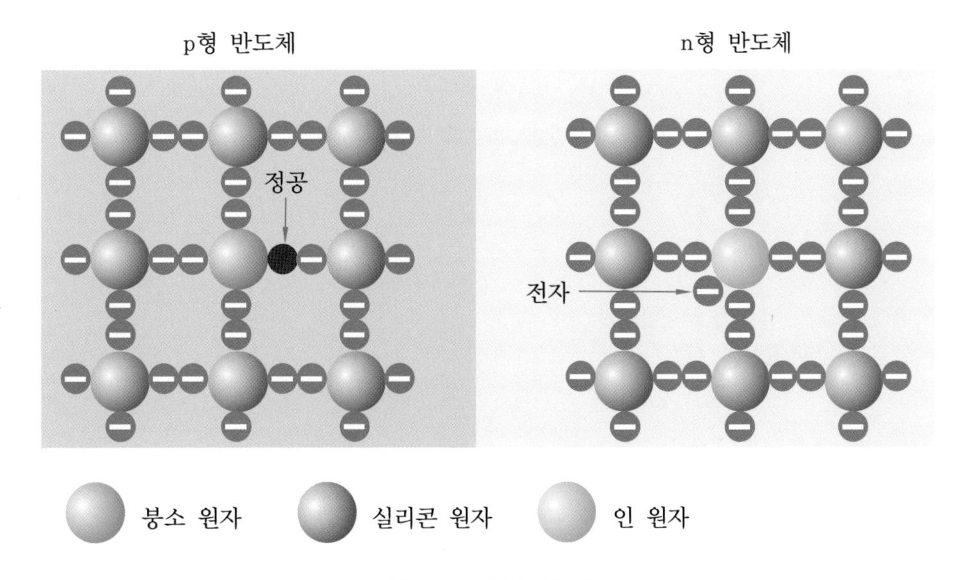

그림 1-7 **반도체 도핑**

도핑 원자는 최외각 전자가 실리콘보다 1개 더 많거나(인) 또는 1개 더 적다(붕소). 따라서 도핑 원자는 결정격자에서 **불순물 원자**(impurity atoms)가 되는 것이다.

인(5가) 도핑(n 도핑)의 경우에는 격자 안에 있는 모든 인 원자에게 잉여 전자(surplus electron)가 있다. 이 전자는 결정 안에서 자유롭게 움직이면서 전하를 운반한다. 붕소(3가) 도핑(p 도핑)의 경우 격자 안의 모든 붕소 원자에는 정공(hole, 결합 전자의 상실)이 있다. 이웃한 실리콘 원자로부터 온 전자가(어딘가 새로운 정공을 생성하면서) 이 정공을 채울 수 있다.

도핑 원자에 기초를 둔 전도 방법을 불순물 전도(impurity conduction) 또는 비고유 전도(extrinsic conduction)라 부른다. n 도핑 또는 p 도핑 재료 자체에서 자유 전하는 운동의 방향이 예측되지 않는다.

만약 n 도핑과 p 도핑 반도체 층이 합쳐진다면, p-n 접합이 생성된다. 이 접합에서 n형 반도체로부터의 잉여 전자가 p형 반도체 층으로 확산된다. 이것으로 자유 전하 운반체 몇 개를 갖는 영역이 형성된다. 이 영역을 **공간 전하 영역**(space charge region)이라 부른다.

양으로 대전된 도핑 원자들은 천이 n-영역에 남고, 음으로 대전된 도핑 원자들은 천이 p-영역에 남는다. 전기장은 전하 운반체의 운동과 반대쪽으로 발생하며, 결과적으로 확산은 무기한으로 계속되지 않는다.

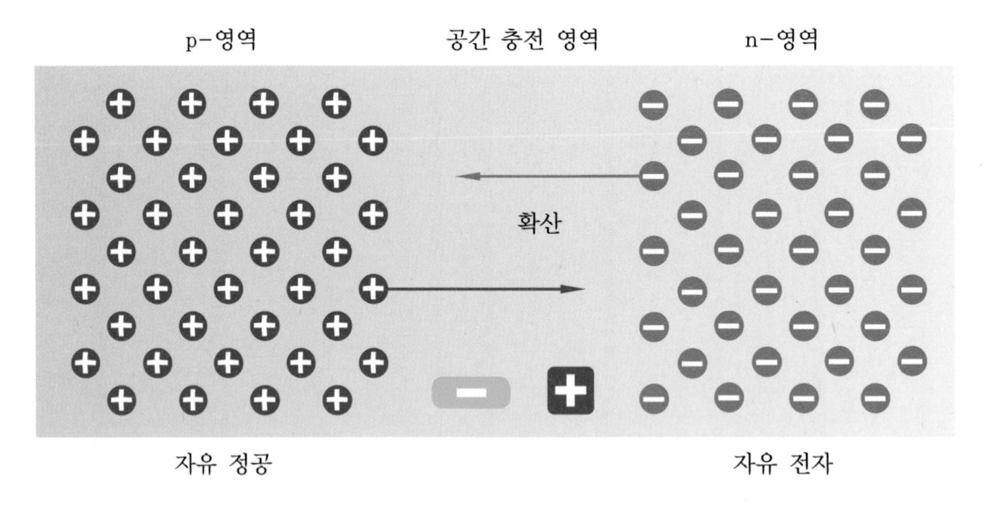

그림 1-8 **대전된 도핑 원자**

만약 현재 p-n 반도체(태양 전지)가 빛에 노출되면 광자들이 전자들에게 흡수된다. 이 에너지의 입력이 전자 결합을 끊는다. 풀려난 전자는 전기장을 통해 n-영역 안으로 끌려들어간다. 형성된 정공이 반대 방향인 p-영역으로 이동해서 들어간다. 이 과정을 전체적으로 **태양광 발전 효과**(photovoltaic effect)라 부른다.

전기 접촉으로 인한 전하 운반체의 확산이 태양 전지에 전압이 생기도록 하는 요인이 된다. 부하가 없는 상태에서 개방 회로 전압(open circuit voltage, V_{OC})이 태양 전지에서 생긴다. 만약 전기회로가 닫히면 전류가 흐르는 것이다.

일부 전자들은 접촉에 도달하지 않는 대신 재결합된다. 재결합(recombination)이란 자유 전자가 외각 전자의 부재 상태(hole, 정공)와 결합되는 것을 말한다.

2 결정질의 실리콘 태양 전지

결정질 실리콘 태양 전지는 기본적으로 서로 다른 두 개의 도핑된 실리콘 층으로 구성된다. 햇빛을 향하는 층은 인으로 도핑된 음이 된다. 아래쪽 층은 붕소로 도핑된 양이 된다. 경계층에서는 햇빛에 의해 결합이 끊긴 전하를(전자와 정공으로) 분리시키도록 촉진하는 전기장이 만들어진다.

태양 전지에서 전력을 얻기 위해, 금속성 전극(metallic contacts)을 전지의 앞면과 뒷면에 설치해야 한다. 이 목적으로 보통 스크린 인쇄를 사용한다. 태양 전지 뒷면에는 표면 전체 위에 알루미늄 또는 은 페이스트를 사용하여 접촉 층(contact layer)을 입힐 수 있다. 반대로, 앞면에는 가능한 한 많은 빛이 투과되도록 해야 한다. 여기에서 전극은 보통 얇은 격자 형태 또는 나무 구조의 형태를 응용한다.

태양 전지의 앞면에 질화실리콘 또는 산화티타늄의 박막(반사 방지막)을 스퍼터링(sputtering) 또는 증착(vapour depositing)하므로 빛의 반사를 감소시킬 수 있다.

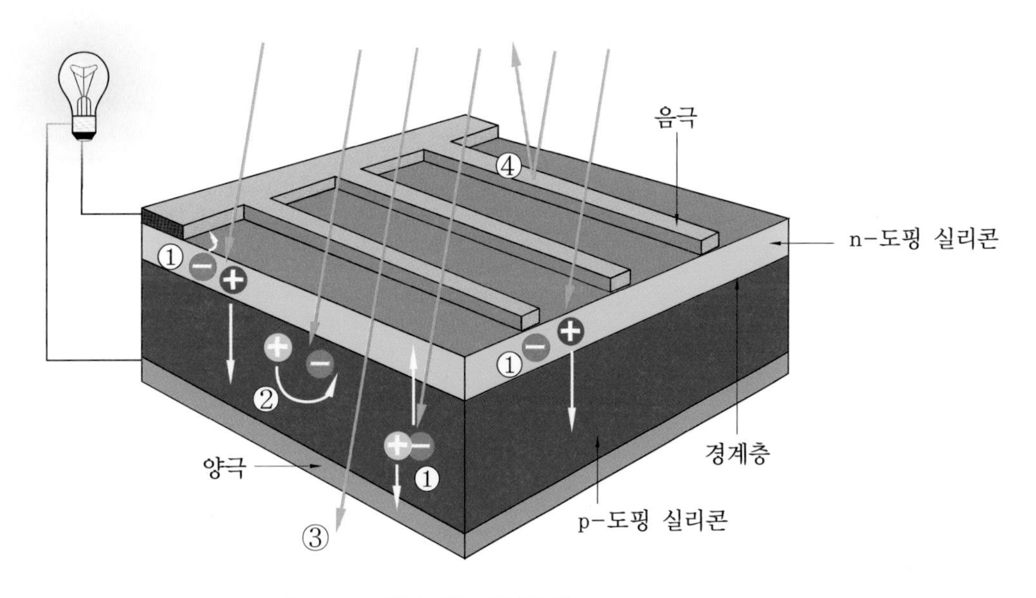

그림 1-9 **태양 전지의 반사**

빛이 태양 전지에 비치면 전하 운반체가 분리되며 부하가 연결되면 전류가 흐르게 된다. 앞면 접촉으로 기인된 재결합, 반사 및 차광으로 인해 손실이 태양 전지에 발생한다. 추가로 장파장과 단파장 일조 에너지의 큰 성분은 사용할 수 없다.

사용되지 않은 에너지의 남은 부분은 흡수되고 열로 전환된다. 결정질 실리콘 태양 전지의 예를 통해 각각의 손실 성분들을 다음 에너지 손실 분포에서 볼 수 있다.

[결정질 태양 전지의 에너지 손실 분포(일조 태양 에너지를 100%로 가정하고)]

① 앞면 접촉으로 인한 반사와 차광 : 3%
② 장파장 일조에서 너무 낮은 광자 에너지 : 23%
③ 단파장 일조에서 너무 높은 광자 에너지 : 32%
④ 재결합으로 인한 손실 : 8.5%
⑤ 전지의 전위차, 특히 공간 전하 영역 : 20%
⑥ 직렬 저항(저항 손실) : 0.5% = 사용할 수 있는 전기 에너지 : 13%

3 태양 전지의 유형 및 전기적 특징

태양 전지의 종류는 크게 실리콘 반도체를 재료로 사용하는 것과 화합물 반도체를 재료로 사용하는 것으로 분류되고, 실리콘 반도체에서는 결정계와 비결정계로 분류되며, 물질에 따라 다음과 같이 분류된다.

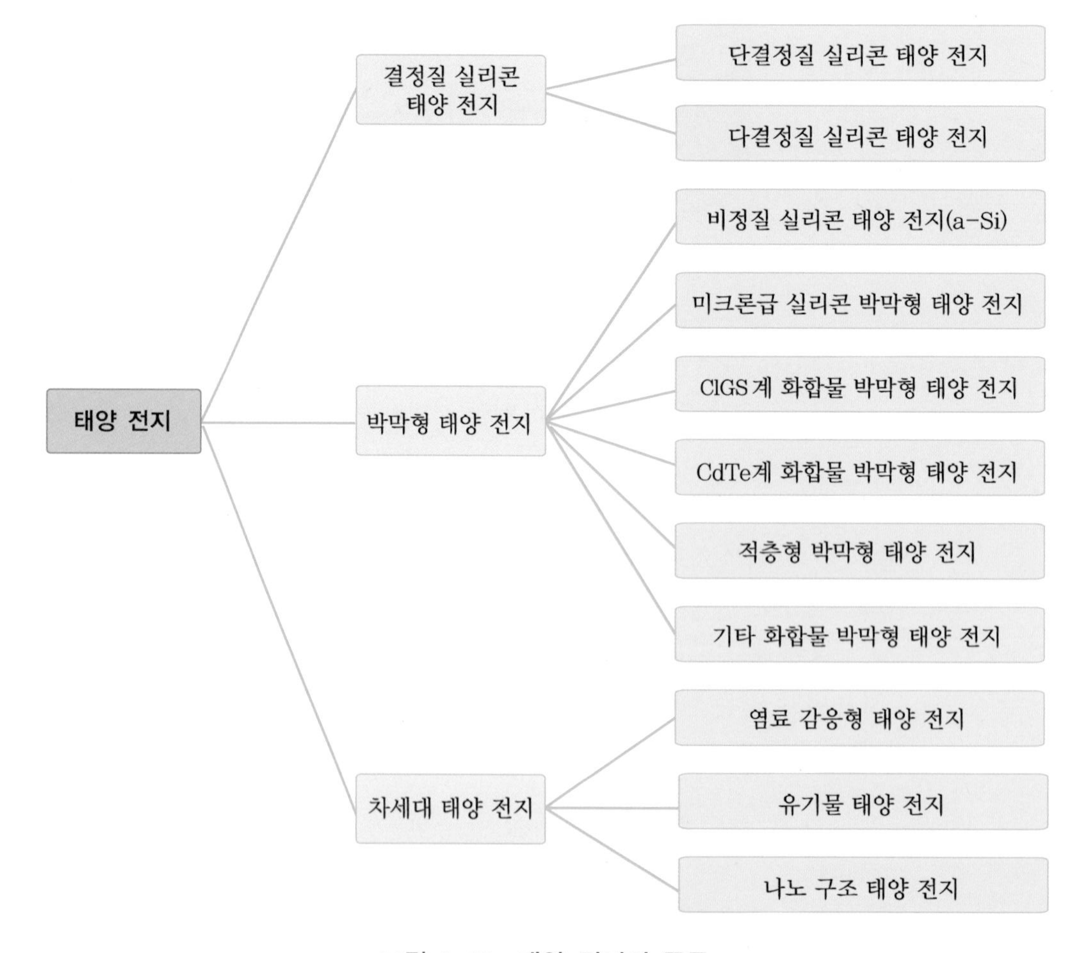

그림 1-10 **태양 전지의 종류**

(1) 태양 전지의 등가 회로

p-도핑과 n-도핑 실리콘 재료로 구성된 태양 전지는 원리적으로 대단위 실리콘 다이오드(a large scale silicon diode)이며, 이 두 재료의 전기적 특성은 비슷하다.

그림 1-11은 실리콘 다이오드의 특성 곡선이다. 양 전위가 p-도핑된 양극에, 음 전위가 n-도핑된 음극에 존재할 경우, 다이오드는 순방향 바이어스 방향으로 연결된다. 특성 곡선 1사분면을 적용한다. 전류는 임계 전압(threshold voltage, 약 0.7V)부터 시작해서 흐른다.

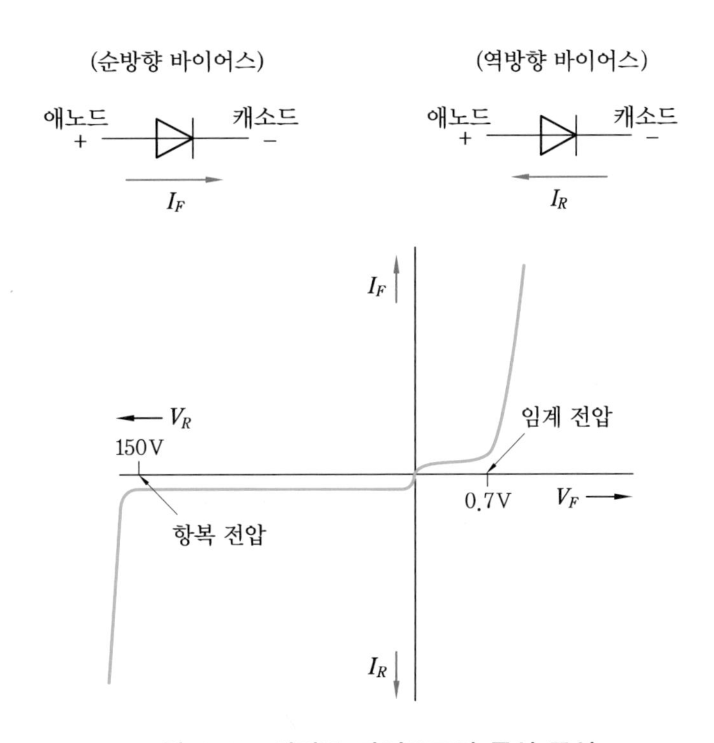

그림 1-11 **실리콘 다이오드의 특성 곡선**

다이오드가 역바이어스 방향으로 연결될 경우, 이 방향에서 전류 흐름이 막힌다. 특성 곡선 3사분면을 적용한다. 높은 항복 전압(breakdown voltage, 약 150V)부터 시작하여 다이오드에 전도성이 생기는데, 이는 다이오드의 파괴도 초래할 수 있다.

표 1-1 **등가 회로에 나타나는 변수**

매개 변수		식 기호	단위
전압	태양 전지 단자 전압	V	V
	다이오드 전압	V_D	V
	온도 전압	V_T	V
전류	태양 전지 단자 전류	I	A
	다이오드 전류	I_D	A
	다이오드 역포화 전류	Io	A
	광전류	I_{ph}	A
	병렬 저항기를 통한 전류	I_P	A
다이오드 인자		m	–
광전류 계수		c_O	m^2/V
전지의 태양 일조		G	W/m^2
병렬 저항		R_P	Ω
직렬 저항		R_S	Ω

그림 1-12는 태양 전지의 등가 회로도(equivalent circuit diagrams)를 단순화한 그림으로 매우 자세히 설명한다.

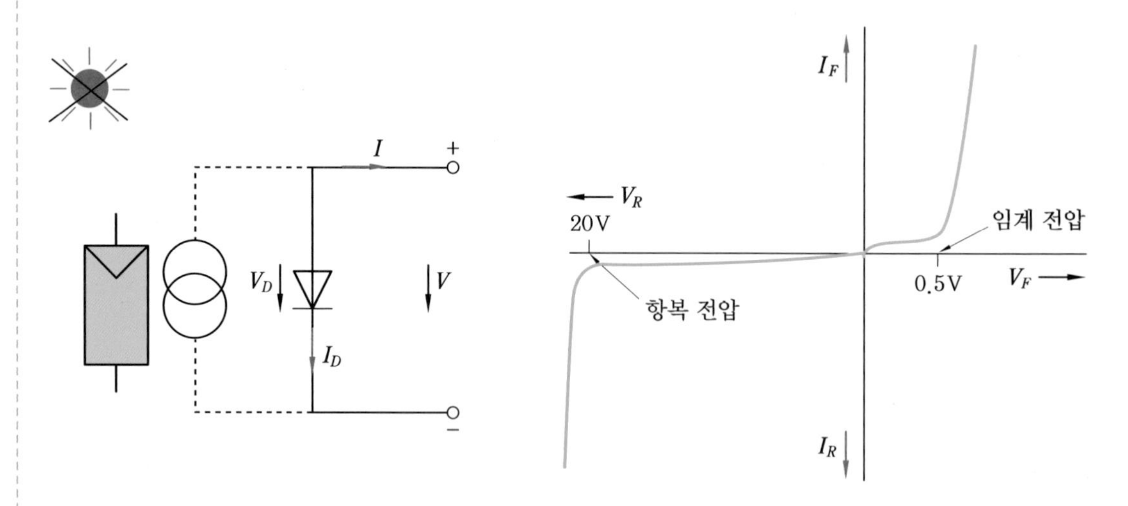

그림 1-12 **빛이 없을 때 등가 회로도와 특성 곡선**

$$V = V_D$$
$$I = -I_D = -I_O \times \left(\frac{eV}{m} \times V_T - 1\right)$$

등가 회로에서 빛을 받지 않는 태양 전지를 다이오드로 표현한다. 따라서 다이오드의 특성 곡선도 적용 가능하다. 단결정 태양 전지는 약 0.5V의 순방향 전압(forward voltage)과 12V에서 50V까지(전지의 품질과 재료에 따라 달라짐)의 항복 전압(breakdown voltage)을 가정할 수 있다.

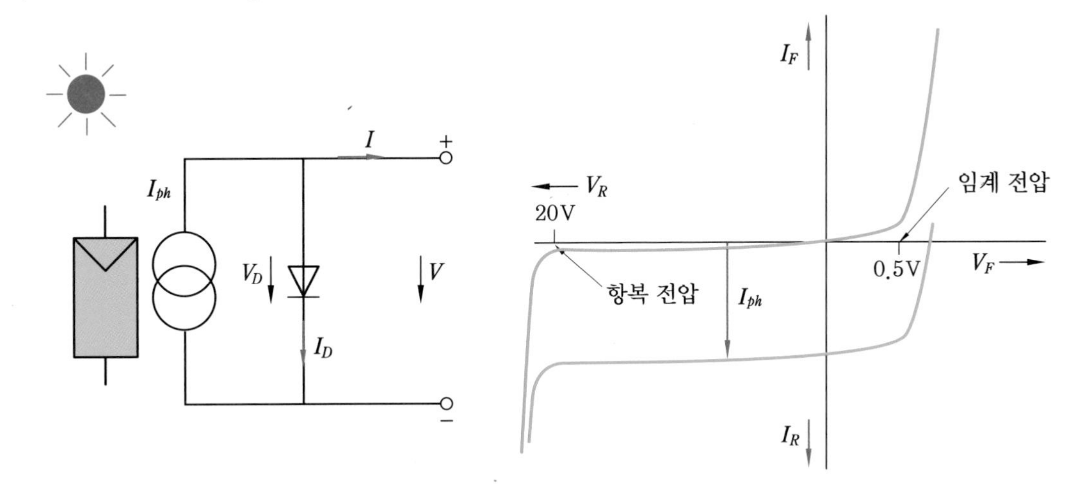

그림 1-13 **빛이 있을 때 등가 회로도와 특성 곡선**

$$V = V_D$$
$$I_{ph} = c_O \times E$$
$$I = I_{ph} - I_D$$

빛이 태양 전지를 쪼이면, 광자(photons)의 에너지가 자유 전하 운반체(free charge carriers)를 생성한다. 빛을 받은 태양 전지는 전원(power source)과 다이오드의 병렬 회로를 구성한다. 전원은 광전류(photocurrent) I_{ph}를 생성한다. 이 전류의 수치는 일사 강도에 따라 달라진다. 다이오드 특성 곡선은 역바이어스 방향으로 광전류의 크기만큼 이동한다.

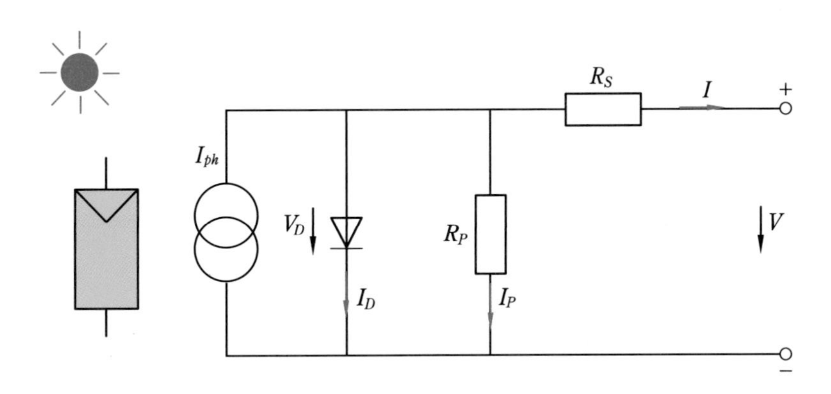

그림 1-14 **태양 전지 등가 회로**

$$I = I_{ph} - I_D - I_P$$
$$I_P = \frac{V_D}{R_P} = V + R_S \times \frac{I}{R_P}$$

이 확장된 등가 회로도를 태양 전지의 단일 다이오드 모델(single-diode model)이라 부르는데, 태양광 발전에서 표준 모듈로 사용된다.

태양 전지에서 전하 운반체가 반도체에서 전기 접촉으로 이동할 때 전압 강하가 일어난다. 이는 수 mΩ(밀리옴)의 범위를 갖는 직렬 저항(series resister) R_S로 표현된다. 이 외에도 누설 전류(leakage currents)로 알려진 것이 발생하는데 이는 병렬 저항(parallel resister) R_P 10Ω로 표현된다. 이 두 저항은 태양 전지 특성 곡선의 평탄화(flattening)를 초래한다.

(2) 태양 전지의 전류 전압($I-V$) 특성 곡선

태양 전지에 빛을 비추면 부하가 없는 상태에서 약 0.6V의 전압이 발생한다. 이 전압은 개방 회로 전압 V_{OC}로 부하 양단에서 측정할 수 있다.

부하 양단간의 두 접점이 전류계를 통해 단락되면, 단락 전류 I_{SC}를 측정할 수 있다.

태양 전지의 전류 전압($I-V$) 특성 곡선을 측정하기 위해서는 가변 저항(variable resistor), 전압계(voltmeter) 그리고 전류계(ammeter)가 필요하다.

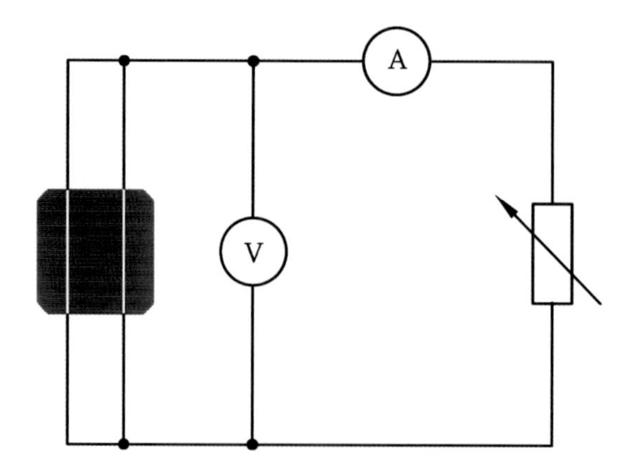

그림 1-15 **결정질 실리콘 태양 전지 특성 측정 회로**

$T = 25℃$
AM = 1.5
$E = 1000\text{W/m}^2$

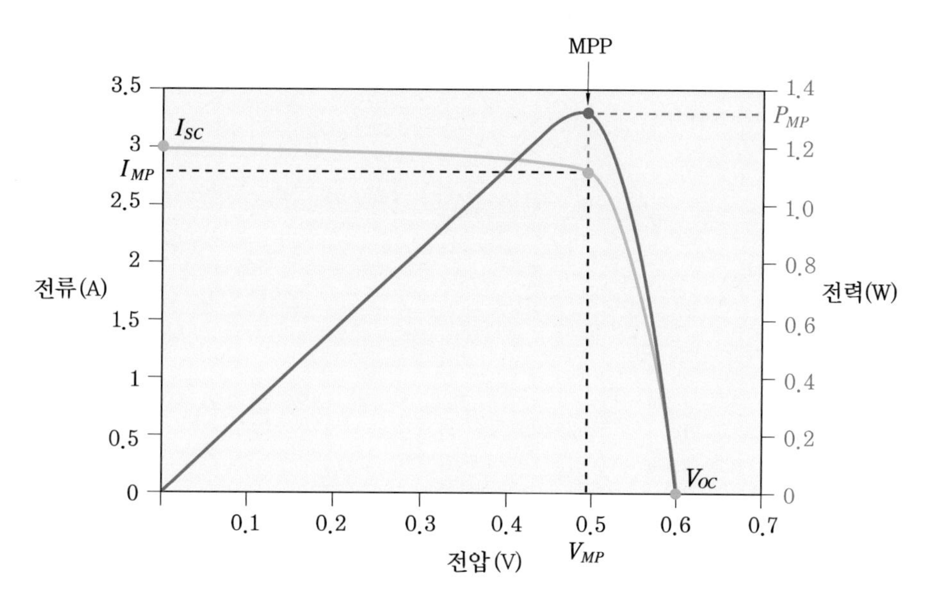

그림 1-16 결정질 실리콘 태양 전지에 대한 $I-V$ 특성 곡선

V_{OC} : 개방 전압(Open Circuit Voltage)
I_{SC} : 단락 전류(Short Circuit Current0
MPP : 최대 전력점(Maximum Power Point)
P_{MP} : 최대 출력 전력(Power Maximum Point)
V_{MP} : 최대 출력 전압(Voltage Maximum Point)
I_{MP} : 최대 출력 전류(Current Maximum Point)

① 표준 시험 조건(STC : Standard Test Condition)

다른 태양 전지끼리 비교하거나 태양광 발전(PV) 모듈끼리 실질적인 비교를 하려면 전기 데이터를 결정하기 위한 균등한 조건이 지정된 것을 표준 시험 조건이라 한다.

전류 전압($I-V$) 곡선은 기본적으로 다음의 세 점에 의하여 특화된다.

㈎ 태양 전지가 최대 전력으로 작동하는 전류 전압($I-V$) 곡선상의 점이 최대 전력점(MPP)이다. 이 점에서 전력 P_{MP}, 전류 I_{MP} 그리고 전압 V_{MP}가 지정된다. 최대 전력점(MPP)의 단위는 W_P(peak watts)이다.

㈏ 단락 전류 I_{SC}는 I_{MP}보다 약 5%에서 15%까지 높다. 표준 시험 조건(STC) 하에서 결정질 표준 전지(10cm×10cm)의 경우 단락 전류 I_{SC}는 약 3A이다.

㈐ 개방 전압 V_{OC}는 결정질 전지에서는 약 0.5V에서 0.6V, 비결정질 전지에서는 약 0.6V에서 0.9V이다.

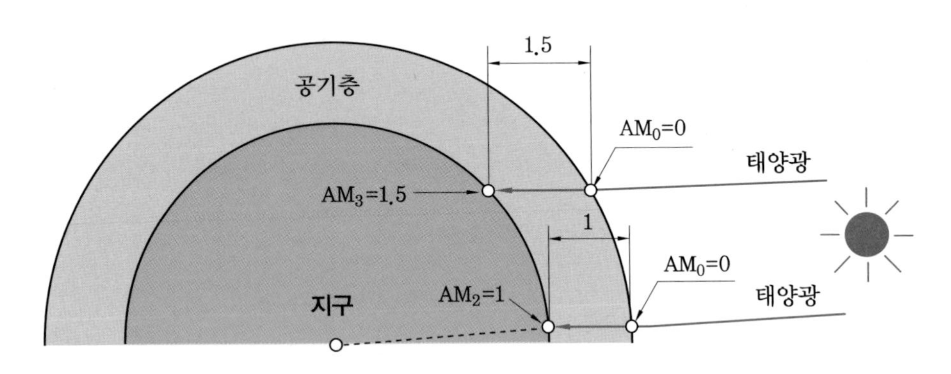

그림 1-17 **태양 전지의 표준 시험 조건**

1. 일사량 E는 1000W/m²
2. 온도 T는 25℃±2℃
3. 에어매스(air mass) AM은 1.5

박막형(amorphous) 태양 전지의 전류 전압($I-V$) 특성 곡선에서 최대 전력점(MPP)은 0.4V이고, 전체적으로 전류 전압($I-V$) 곡선은 매우 평탄하다.

효율이 낮기 때문에 전류도 낮으며 태양 전지 표면적이 더 넓어야 결정질 태양 전지와 동일한 전력 용량을 얻을 수 있다.

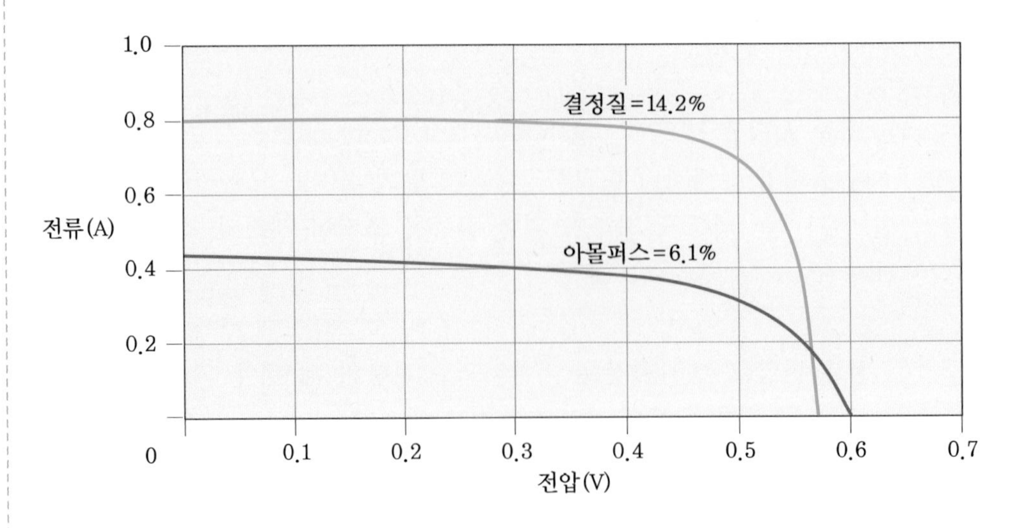

그림 1-18 **결정질, 비결정질 태양 전지의 $I-V$ 특성 곡선 비교**
(AM 1.5, 온도 25℃, 면적 5cm×5cm, 일사량 1000W/m²일 때)

② **충진율(filling factor, FF)**

태양 전지의 품질을 나타내는 것으로 최대 전력점(MPP)에서 단락 전류 I_{SC}와 개방 전압 V_{OC}로 정의된다.

$$FF = \frac{V_{MPP} \times I_{MPP}}{V_{OC} \times I_{SC}} = \frac{P_{MPP}}{V_{OC} \times I_{SC}}$$

결정질 태양 전지의 경우 충진율은 약 0.75에서 0.85이며, 비결정질 태양 전지의 경우에는 약 0.5에서 0.7이다. 그래프 상으로 볼 때 충진율은 면적 A에 대한 면적 B의 관계로 구할 수 있다.

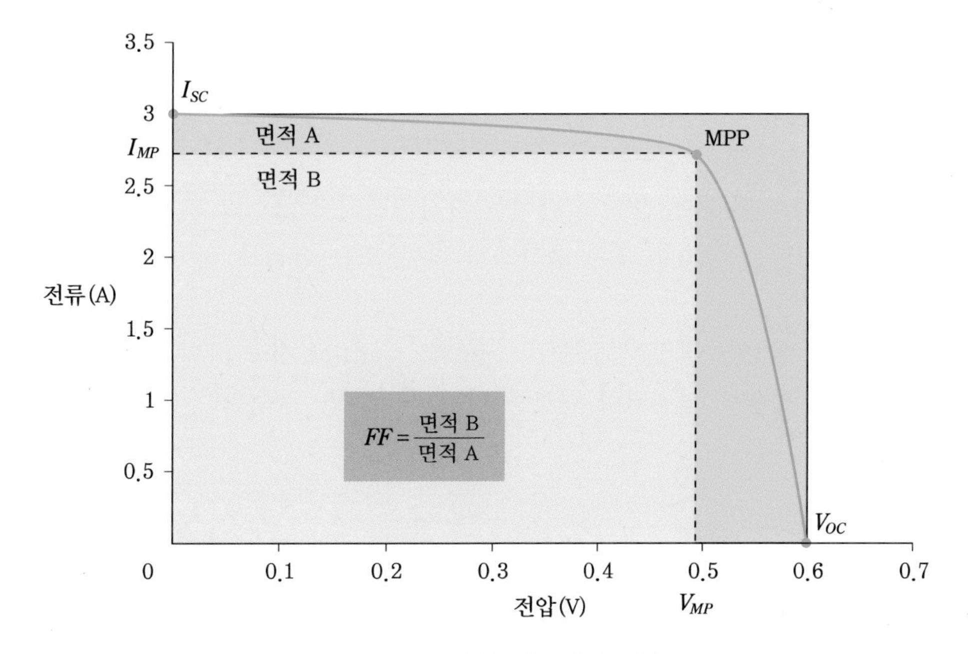

그림 1-19 태양 전지의 충진율

1-4 태양광 모듈

1 태양광 모듈의 개요 및 특성

단일 태양 전지 셀의 전압은 약 0.5V로 실제 사용에는 매우 적은 전압이다. 그러므로 몇몇의 셀, 즉 12V로 사용하도록 30~40개의 셀들을 직렬로 연결하여 배열을 구성한다. 태양 전지는 손상과 습도에 매우 민감하다. 그러므로 제조자는 통상적으로 많은 수량의 셀들을 기계적, 전기적으로 태양 전지 모듈 형태로 연결한다(이를 태양 전지 패널 또는 PV 패널이라고 한다).

태양 전지는 30년 이상의 수명을 가져야 한다. 모듈의 케이스 소재는 최대의 태양빛, 습도와 공기 오염 등을 영구적으로 견딜 수 있어야 한다. 상단 커버는 통상 높은 반투명으로 우박이나 폭풍에 내성이 있는 특별히 경화된 유리를 사용한다. 케이스 아래, 태양 전지 셀들은 빛과 온도에 내성이 있고, 완전히 절연되고, 셀의 길이의 온도 변화를 보상하는 충분한 탄성을 가진 2겹의 플라스틱 필름에 내장되어 있다. 이 모듈의 뒷면은 금속 도포된 플라스틱 박막 또는 유리로 덮여 있다.

큰 태양광 발전 시스템(PV, photo voltaic 시스템)의 설치는 여러 모듈들을 직렬 또는 병렬로 연결하여 태양광 발전 시스템을 구성한다.

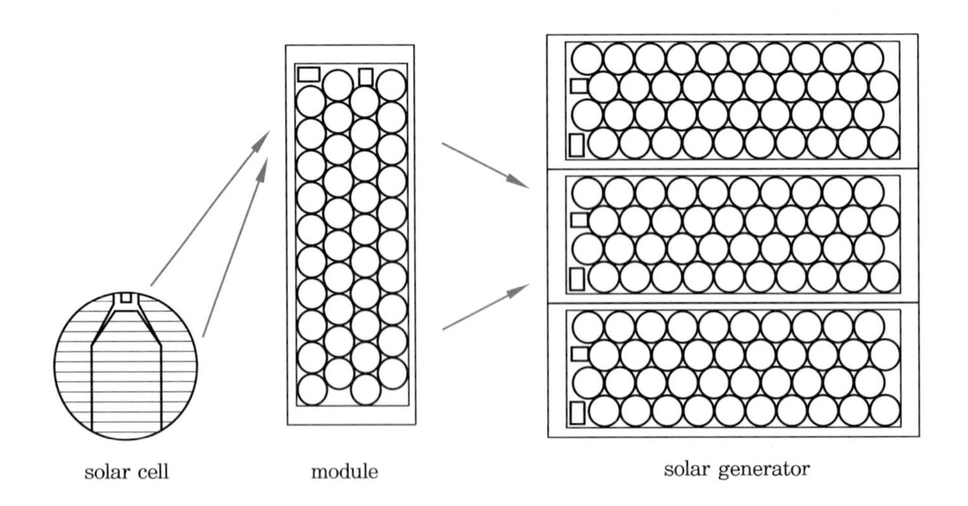

그림 1-20 solar cell, PV module, solar generator (PV array)

2 태양광 모듈의 표준 조건

태양 전지 모듈의 에너지 출력은 주로 조도와 셀의 온도에 따라 다르다. 그러므로 모듈 제조사는 표준 테스트 조건(STC)에 대한 모듈의 특성을 지정한다.

① 일사량 : $1000 W/m^2$
② 모듈 온도 : 25℃
③ 스펙트럼 : AM 1.5

3 태양광 모듈의 설치 조건

(1) 앙각(仰角)

앙각이란 태양광(PV) 모듈과 지표면이 이루는 각도를 말한다. 적도 부근에 위치하고 있는 나라에서는 태양이 하늘 정중앙에서 비추기 때문에 태양광 모듈을 지표면에 평행이 되도록 두면 가장 효율적으로 일사량을 받을 수 있다.

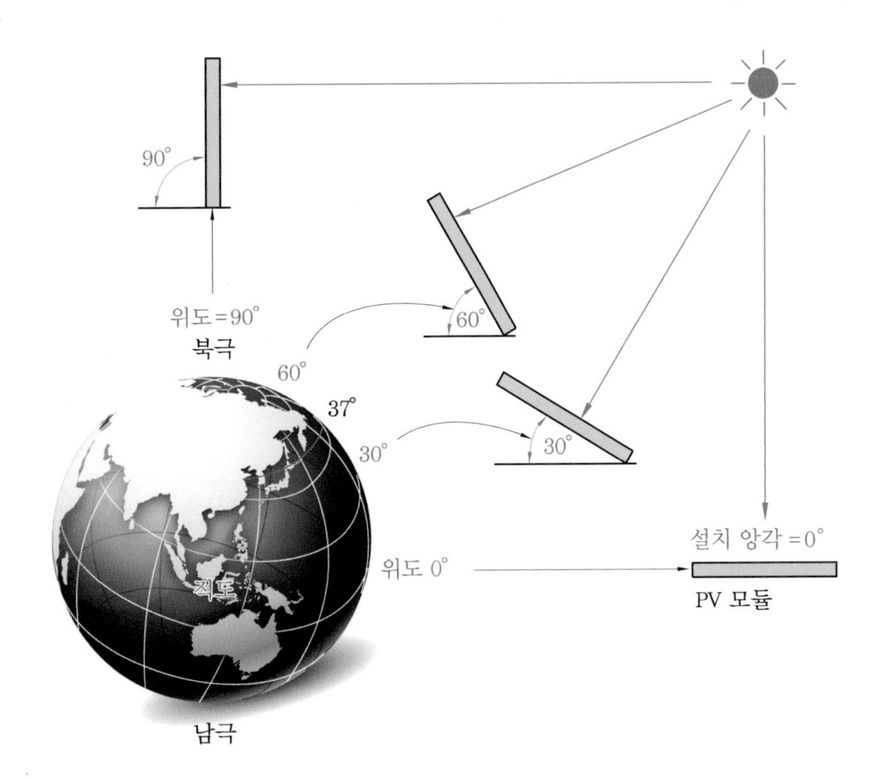

그림 1-21 **위도에 따른 앙각**

그러나 위도가 35°인 지역에서는 태양이 하늘의 정중앙보다 35°만큼 남쪽으로 기울어져 있기 때문에 태양광 모듈의 뒷면을 35°만큼 세워야만 일사량을 수직으로 받을 수 있다. 이와 같이 태양광 모듈 평면과 지표면이 이루는 각을 앙각이라고 한다.

최적의 앙각은 태양광 모듈을 설치하려는 지역의 위도와 같은 값으로 하면 된다. 예를 들면 중부 지방(서울)은 37°, 남부 지방(대구, 부산 등)은 35°이므로 이곳에 태양광 발전소를 설치할 경우 최적의 앙각은 각각 37°, 35°가 된다.

다음 그림은 우리나라 주요 도시별 위도를 나타내고 있다.

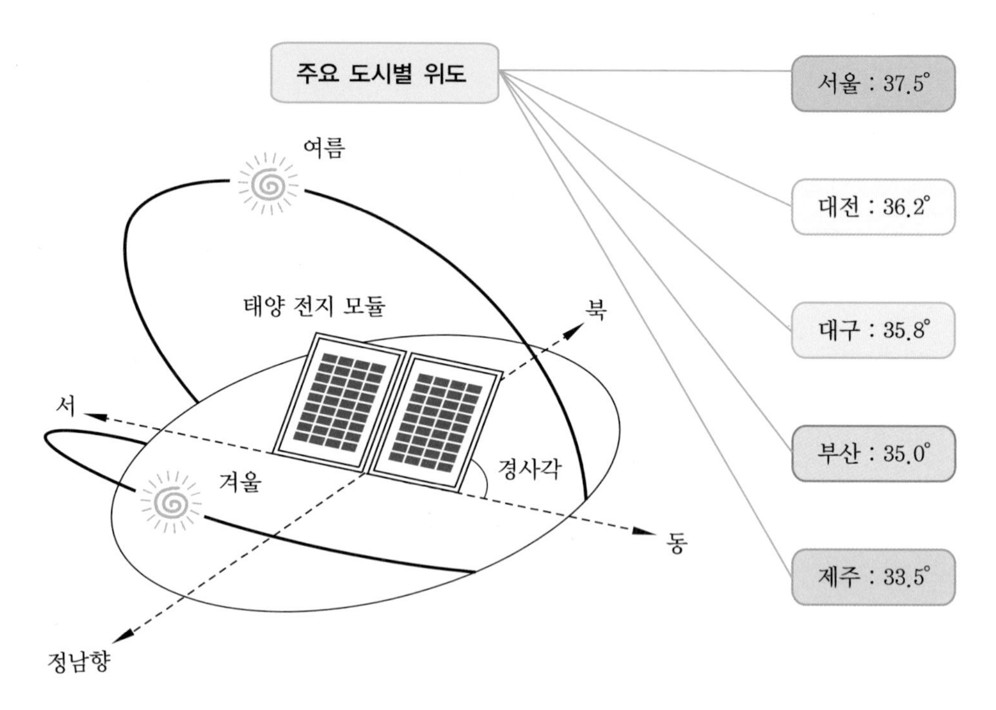

그림 1-22 **주요 도시별 위도**

위도와 같은 앙각으로 태양광 모듈을 설치하였을 경우 1년간의 평균 출력은 가장 크지만, 계절별로는 최대 효율이 아닐 수 있다. 계절별로 앙각을 변화시키는데 여름에는 앙각 10~15°, 겨울에는 앙각 55~60° 범위에서 최대 효율을 얻을 수 있다. 따라서 거대한 태양광 모듈 및 구조물을 움직여 앙각을 변화시키는 것이 어렵기 때문에 위도와 같은 수치의 앙각으로 고정하였을 때는 평균값의 에너지 획득률을 나타낸다.

이동용 태양광 모듈을 설치할 때는 계절을 고려하여 태양 광선과 태양광 모듈이 직각이 되게 하는 것이 최대 출력을 얻는 방법이다.

(2) 방위각(azimuth)

태양은 동쪽에서 떠서 서쪽으로 진다. 아침과 저녁은 태양광 모듈이 비스듬히 태양을 받게 되므로 발전 효율이 크게 떨어진다. 효율만을 생각한다면 태양광 모듈이 태양을 추적하도록 자동 제어 장치를 달 수도 있으나, 경제적인 면과 보수성 그리고 장치의 수명을 고려한다면 큰 이익이 없다. 그래서 태양광 모듈을 고정하여 설치하는 것이 일반적이며, 정남쪽을 향하게 하는 것이 가장 효율적이다.

설치 방향과 앙각에 따른 수광 효율은 위도 37° 지역에 태양광 모듈을 설치할 때, 모듈 면이 정남 방향을 보면서 37°의 앙각으로 설치하는 경우 수광 효율은 100%가 된다.

4 태양광 모듈의 전류 전압($I-V$) 특성 곡선

여러 개의 솔라 셀들은 큰 전력을 내기 위해 내부적으로 연결되어 있다. 여기서 2가지 타입이 가능한데 직렬과 병렬로 셀을 연결하는 방법이다. PV 모듈에서 솔라 셀을 직렬로 연결하면 충분히 높은 전압을 생성한다.

(1) 직렬연결

그림 1-23은 3개의 솔라 셀을 직렬로 연결하여 전기적인 파라미터와 $I-V$ 특성 곡선의 변화를 보여준다.

이러한 직렬접속은 셀 전압의 증가를 가져오지만 전류는 일정하다.

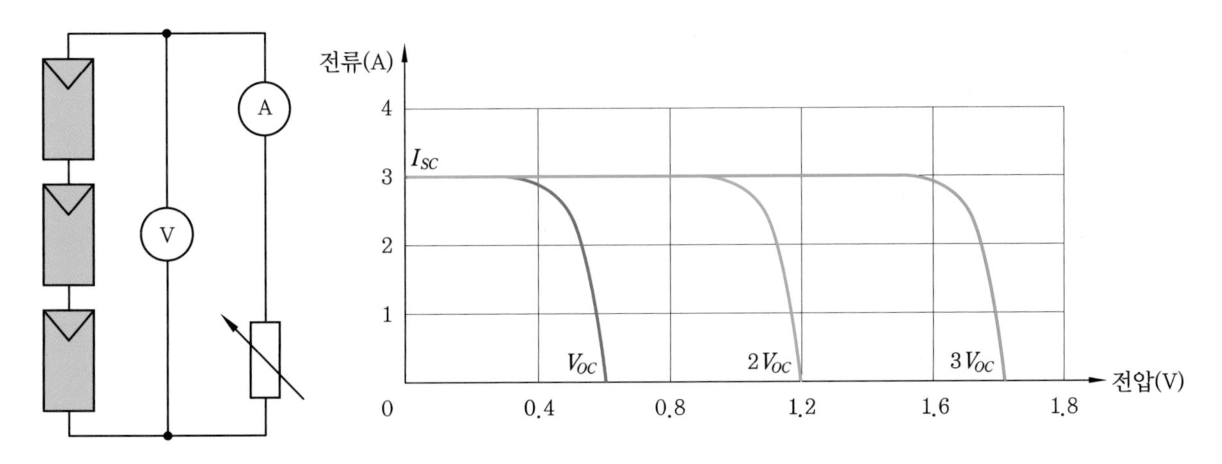

그림 1-23 **직렬연결의 $I-V$ 특성 곡선**

태양광으로 전기를 발전하던 초기에 PV 시스템에 처음 적용된 것은 독립형 시스템이다. 독립형 시스템은 표준 12V 축전지를 일반적으로 사용하며 모듈에 의하여 충전되어진다. 이러한 이유로 17V의 전압 레벨의 PV 모듈이 최초에 선택되었다. 이 전압은 축전지를 최적으로 충전하는 데 적합하다.

17V의 전압은 36개에서 40개의 솔라 셀을 직렬로 연결하여 공급된다. 이 모듈이 표준 모듈로 알려져 있다.

(2) 솔라 셀 $I-V$ 특성 곡선(병렬연결)

그림 1-24는 3개의 솔라 셀을 병렬로 연결하여 전기적인 파라미터와 $I-V$ 특성 곡선의 변화를 보여준다.

이러한 병렬접속은 셀 전압은 일정하지만 전류는 증가한다.

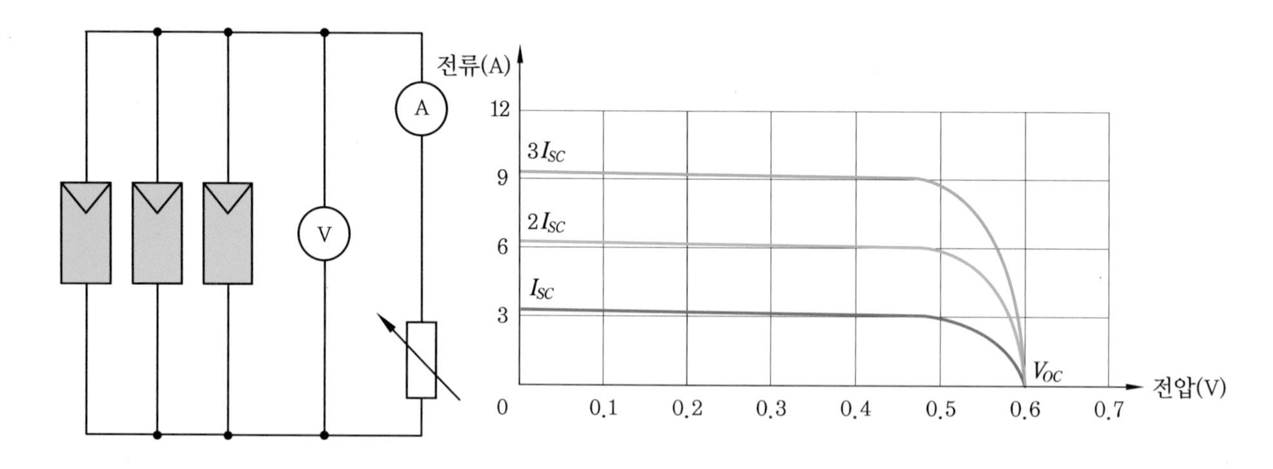

그림 1-24 **병렬연결의 $I-V$ 특성 곡선**

(3) 태양광 모듈의 데이터 시트

제조업체에 의해 표준 시험 조건(STC) 상태에서 태양광 발전(PV) 모듈에 대한 전기적 매개 변수가 결정된다. 단락 전류 I_{SC}, 개방 회로 전압 V_{OC}, 최대 전력률 P_{MAX} 또는 P_{MPP}가 최대 ±10%까지의 오차를 허용하며, 태양 전지 모듈에 지정된다.

다음 그림 1-25, 1-26, 1-27은 단결정 태양광 발전(PV) 모듈에 대한 일반적인 자료기록표(data sheet)를 보여준다. 전기 데이터와 별도로 크기, 중량, 열 충격과 기계적 충격에 대한 한곗값 그리고 온도 의존성에 대한 정보 등이 제공된다.

사양

셀	단결정 125mm×78mm
셀 및 연결 수	36개 시리즈(4×9)
무게	6.4kg
치수	758×545×40mm
IEC에 따른 생산 규격	IEC 61215 Ed.2
ROHS	IECQ 인증

그림 1-25 PV 모듈의 사양

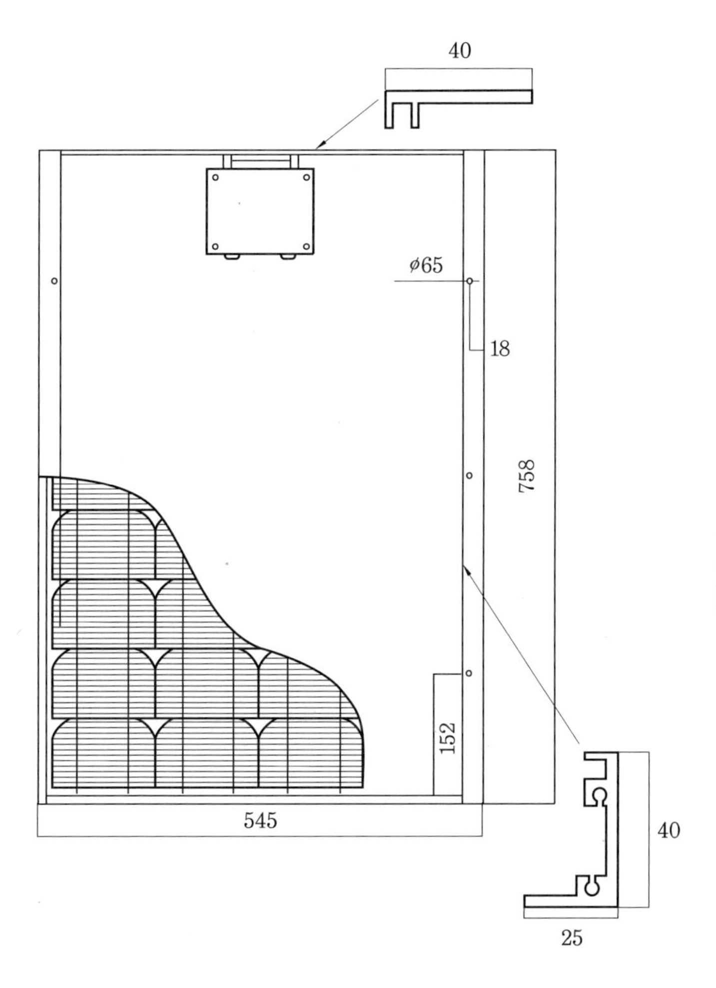

전기적 특성

전력	50Wp
개방 전압	21.5V
최대 전력 전압	17.0V
단락 전류	3.35A
최대 전력 전류	2.94A
절연 저항	>100MΩ
최대 시스템 전압	600V

STC : 일사량 1000W/m^2
모듈 온도 : 25℃
AM : 1.5

그림 1-26 PV 모듈의 전기적 특성

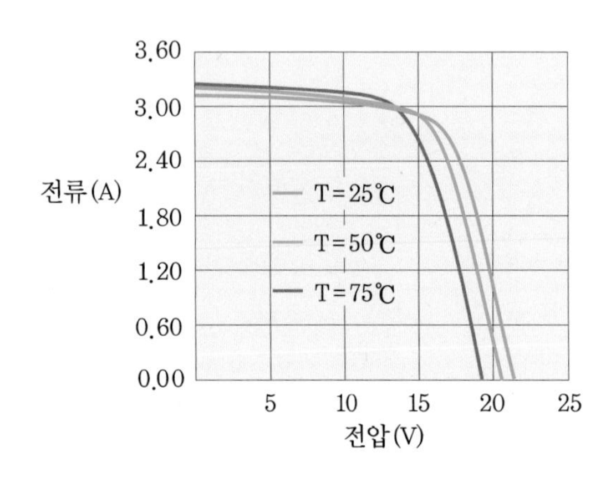

물리적 특성

운영 온도	−40℃ to +90℃
저장 온도	−40℃ to +90℃
압력 베어링	> 2400Pa
바람 베어링	> 5400Pa
우박 충격 테스트	225g steel ball drops from height of 1m

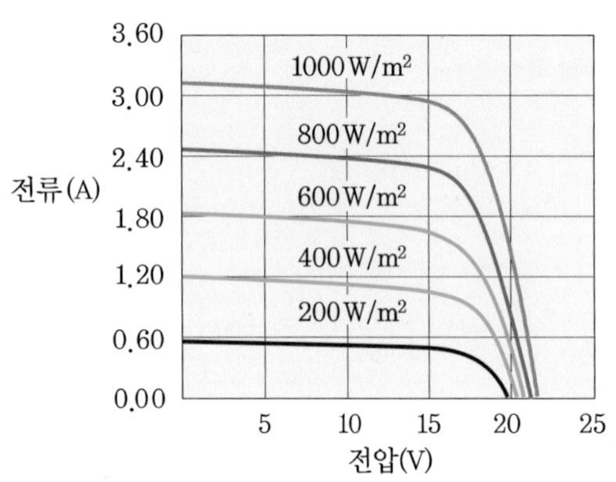

온도 계수

NOCT	45℃±2℃
I_{SC}의 온도 계수	+0.05%/℃
V_{OC}의 온도 계수	−0.34%/℃
P_m의 온도 계수	−0.5%/℃
전력 허용 오차	±5%

그림 1-27 PV 모듈의 일사량과 온도 특성

(4) 태양광 모듈의 성능 비율

실용적인 응용은 실제 조건 하에 측정 이외의 다른 결과를 공칭 효율(η_{STC}) 앞선 모듈 출력의 계산을 보여준다. 이것이 사실로 인해 그 표준 시험 조건(STC) 하에 모듈의 효율성과 모듈의 공칭 전력은 거의 실제 조건과 부합하다고 결정되었다. 셀들이 적극적으로 냉각되었을 때 1000W/m^2 일사량에 25°C 셀 온도에서 달성될 수 있다.

성능 비율(PR, Performance Ratio)은 실제 출력과 표준 출력 사이의 비율을 정의한다(기후에 따라 다름). 다른 말로 하면 PV 시스템의 이용은 공칭 동작 조건 하에서 동작 중인 손실이 없는 시스템에 비교된다.

$$PR = \frac{\text{출력 에너지}}{\text{입력 에너지}} = \frac{\sum_{t=1}^{24} E_{AC}(t)\,[\text{kWh}]}{\sum_{t=1}^{24} I_{rr}(t)\,[\text{W/m}^2]\cdot A[\text{m}^2]\cdot \eta[\%]}$$

여기서, E_{AC} : 교류 출력

I_{rr} : 일사량

A : 모듈 면적

η : 모듈 효율

5 일사량과 온도 특성

표준 시험 조건(STC) 하에서 태양광 발전(PV) 시스템이 작동하는 일은 거의 드물다. 온도와 일조 강도에 태양광 발전 모듈의 전기적 출력과 전류 전압($I-V$) 곡선이 의존하므로, 모듈은 대개 작동하는 동안 단지 부분적으로만 부하된다.

하루가 진행되는 동안에 온도보다도 일사량이 더 많이 변화를 갖는다. 전류는 일사량에 직접적인 의존도를 갖기 때문에 일사량의 변화가 모듈의 전류에 가장 큰 영향을 준다. 일사량이 반으로 떨어지면 발전되는 전력도 반으로 줄어든다.

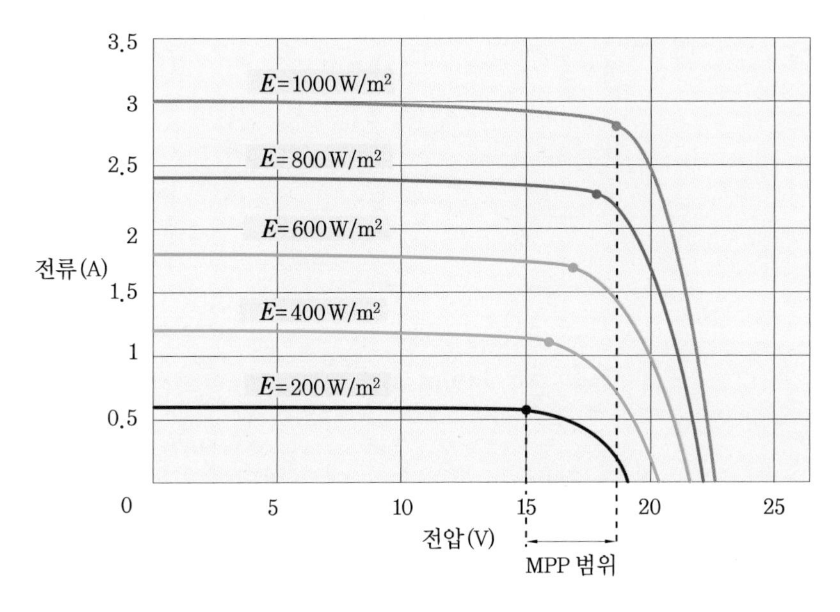

그림 1-28 **일사량 변화에 따른 모듈의 $I-V$ 특성 곡선**(온도가 일정할 때)

일사량의 변화에 대해 상대적으로 일정한 것이 최대 전력점(MPP) 전압이다. 그림 1-28에서 다결정 150W 표준 모듈의 일조 강도 변화로 인한 최대 전력점(MPP) 전압의 최대 변화가 약 4V임을 보여준다. 그러나 많은 태양광 발전(PV) 시스템에서 다수의 태양광 발전(PV) 모듈이 직렬로 연결되어 있으므로 일조 강도가 변할 때 최대 전력점(MPP) 전압의 변동은 합계 40V 이상이 될 수 있다.

모듈 전압은 대부분 모듈 온도의 영향을 받는다. 표준 시험 조건(STC) 값에 대한 최대 전력점(MPP) 전압 편차는 환기된 150W 모듈에서 여름에는 10V까지, 겨울에는 10V 이상까지 이른다. 모듈의 전압 변화가 시스템 전압을 결정하고, 나아가 전체 태양광 발전(PV) 시스템의 설계를 결정한다. 특히 저온에서 전압이 증가되는 것을 고려해야 한다.

여러 개의 모듈이 직렬로 연결할 때 전압은 100V 이상이 될 수 있고, 아마도 인버터의 최대 전압을 초과할 것이다. 그러므로 이런 상황에 특히 주의를 기울여서 태양광 발전(PV) 시스템을 설계해야 한다. 그림 1-29에서 모듈 온도가 변화할 때 전류는 거의 변하지 않는다. 전류는 온도의 상승에 따라 약간 상승한다.

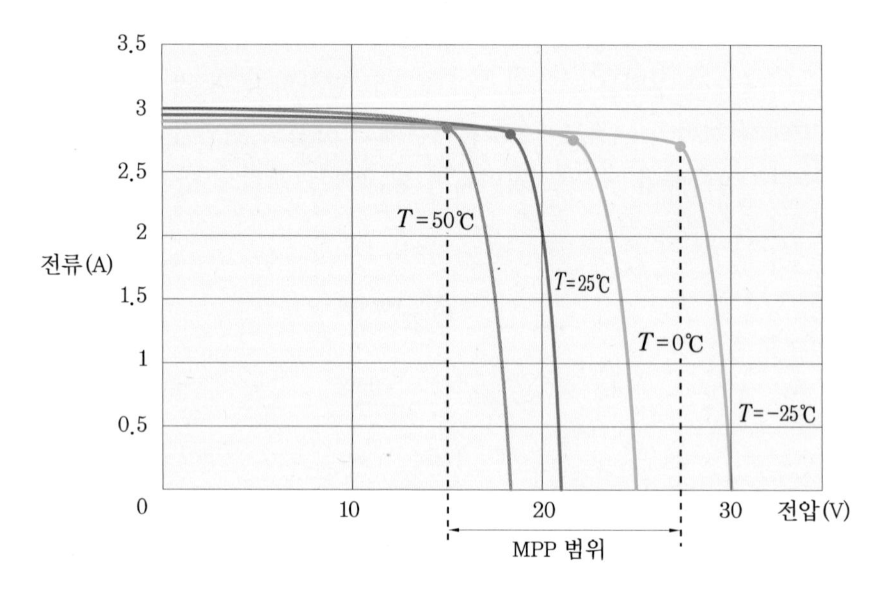

그림 1-29 **온도 변화에 따른 모듈의** $I-V$ **곡선**(일사량 1000W/m^{2}에서)

여름철 높은 온도에서는 그림 1-30에 표현되어 있는 것처럼 모듈의 출력 전력이 표준 시험 조건(STC)에서보다 35% 낮다. 이 전력 손실을 최소화하도록 태양광 발전(PV) 모듈이 열을 쉽게 발산시키는 것이 필요하다.

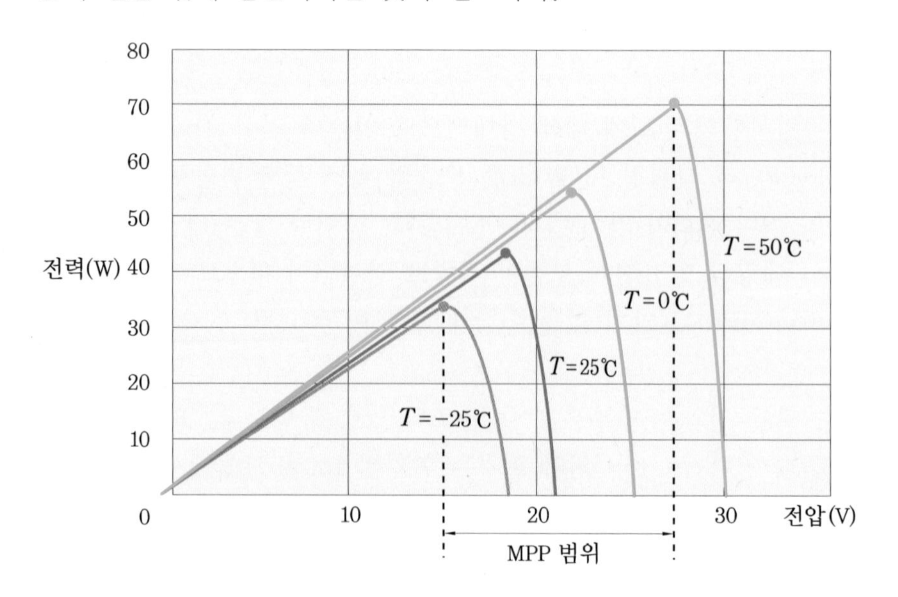

그림 1-30 **온도 변화에 따른 모듈의** $P-V$ **곡선**(일사량 1000W/m^{2}에서)

6 열점(hot spot)과 음영(shading)

PV 모듈은 신뢰할 수 있는 동작 조건 하에서 cell에 음영이 지면 cell 재질은 손상을 받게 되며, 어느 정도의 한계까지 가열될 수 있는데 이를 열점(hot spot)이 발생된다고 한다. 이러한 경우는 차광된 솔라 셀을 통해서 비교적 높은 역전류가 흐를 때 생긴다.

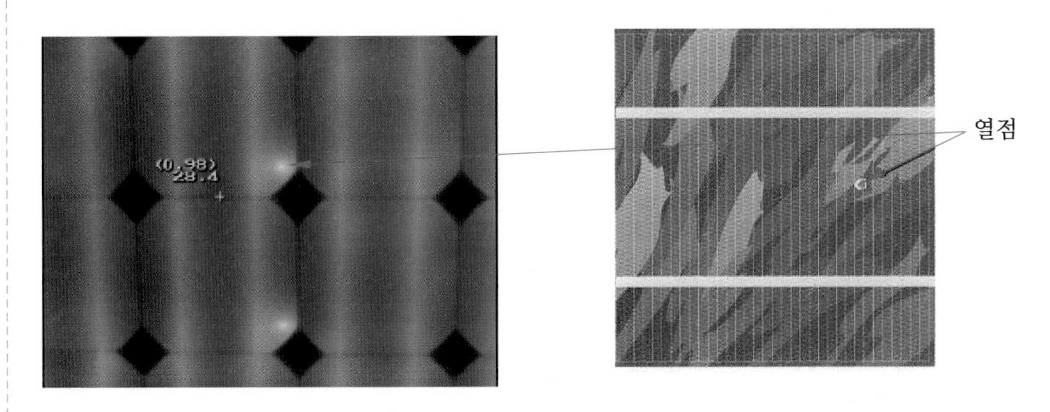

그림 1-31 hot spot

열점(hot spot)은 솔라 셀에서 약간의 전력 감소를 제공하나 연결된 스트립이 파손되지는 않는다. 그러나 셀에 음영이 질 때마다 셀의 파손으로 인한 모듈의 고장 확률도 증가한다.

그림 1-32에서 36개의 셀로 된 표준 모듈은 태양에 의해 복사되고 솔라 셀에서 만들어진 전류는 부하에 의해 사용되고 있다.

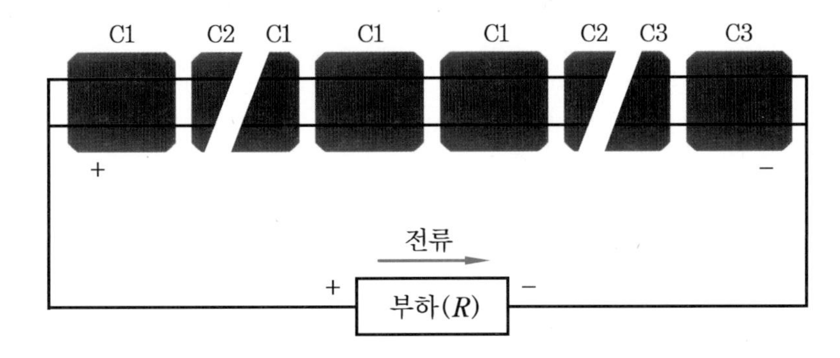

그림 1-32 36개의 솔라 셀 접속

그림 1-33과 같이 솔라 모듈 위에 일부분이 가려져 한 개의 cell에 그림자가 지면, 이 cell은 전류가 생성되지 않고 전기적으로 부하가 된다.

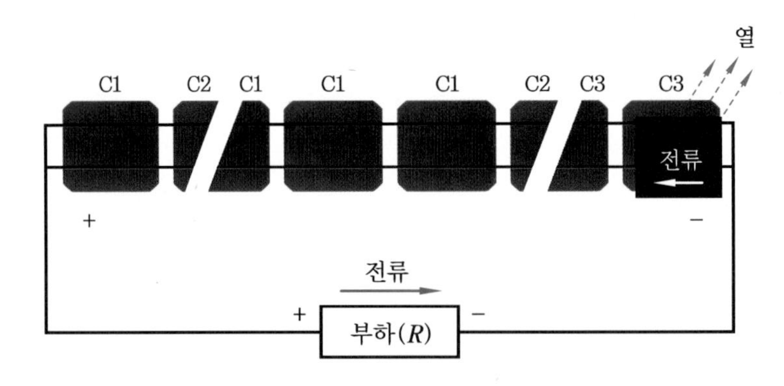

그림 1-33 **그림자 진 셀의 영향**

그러므로 이 셀은 다른 셀에서 생성된 전류가 흐르고, 곧 전류 흐름은 열로 전환된다. 만약 이 셀로 흐르는 전류가 크다면 hot spot 효과를 일으킬 수 있다.

보통 18개에서 20개의 솔라 셀은 약 12V의 전압을 생성하며 솔라 셀의 항복 전압은 12~50V이다. 이 전압은 솔라 셀의 역방향 전류가 흘러서 생긴다. hot spot을 방지할 수 있는 것은 솔라 셀을 거치지 않고 전류를 우회시키는 방법으로 그림 1-34와 같이 바이패스 다이오드(bypass diode)를 사용한다.

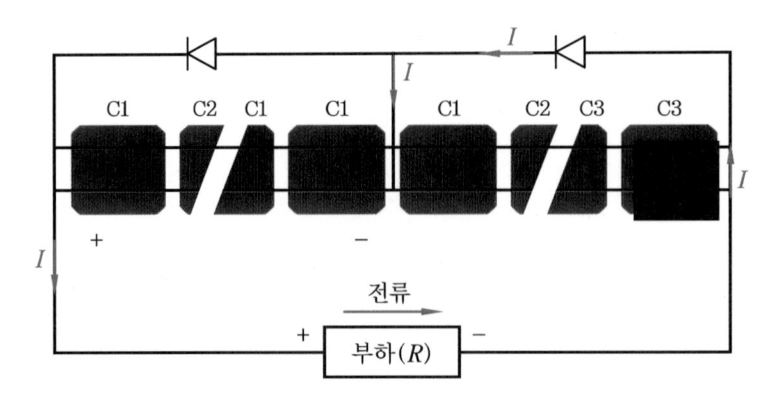

그림 1-34 **바이패스 다이오드**

바이패스 다이오드는 cell에서 높은 전압이 역방향으로 바이어스되지 않도록 한다. 제조상 실제 바이패스 다이오드는 대개 18개에서 20개의 솔라 셀에 걸쳐 연결된다.

따라서 36개에서 40개의 cell로 구성된 모듈은 2개의 바이패스 다이오드를, 72개의 cell로 구성된 모듈은 4개의 바이패스 다이오드를 갖는다.

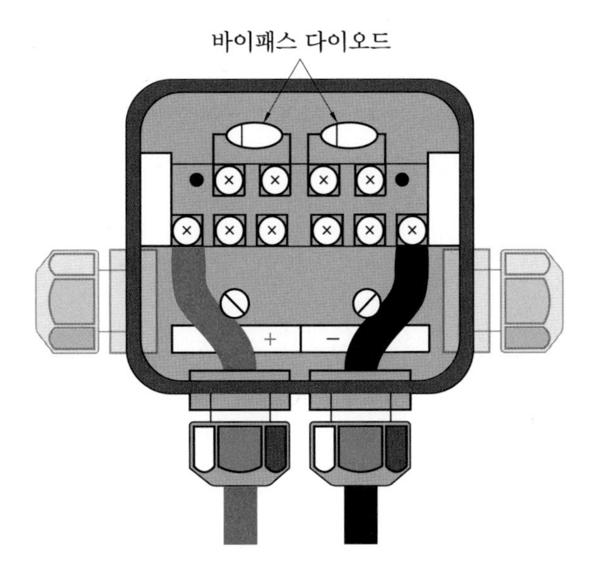

그림 1-35 **바이패스 다이오드**

7 PV 모듈의 연결

전기적으로 또한 기계적으로 더 큰 단위인 태양광 발전(PV)의 발전기를 형성하기 위해, 태양광 발전 모듈은 직렬 및 병렬연결로 결합된다.

(1) 직렬연결

직렬연결된 모듈을 스트링(string)이라 표시한다. 동일한 종류의 모듈만 사용해야 전체 시스템의 전력 손실을 막을 수 있다. 세 개의 태양광 발전(PV) 모듈로 이루어진 스트링으로 발생하는 전류 전압($I-V$) 곡선을 그림 1-36에서 보여준다.

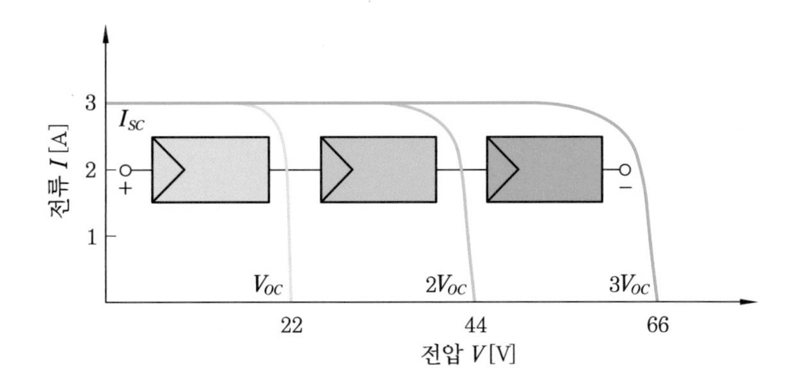

그림 1-36 **3개의 태양광 발전 모듈의 직렬연결**

계통 연계형 태양광 발전 시스템의 시스템 입력 전압을 결정하는 것은 직렬연결된 모듈의 수이며, 이는 연결된 인버터의 입력 전압과 같다.

주목해야 할 점은 모듈의 개방 회로 전압이 항상 작동 전압, 정격 전압, 최대 전력점(MPP) 전압보다 크다는 점이다. 이것 때문에 입력 전압이 최대 전력 전압을 초과하는 일이 생기게 될 수도 있다.

(2) 병렬연결

각 스트링마다 한 개의 태양광 발전(PV) 모듈을 병렬로 연결하는 것은 독립형 시스템에서 자주 사용되는 방법이다.

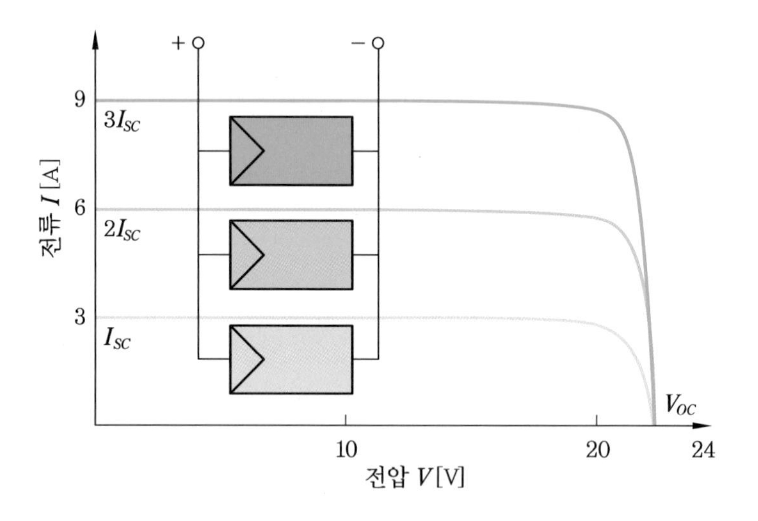

그림 1-37 **3개의 태양광 발전 모듈의 병렬연결**

(3) 직·병렬연결(계통 연계형 시스템)

계통 연계형 시스템에서는 여러 개의 스트링을 병렬로 연결하는데, 모듈의 수는 시스템 전압에 따라 정해진다. 이러한 상호 연결은 그림 1-38의 그래프에 나타난 특성 곡선을 만든다.

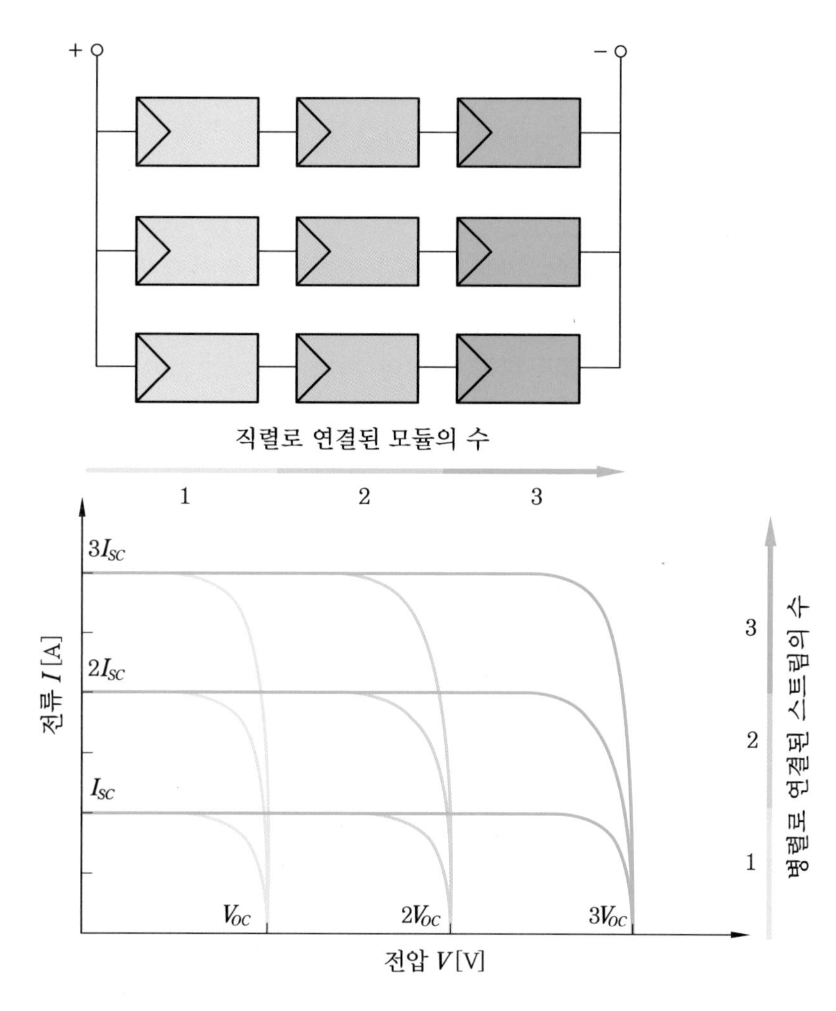

그림 1-38 **태양광 발전 모듈의 연결**

1-5 태양광 발전 인버터

1 태양광 발전 인버터의 개요

인버터는 태양 전지 어레이에서 발전된 직류의 전기를 우리가 사용하는 교류로 변환시켜주는 장치이며, 태양광 발전에서 중요한 역할을 하고 있다. 이러한 역할을 하는 계통 연계형 인버터(PCS)는 태양 전지 어레이의 출력이 항상 최대 전력점에서 발전할 수 있도록 최대 전력점 추종(MPPT : Maximum Power Point Tracking) 제어 기능을 가지고 있어야 하며, 계통과 연계되어 운전되기 때문에 계통 사고로부터 계통 연계형 인버터를 보호하고 태양광 발전 시스템 고장으로부터 계통을 보호하는 여러 가지 보호 기능을 보유하고 있어야 한다.

2 태양광 발전 인버터의 주요 기능

인버터는 직류를 교류로 변환하는 기능 외에 다음과 같은 주요 기능을 수행함으로써 태양광 발전 설비를 전력망에 접속을 가능하게 한다.

① 태양광 출력에 따른 자동 운전, 자동 정지 및 최대 전력 추종 제어(MPPT)
② 태양광 발전 설비와 전력망(grid)과의 병렬 운전을 위한 주파수, 전압, 위상 제어
③ 발전 출력의 품질(전압 변동, 고조파)의 제어
④ 전력망 이상 발생 시 단독 운전 방지
⑤ 태양광 발전 설비 및 인버터 자체 고장 진단 및 이상 발생 시 자동 정지

3 계통 연계형 태양광 인버터 구성 방식

계통 연계형 인버터(grid-connected inverter)는 계통 결합형 인버터(grid-tied inverter)라고도 한다. DC 전력을 AC 전력으로 변환하여 전력 계통에 공급과 수급이 이루어지는 기능을 한다.

독립형 인버터의 경우 축전지의 DC 전력을 AC 전력으로 전환할 뿐 아니라, 계통으로부터 축전지를 충전할 수도 있는 장치로, 계통으로부터 전력을 얻을 수만 있을 뿐 계통에 전력을 공급하지는 못하므로 계통 연계형 인버터와는 다르다.

(1) 인버터 동작 원리

계통형 인버터(inverter)는 태양광 발전 어레이와 교류(AC) 계통, 그리고 교류(AC) 부하를 서로 연결시킨다. 태양광 발전 어레이에서 발생한 태양광 직류(DC) 전기를 교류(AC) 전기로 바꿈으로써 이를 건물의 전기 시스템의 주파수와 전압에 맞게 조정하는 것이 인버터의 기본 임무인 것이다.

이러한 인버터를 DC-AC 컨버터라고도 부른다.

계통 연계형 태양광 발전 시스템에서 인버터는 전원 전력 계통과 직접 연결되거나 건물의 계통을 통해서 연결된다. 직접연결될 때 발전된 전기는 전원 계통으로만 공급된다. 건물 계통과 결합된 경우 발생한 태양광 발전 전력은 먼저 건물에서 소비되고 그 남은 잉여분이 전력 전원 계통으로 공급된다.

5kWp까지의 태양광 발전 시스템은 일반적으로 단상(single-phase) 시스템으로 구축되며, 대형 시스템의 경우 송전은 3상이므로 3상(three-phase) 공급 시스템과 연결된다.

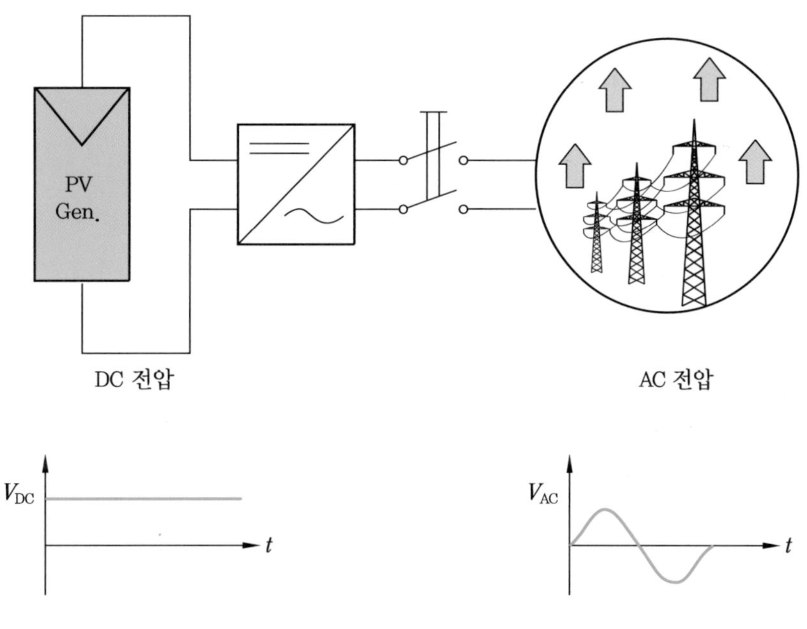

그림 1-39 **계통형 인버터 원리**

(2) 최대 전력점 추종(MPPT) 제어

계통 연계형 인버터가 태양광 발전 어레이의 최대 전력점(MPP)에서 작동해야만 최대 전력을 전원 계통으로 공급하게 된다. 일조 강도 의존성과 온도의 특성에서와 같이 기후 조건에 따라 태양광 발전 어레이의 최대 전력점이 변한다.

계통 연계형 인버터에서 최대 전력점 추적기는 계통 연계형 인버터를 최대 전력점에 맞게 조정해야 한다. 기상 조건에 따라 모듈 전압과 전류가 대단히 변하므로, 계통 연계형 인버터는 최적의 작동을 위해 작동점을 이동할 필요가 있다. 이를 위해 전압을 조정하는 전자 회로가 사용되는데, 이 회로는 태양광 발전 어레이가 그 최대 전력을 얻는 지점에서 계통 연계형 인버터가 작동하도록 한다.

가능한 최대의 전력이 전원 전기 계통으로 공급되도록 하는 것이 최대 전력점(MPP) 추적기이다. 본질적으로 최대 전력점 추적기는 전자 제어식 DC 컨버터로 구성된다.

계통 연계형 인버터는 다음의 기능을 수행한다.

① 태양광 발전 모듈에서 생성된 직류를 교류로 변환하는 기능

② 계통 연계형 인버터의 작동점을 태양광 발전 모듈의 최대 전력점에 맞게 조정하는 기능(최대 전력점 추적)

③ 작동 데이터와 신호를 기록하는 기능
(예 디스플레이, 데이터 저장 및 데이터 전송 등)

④ 직류(DC)와 교류(AC) 보호 장치를 설정하는 기능
(예 부정확한 극성 보호, 과전압 및 과부하 보호, 국제 법규 및 규정을 지키기 위한 보호 및 감시 장비)

(3) 계통 연계형 인버터 종류

계통 연계형 인버터는 작동 원리에 따라 계통 제어형(grid-controlled) 인버터와 자려식(self-commutated) 인버터로 나뉜다.

① 계통 제어형(grid-controlled) 인버터

계통 제어형 인버터는 전원 전압(main voltage)을 사용해서 전력 전자 개폐 장치에 대한 스위치-온 및 스위치-오프 펄스를 결정한다. 브리지 회로에서 각각의 사이리스터 쌍은 직류 전력을 먼저 한 방향으로 스위칭한 다음, 60Hz의 속도로 나머지 방향으로 스위칭한다.

스위칭하는 순간 에너지는 직류 입력과 병렬로 연결된 전해 콘덴서에 저장된다.

사이리스터는 전류를 스위치로 켤 수만 있을 뿐 이를 다시 스위치로 끌 수 없기 때문에, 전원 전압은 사이리스터를 스위칭 오프(switching off)해야 한다. 이런 이유로 해서 이 인버터가 **계통 제어형**이라고 불린다.

출력이 구형파 전류(square-wave currents)가 생성되므로 이 인버터는 **구형파 인버터**라고 불린다. 사이리스터 장치에서 마이크로프로세서에 의해 **트리거 펄스**가 형성된다. 트리거 펄스를 지연(지연-각 제어)시킴으로써 최대 전력점(MPP) 추적이 가능하다.

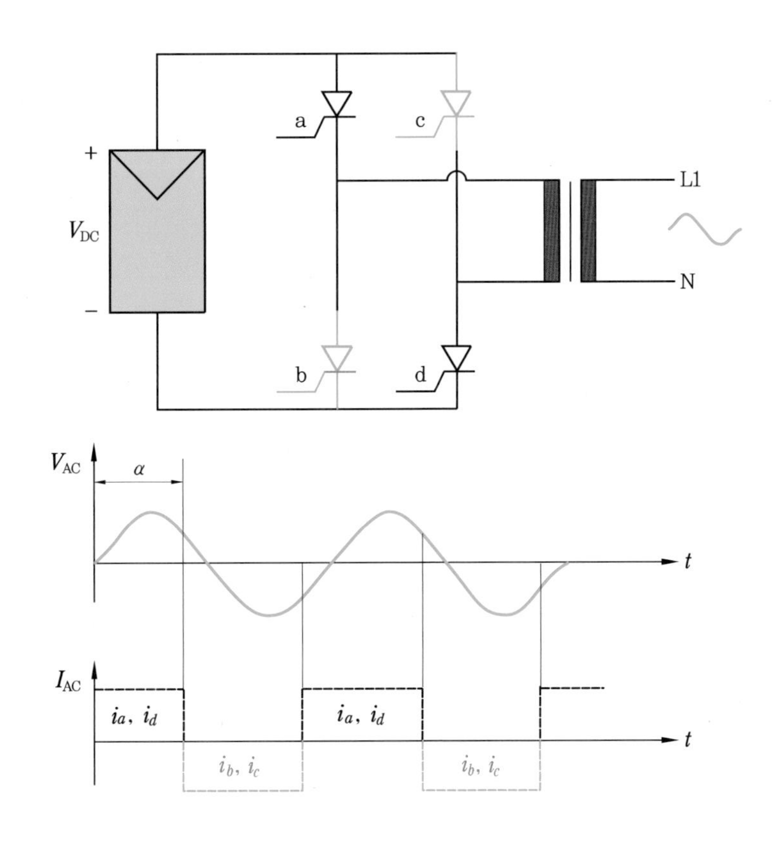

그림 1-40 **계통 제어형 인버터**

② 자려식(self-commutated) 인버터

자려식 인버터(self-commutated inverters)에서 켜고 끌 수 있는 반도체 요소가 브리지 회로에 사용된다. 다음의 반도체 요소가 시스템의 성능과 전압의 수준에 따라 사용된다.

① 산화 금속 반도체 전계 효과 트랜지스터(MOS FETs)

② 양극성 트랜지스터(Bi-polar transistor)

③ 게이트 턴 오프(GTOs) 사이리스터(1kHz까지)

④ 절연 게이트 양극성 트랜지스터(IGBTs)

펄스폭 변조(PWM : Pulse Width Modulation)의 원리를 사용하는 이 전원 스위치 장치들이 우수한 정현파(sinusoidal) 재생을 가능케 한다.

10kHz에서 100kHz 범위의 주파수에서 전원 개폐 장치를 빠르게 스위칭을 켰다 껐다 하면 펄스가 형성되는데 사인파에 해당하는 형태를 갖는 지속 시간과 간격을 갖게 된다. 따라서 공급 전력과 계통의 사인파 사이에 우수한 조화가 이루어지는 것은 하향 저역 통과 필터(lowpass filter, 저주파)로 평탄화한 후이다. 공급되는 전력은 이런 이유로 적은 양의 저주파수 고조파 성분만 갖는다.

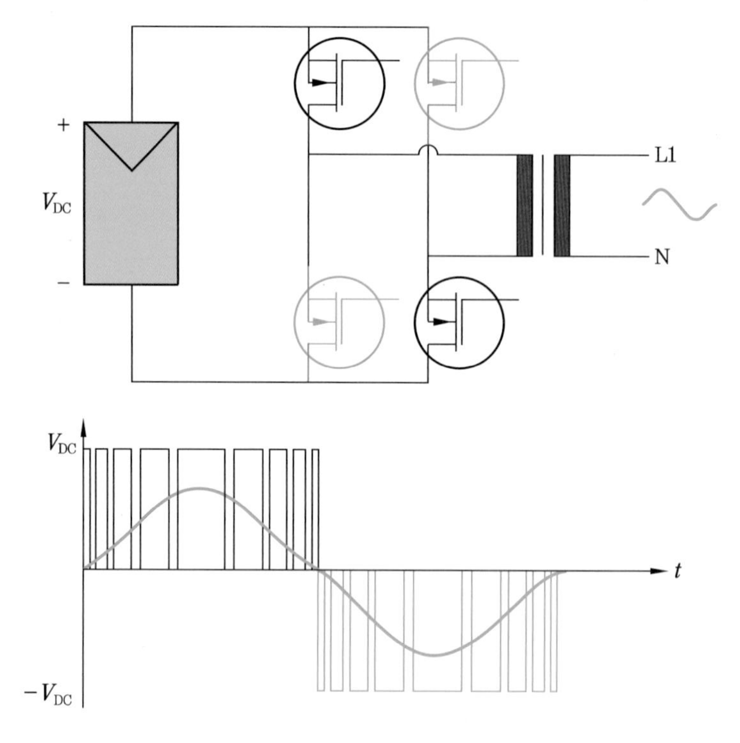

그림 1-41 **자려식 인버터**

㈎ 저주파 변압기(LF)가 있는 자려형 인버터

60Hz의 저주파 변압기가 자려형과 계통 소호형 인버터의 전압을 계통에 구성하는 데 사용된다. 직류 회로와 교류 회로를 변압기의 자기장이 분리(전기적으로 절연)시킨다. 저주파 변압기가 있는 전형적인 자려형 인버터는 다음의 필수 회로로 구성된다.

- 스위칭 제어기(감압 컨버터)
- 풀 브리지
- 계통 변압기

- 최대 전력점 추적기(MPPT)
- ENS(전원 감시 또는 MDS로 할당된 개폐 장치가 있음) 계통 모니터링이 있는 감시 회로

(나) 고주파 변압기(HF)가 있는 자려형 인버터

고주파 변압기는 10kHz에서 50kHz의 주파수를 갖는다. 저주파 변압기에 비해 이 변압기는 전력 손실이 적고, 크기가 작으며, 무게와 비용도 작다. 그러나 고주파 변압기는 인버터의 회로가 더 복잡하다.

(다) 무변압기 인버터

전력 범위가 낮은 경우 변압기가 없는(transformerless) 인버터가 사용된다. 변압기를 제거함으로써 인버터의 손실이 감소된다. 변압기의 제거로 크기, 무게, 비용도 줄어든다.

태양광 발전기 전압은 계통 전압의 최댓값보다 눈에 띄게 높아야 하거나, 인버터의 DC-DC 승압 컨버터를 사용하여 변환되어야 한다. DC-DC 컨버터를 사용하면 추가 손실이 발생하며 전기적 안전에 대한 개념이 크게 필요한 이유는 무변압기 인버터는 DC와 AC 전력 회로 사이의 전기적 절연이 약하다.

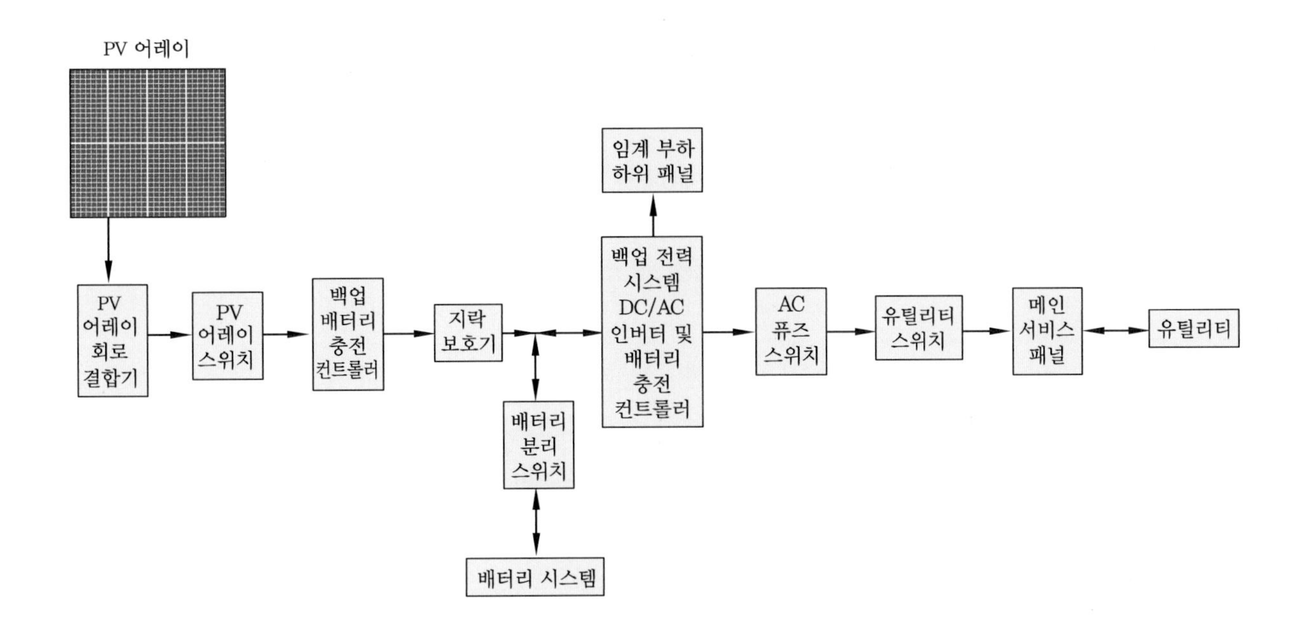

그림 1-42 **계통 연계형 태양광 발전 시스템 블록도**

4 MPPT(Maximum Power Point Tracking) 제어

(1) 최대 전력점 추종 제어의 개요

태양 전지는 일조 강도와 온도의 특성에 의해서 전압과 전류가 변화하며 전압 전류의 최대 전력을 출력하는 점을 최대 전력점(MPP : Maximum Power Point)이라 한다.

계통 연계형 인버터가 태양광 발전 어레이의 최대 전력점(MPP)에서 작동해야만 최대 전력을 전원 계통으로 공급하게 된다.

계통 연계형 인버터에서 최대 전력점 추적기는 계통 연계형 인버터를 최대 전력점에 맞게 조정해야 한다. 기상 조건에 따라 모듈 전압과 전류가 대단히 변하므로, 계통 연계형 인버터는 최적의 작동을 위해 작동점을 이동할 필요가 있다. 이를 위해 전압을 조정하는 전자 회로가 사용되는데, 이 회로는 태양광 발전 어레이가 그 최대 전력을 얻는 지점에서 계통 연계형 인버터가 작동하도록 한다.

가능한 최대의 전력이 전원 전기 계통으로 공급되도록 하는 것이 최대 전력점 추적기이다. 본질적으로 최대 전력점 추적기는 전자 제어식 DC 컨버터로 구성된다.

계통 연계형 인버터는 작동점을 태양광 발전 모듈의 최대 전력점에 맞게 조정하는 기능(최대 전력점 추적)을 가지고 있어야 한다.

(2) 제어 원리

그림 1-43은 어떤 일정한 광원 하에서 태양 전지의 $V-I$ 출력 특성과 동작점의 차이에 의한 태양 전지의 발전 전력 차이를 나타내고 있다. 그림 1-43에서 $V-I$ 특성 곡선 상에 나타나는 점을 태양 전지의 동작점이라고 한다.

태양 전지에는 접속한 부하의 전압에 따라서 인출되는 전류가 결정되는 성질이 있다. 이와 같은 성질을 그림 1-43에서 살펴보면, V_1과 같이 동작점 전압을 낮게 설정할 경우에는 큰 전류가 나올 수 있지만, V_2와 같이 동작점 전압을 높게 설정할 경우에는 큰 전류가 나올 수 없다.

그림 1-43의 동작점 전압을 V_p로 설정한 곳을 살펴보면 이때는 전압과 전류의 출력 밸런스가 가장 양호하고 점선의 사각형 면적이 최대로 되어 있다. 이것은 발전 전력이 최대로 되어있다는 것을 의미하며, 이때의 태양 전지 동작점(P_A)을 최적 동작점이라고 한다.

즉 태양 전지는 최적 동작점에서 발전하고 있을 때 최대 전력이 출력된다고 할 수 있다.

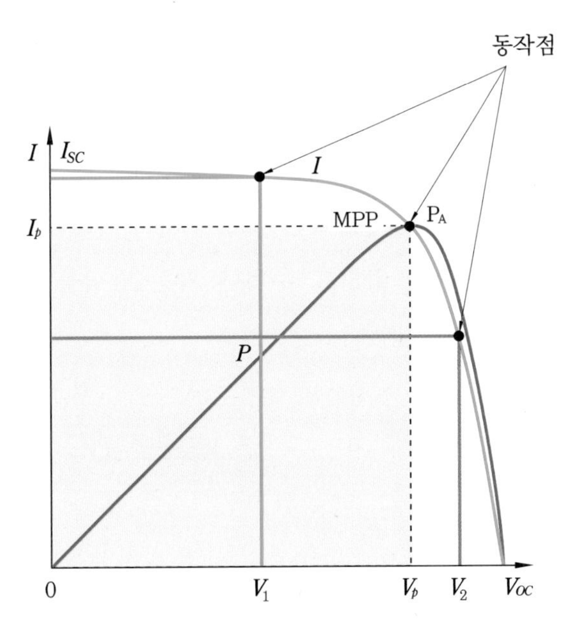

그림 1-43 **일정한 광원에서 $V-I$ 출력 특성**

태양 전지는 이 전압에서 발전하고 있을 때 공칭 최대 출력 전압이 얻어지지만 이것은 일정한 조건 하에서 해설의 값이므로 실제 운전 시에는 태양광의 강도나 각도에 따라 최적 동작점이 항상 변화된다.

전압 컨버터가 최적 동작점을 추적하고 있으며, 최적 동작점을 추적하는 데에는 전압 컨버터의 입력 전압 태양 전지의 동작점 전압을 바꿔주면 된다.

충전 전류 출력 전압을 제어하면 입력 전압을 제어할 수 있다.

전압 컨버터의 출력 전압을 의도적으로 높게 설정하고 축전지와의 전압차를 크게 하면 축전지에의 충전 전류가 증가한다. 그와 동시에 전압 컨버터에의 입력 전류(태양 전지에서 인출하는 전류)도 증가하기 때문에 전압 컨버터의 입력 전압(태양 전지의 동작점 전압)을 내릴 수 있다.

반대로 출력 전압을 낮게 설정하면 충전 전류와 입력 전류가 함께 감소되기 때문에 전압 컨버터의 입력 전압을 올릴 수 있다.

이것은 태양 전지의 출력 특성을 많이 이용한 컨트롤이라고 할 수 있다. 그리고 태양 전지의 발전 상황에 따라 자동적으로 입력 전압(태양 전지의 동작점 전압)을 변화시켜 태양 전지의 최적 동작점을 추적할 수 있는 전압 컨버터를 MPPT 장치라 부르고 있다.

1-6 트래커 시스템

1 트래커 시스템의 개요

트래커 시스템이란 태양광 발전 시스템의 효율을 극대화하기 위한 방식으로 태양의 직사광선이 항상 태양 전지판의 전면에 수직으로 입사할 수 있도록 동력 또는 기기 조작을 통하여 태양의 위치를 추적해 가는 방식을 말한다.

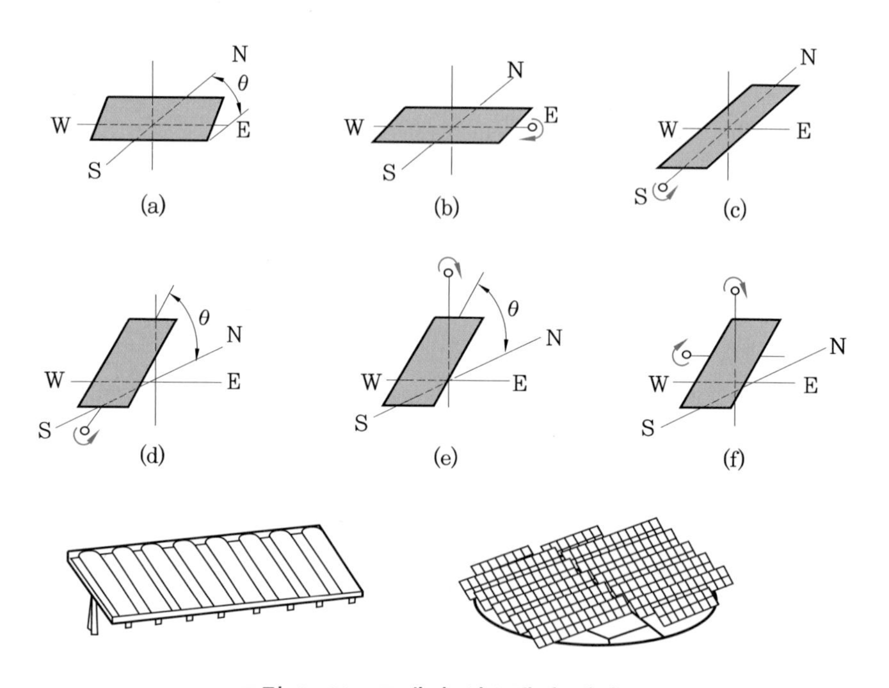

그림 1-44 **트래커 시스템의 개략도**

2 트래커 시스템의 종류

(1) 자외선 추적형

태양의 자외선 정보에 의한 위치 정보 프로그래밍 시스템과 광센서 자동 추적 시스템으로 구분되어 상업화되고 있다. 태양 자외선 정보에 의한 위치 정보 프로그래밍 시스템은 시스템이 간단하고 고장 요인이 없는 장점이 있는 반면, 최대 태양광 발전 효율보다는 조금 낮은 효율을 보이는 단점이 있다.

(2) 광센서 자동 추적 시스템

두 개 이상의 광센서를 부착한 후, 두 개의 광센서로 들어오는 빛의 양이 동일한 지점을 추적하는 방식으로 항상 최대 에너지 효율을 보장할 수 있는 장점이 있는 반면에, 구름 등이 지나가면서 태양광의 굴절을 일으키게 되면서 펌핑 현상을 유발하는 단점이 있다.

그림 1-45 **광센서 자동 추적 시스템**

(3) 경사 단축형

태양을 동서로 추적하는 방식으로 계절별 태양 고도각의 미세 조절이 가능하다. 신뢰성이 높고 긴 수명을 가지며 빛 감지 센서에 의한 오작동이 없다.

그림 1-46 **경사 단축형 시스템**

(4) 수평 단축형

동서로 추적하는 방식으로 부지의 효율성이 우수한 추적형 방식이다. 신뢰성이 높고 긴 수명을 가지며 가장 경제적인 태양광 추적 시스템이다.

그림 1-47 **수평 단축형 시스템**

(5) 고정 가변형

계절별 태양 고도각의 미세 조절이 가능하며 시공이 간단하고 부지 효율성이 우수하다.

그림 1-48 **고정 가변형 시스템**

CHAPTER 02

태양광 발전 시스템의 실무 및 설계

2-1 태양광 모듈의 개방 전압, 단락 전류 측정

실습 목적	태양광 모듈의 특성에 따라 출력 특성을 확인하고, 사용 목적에 맞는 태양 전지 모듈을 선택할 수 있다.
사용 기기	• 태양 전지 모듈 – A (M01) • 태양 전지 모듈 – B (M02) • 할로겐 광원 모듈 (M03) • 디지털 미터 (M11) • 직류 전압계 모듈 (M18) • 직류 전류계 모듈 (M19) • 교류 입력 터미널 모듈 (M22)
안전 및 유의 사항	1. 광원으로 사용되는 할로겐램프는 점등 시 보호 케이스 및 강화 유리 부분에 고온이 되므로 화상과 강한 빛을 발생하므로 쳐다 볼 경우 눈에 손상이 갈 수 있으니 주의한다. 2. 디지털 미터 모듈(M11)과 디지털 패널미터(M18, M19)에 연결할 때 극성이 틀리거나 전압계 전류계를 바꿔서 연결할 경우 계기가 파손될 수 있으니 주의한다. 3. 할로겐램프의 광량과 빛의 주파수 대역 차이에 따라 이론적인 결과와 차이가 있을 수 있다. 또한, 야외 실습 시 환경 조건에 따라 실습 결과의 차이를 가져올 수 있다. 4. 실습이 끝난 태양광 모듈도 표면 온도가 상승되어 있으므로 만지지 않으며, 화상에 주의한다.
실습 회로도	V A

1 관련 이론

태양 전지의 출력 전압은 거의 빛에 일정하며, 실리콘 태양 전지의 개방 회로(open circuit) 전압은 약 0.5~0.6V의 출력을 가진다.

단락 회로(short circuit) 전류는 빛에 대해 선형적으로 증가하며, 그 이유는 빛에 의해 생성된 충전 캐리어가 빛에 비례하기 때문이다. 따라서 태양 전지의 단락 회로 전류는 조도 측정에 매우 유용하다.

태양 전지 표면이 커지면 영역에 도달한 빛은 p-n 접합의 전계 영역에서 n형 반도체 영역을 증가시켜 전자 결합을 제거하거나 전송할 수 있으므로 태양 전지의 활성 영역은 증대된다. 그러므로 전력 공급 능력 역시 증가한다.

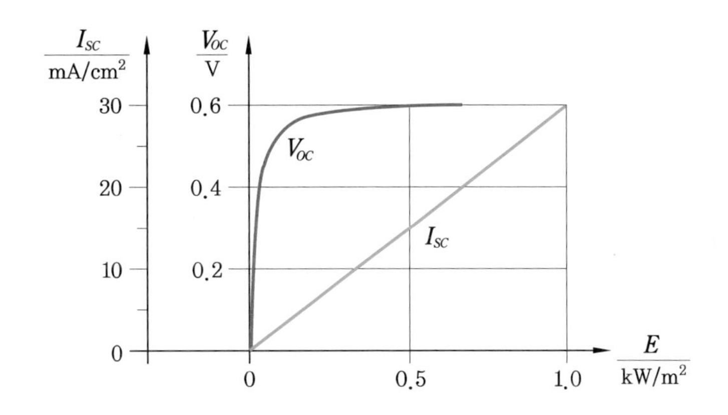

그림 2-1 **태양 전지 셀의 전압 전류 특성**

태양 전지가 일정한 조도에서 부하의 변화에 따라 출력 전압과 출력 전류가 변화되는데 이 결과를 곡선으로 나타낸 것이 $V-I$ 특성 곡선이다.

$V-I$ 특성 곡선은 다음 3가지 포인트를 나타낸다.

① **개방 전압** $V=V_{OC}$, $I=0$, $P=0$

개방 전압은 결정질 셀의 경우 약 0.5~0.6V이며 아몰퍼스 셀은 약 0.6~0.9V이다.

② **단락 전류** $V=0$, $I=I_{SC}$, $P=0$

단락 전류는 MPP 전류에 비해 약 5~15% 정도 높다. 표준 결정질 셀(10cm×10cm)은 표준 시험 조건(STC : Standard Test Conditions) 하에서 I_{SC}는 약 3A이다.

③ **최대 전력점**(MPP : Maximum Power Point)

MPP는 V_{MPP}, I_{MPP}, P_{MPP}로 기술한다.

MPP에서 전압과 전류의 값이 태양 전지에 있어서 공칭값(nominal)이다. 공칭 전류와 단락 회로 전류는 약간 다르며, 태양 전지는 단락 회로 내력을 가지고 있다. 태양 전지는 항상 단락 회로화 될 수 있다.

그림 2-2에 MPP 특성 곡선을 나타내었다.

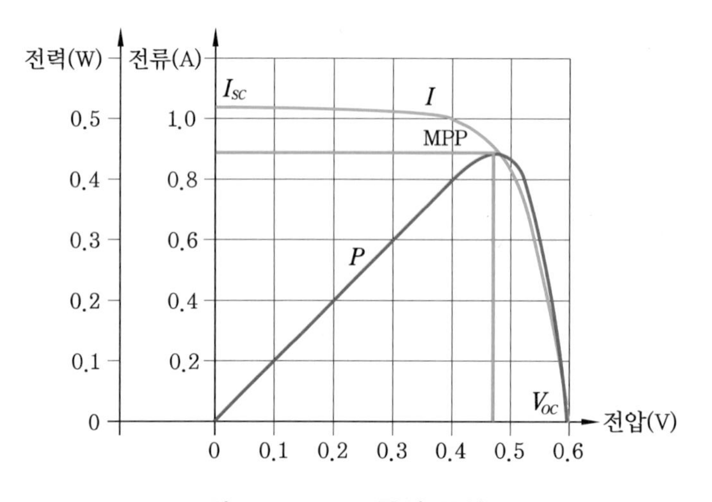

그림 2-2 MPP 특성 곡선

P-N 접합으로 인해 태양 전지는 빛이 없을 때는 수동 소자로서 반도체 다이오드와 같은 일반적인 동작을 한다. 빛이 있을 때 태양 전지는 단락 회로 전류에 의해 다이오드 특성 곡선이 바뀌고 능동 소자가 된다. $V-I$ 특성의 형태는 거의 조명에 관계없이 동일하게 유지된다.

• symbol(심벌)

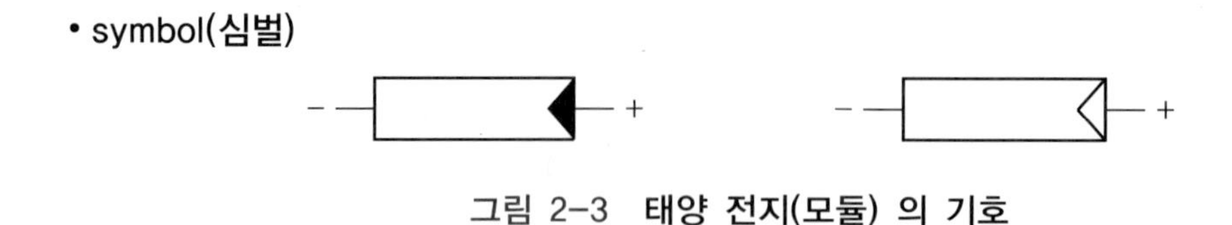

그림 2-3 태양 전지(모듈) 의 기호

2 실습 방법

❶ 할로겐 광원 모듈(M03)과 태양 전지 모듈(M02)을 그림 2-4와 같이 모듈 장착 테이블에 약 30 cm 거리를 두고 수평으로 마주보도록 장착한다.

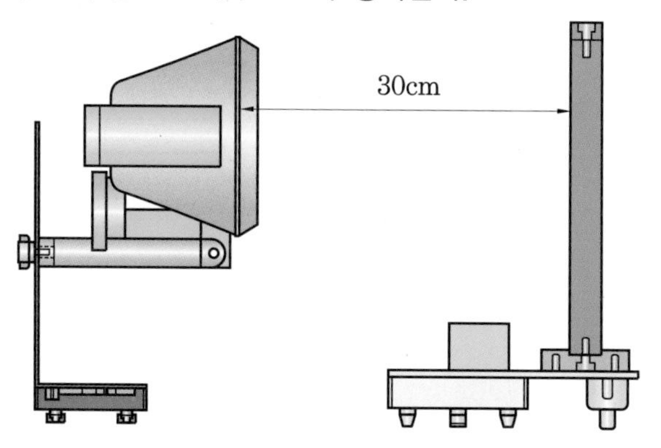

그림 2-4 **광원과 PV cell 배치**

❷ 교류 입력 터미널 모듈(M22)의 AC INPUT 단자에 power cable을 연결하고 AC 220V 콘센트에 연결한다.

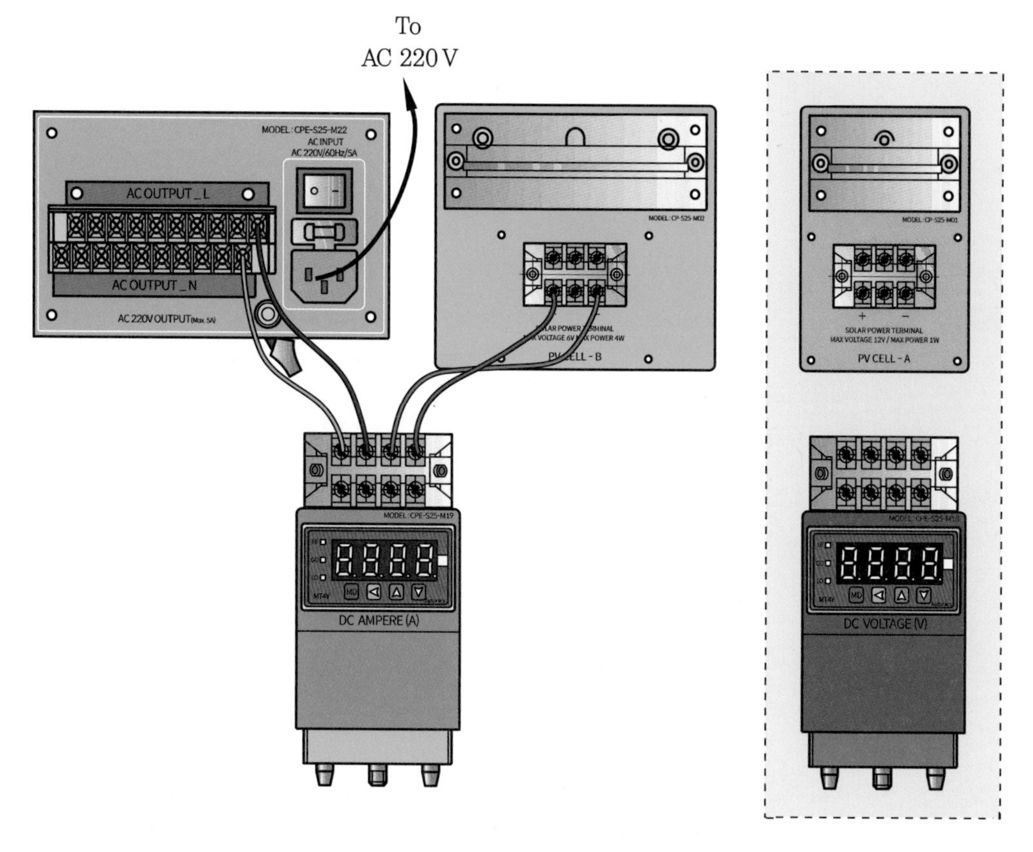

그림 2-5 **실무 결선도**

❸ 할로겐 광원 모듈(M03)의 케이블을 교류 입력 터미널 모듈(M22)의 L과 N 단자에 각각 결선한다. 또한, 직류 전압계 모듈(M18)의 단자대의 전원 부분과 교류 입력 터미널 모듈(M22)의 L과 N 단자에 각각 1개씩 결선한다.

❹ 태양 전지 모듈(M01)의 터미널 단자와 직류 전류계 모듈(M19)의 측정 터미널 단자에 극성에 맞게 연결한다.

❺ 교류 입력 터미널 모듈(M22)의 전원 스위치를 ON으로 하면 직류 전류계 모듈(M19)에 전원이 켜진다. 또한, 할로겐 광원 모듈(M03)의 스위치를 ON시켜 태양 전지 모듈(M02)에 빛을 가한다.

❻ 직류 전류계 모듈(M19)에 측정된 전류의 값을 표 2-1에 기록한다.

❼ 직류 전류계 모듈(M19)을 직류 전압계 모듈(M18)로 교체하고, 측정된 전압의 값을 표 2-1에 기록한다.

❽ 실습이 끝나면 모든 스위치를 OFF에 위치시키고 케이블 등을 정리한다.

3 결과 및 고찰

1. 위 [실습 방법] ❹~❼번의 실습에서 태양 전지 모듈 A(M01)를 태양 전지 모듈 B(M02)로 교체하고, 전압과 전류를 측정하여 표 2-1에 기록하시오.

표 2-1 **개방 전압, 단락 전류**

장소		규격 / 사양	실내	실외
태양 전지 모듈 A (M01)	개방 전압 V_{OC}	[V]	[V]	[V]
	단락 전류 I_{SC}	[A]	[A]	[A]
태양 전지 모듈 B (M02)	개방 전압 V_{OC}	[V]	[V]	[V]
	단락 전류 I_{SC}	[A]	[A]	[A]

2. 실습 결과에서 태양 전지 모듈의 크기와 출력과의 관계를 기술하시오.

3. 태양 전지 모듈 A, B(M01, M02)와 디지털 미터(M11)를 실외에서 직접 햇볕에 조사되도록 하고, 측정해보고, 표 2-1에 기술하시오.

4. 실내와 실외에서의 개방 전압(V_{OC})과 단락 전류(I_{SC})의 차이가 있는가? 차이가 있다면 왜 이러한 결과를 갖는지 기술하시오.

4 관련 용어

■ **태양 전지**(solar cell, photovoltaic cell)

햇빛에 노출되었을 때, 즉 햇빛을 받을 때 그 빛 에너지를 직접 전기 에너지로 변환하는 반도체 소자이다. 광기전력 효과를 이용하는 광전 변환 소자의 일종이며, 태양 전지·태양 전지 모듈 · 태양 전지 널판(panel)·태양 전지 어레이(array) 등을 총칭하는 경우도 있다. 최근 들어서는 태양 전지(solar cell)보다는 태양광 발전 전지(photovoltaic cell)라는 용어를 사용한다.

■ **태양광 발전**(photovoltaic power generation)

햇빛이 가진 에너지를 직접 전기 에너지로 변환하는 발전 방식이다. 일반적으로 광기전력 효과를 이용한 태양 전지를 발전 소자로 사용한다.

■ **단락 전류** (I_{SC}, short-circuit current)

특정한 온도와 일조 강도에서 단락 조건에 있는 태양 전지나 모듈 등 태양광 발전 장치의 출력 전류이다. 단위 면적당 단락 전류를 특별히 J_{SC}라고 하는 경우도 있다. (단위 : A)

■ **개방 전압** (V_{OC}, open-circuit voltage)

특정한 온도와 일조 강도에서 부하를 연결하지 않은(개방 상태의) 태양광 발전 장치 양단에 걸리는 전압이다. (단위 : V)

■ **최대 전력 출력**(MPP : Maximum Power Point)

일조 강도나 온도의 변화에 따라 변하는 태양 전지의 최대 출력 동작 전압이다.

2-2 태양광 모듈의 거리에 따른 전기적 특성

실습 목적	할로겐램프의 최대 광량에서 태양광과 솔라 셀의 거리의 변화에 따른 $V-I$ 특성을 측정하고, 결과를 기술할 수 있다.
사용 기기	• 태양 전지 모듈 – A (M01) • 태양 전지 모듈 – B (M02) • 할로겐 광원 모듈 (M03) • 디지털 미터 (M11) • 가변 저항 모듈 (M15) • 직류 전압계 모듈 (M18) • 직류 전류계 모듈 (M19) • 교류 입력 터미널 모듈 (M22)
안전 및 유의 사항	1. 광원으로 사용되는 할로겐램프는 점등 시 보호 케이스 및 강화 유리 부분에 고온이 되므로 화상과 강한 빛을 발생하므로 쳐다 볼 경우 눈에 손상이 갈 수 있으니 주의한다. 2. 디지털 미터 모듈(M11)과 디지털 패널미터(M18, M19)에 연결할 때 극성이 틀리거나 전압계 전류계를 바꿔서 연결할 경우 계기가 파손될 수 있으니 주의한다. 3. 할로겐램프의 광량과 빛의 주파수 대역 차이에 따라 이론적인 결과와 차이가 있을 수 있다. 또한, 야외 실습 시 환경 조건에 따라 실습 결과의 차이를 가져올 수 있다. 4. 실습이 끝난 태양광 모듈도 표면 온도가 상승되어 있으므로 만지지 않으며, 화상에 주의한다.
실습 회로도	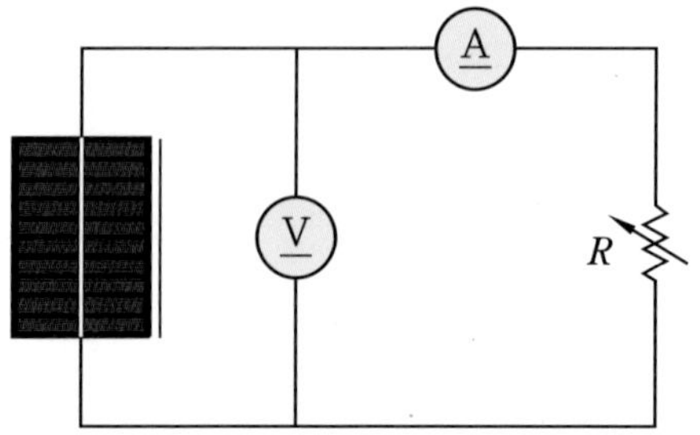 A V R

1 관련 이론

(1) 태양광 발전의 성능비

성능비는 위치에 영향을 받지 않는 PV 시스템 품질을 측정하는 척도이며 품질 계수라고도 한다. 성능비(PR)는 백분율로 표시하며 PV 시스템의 실제 에너지 출력과 이론적 에너지 출력간의 관계를 나타낸다. 따라서 성능비는 에너지 손실 및 운전 중의 에너지 소비를 차감한 후 계통에 내보낼 때 실제로 사용할 수 있는 에너지 비율을 나타낸다.

PV 시스템에 결정되는 PR 값이 100%에 가까울수록 각각의 PV 시스템이 더 효율적으로 동작된다. PV 시스템이 동작될 때 피할 수 없는 손실이 항상 발생하기 때문에 실제로 100%의 값은 존재하지 않는다. 그러나 고성능 PV 시스템은 최대 80%의 성능비에 도달할 수 있다.

특정 요소의 영향으로 인하여 값이 100% 초과할 수 있는 순수하게 정의에 기반한 변수이다. 이것은 PV 모듈의 성능 특성이 표준 테스트 조건 (1000W/m^2의 입사 일사량 및 25℃의 모듈 온도)에서 구해진 성능비의 계산에 사용되기 때문이다. 따라서 실제 동작 조건에서 편차를 일으키는 조건이 성능비에 영향을 미친다.

① 환경 요소

(가) PV 모듈의 온도
(나) 일사량 및 전력 방출
(다) 측정 게이지
(라) 차광 또는 오염된 PV 모듈

② 기타 요소

(가) 기록 기간
(나) 전도 손실
(다) PV 모듈의 효율 계수
(라) 인버터의 효율 계수

(2) PV 모듈의 거리에 따른 영향

태양 전지 모듈의 광전류는 광원에서부터의 거리의 제곱에 반비례한다.

즉, $I \propto \frac{1}{d^2}$ 이다.

입사각과 광전류의 관계는 태양 전지 모듈을 설치할 때 매우 중요하다. 따라서 큰 규모의 태양 전지 모듈을 설치할 때는 태양의 고도 각도의 경로에 맞추어 조정한다.

오전과 오후에 방사되는 광을 수집할 수 있으므로 태양 전지 모듈을 남쪽으로 향하게 하는 것이 유리하다.

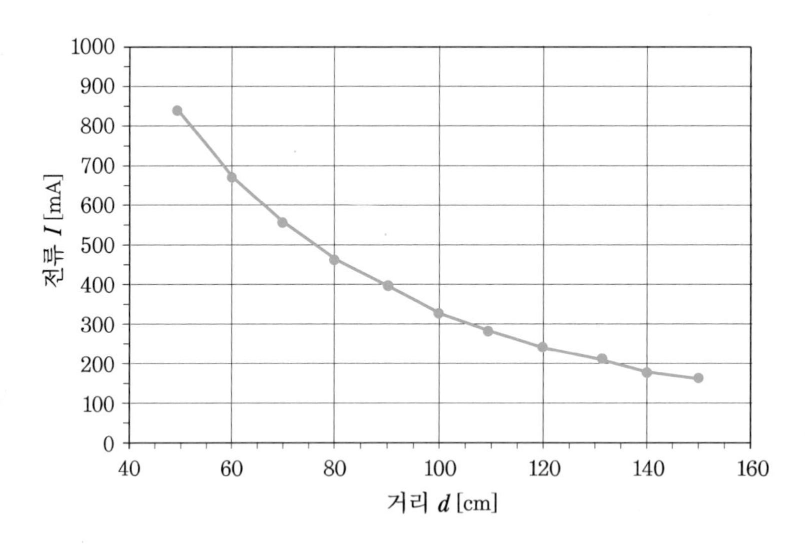

그림 2-6 **거리에 따른 전류 특성**

최적의 에너지 출력을 위해 적도를 중심으로 북쪽에 위치한 태양 전지 모듈은 남쪽으로 향하고 적도의 남쪽에 위치한 모듈은 북쪽으로 향해야 한다. 최적의 투사는 모듈이 30°의 각도로 남쪽 면을 향할 때이다.

2 실습 방법

❶ 할로겐 광원 모듈(M03)과 태양 전지 모듈 B(M02)를 그림 2-7과 같이 모듈 장착 테이블에 약 30 cm 거리를 두고 수평으로 마주보도록 장착한다.

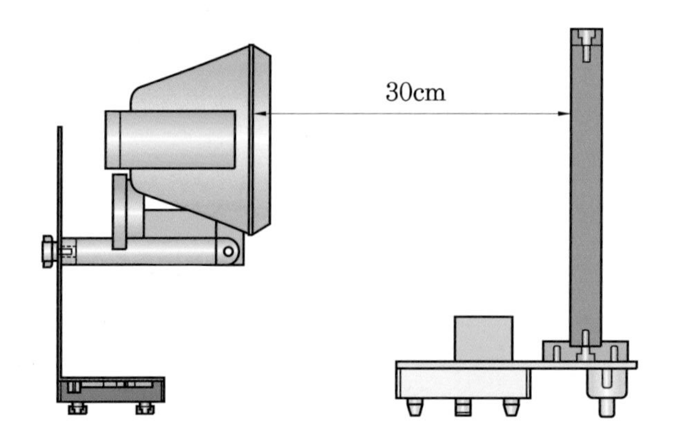

그림 2-7 **광원과 PV cell 배치**

❷ 교류 입력 터미널 모듈(M22)의 AC INPUT 단자에 power cable을 연결하고 AC 220V 콘센트에 연결한다.

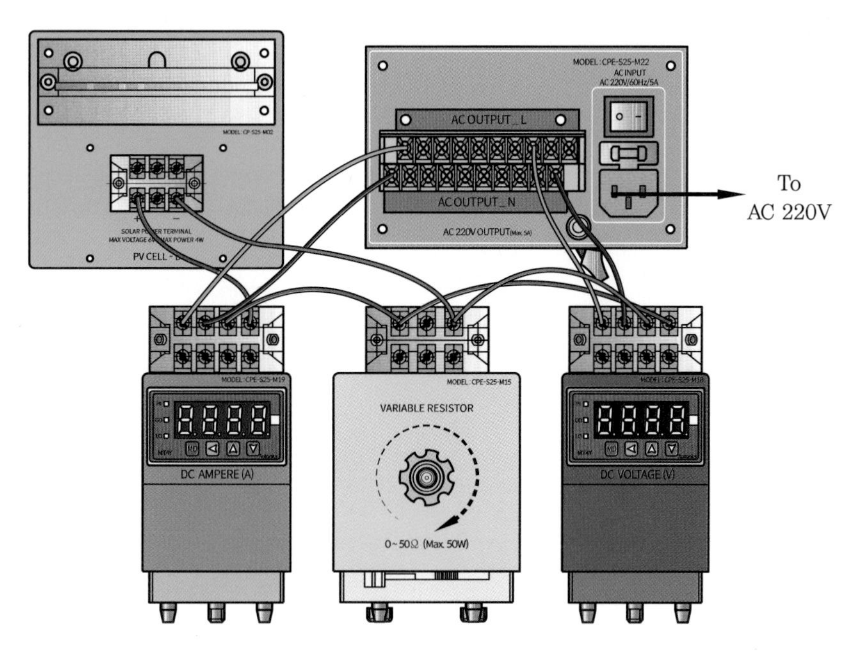

그림 2-8 **실무 결선도**

❸ 할로겐 광원 모듈(M03)의 케이블을 교류 입력 터미널 모듈(M22)의 L과 N 단자에 각각 1개씩 결선한다. 또한, 직류 전압계 모듈(M18)과 직류 전류계 모듈(M19)의 단자대의 전원 부분과 교류 입력 터미널 모듈(M22)의 L과 N 단자에 각각 1개씩 결선한다.

❹ 태양 전지 모듈 B(M02)의 터미널 단자와 직류 전압계 모듈(M18)과 직류 전류계 모듈(M19)의 측정 터미널 단자에 극성에 맞게 연결한다.

❺ 가변 저항 모듈(M15)을 그림 2-8과 같이 결선을 하고 저항값을 50Ω으로 맞춘다.

❻ 교류 입력 터미널 모듈(M22)의 전원 스위치를 ON으로 하면 직류 전압계 모듈(M18)과 직류 전류계 모듈(M19)에 전원이 켜진다. 또한, 할로겐 광원 모듈(M03)의 스위치를 ON시켜 태양 전지 모듈에 빛을 가한다.

❼ 직류 전압계 모듈(M18)과 직류 전류계 모듈(M19)에 측정된 전압과 전류의 값을 표 2-2에 기록한다.

❽ 할로겐 광원 모듈(M03)과 태양 전지 모듈 B(M02)의 거리를 30~100cm로 변화를 주고, 측정되는 전압과 전류의 값을 표 2-2에 기록한다.

❾ 실습이 끝나면 모든 스위치를 OFF에 위치시키고 케이블 등을 정리한다.

3 결과 및 고찰

1. 위 [실습 방법] ❼번의 실습 결과를 표 2-2에 채우고, 이를 이용하여 그림 2-9에 거리에 따른 특성 그래프를 그리시오.

표 2-2 **거리에 따른 전압, 전류, 전력**

거리(cm)	30	40	50	60	70	80	90	100
V [V]								
I [mA]								
P [W]								

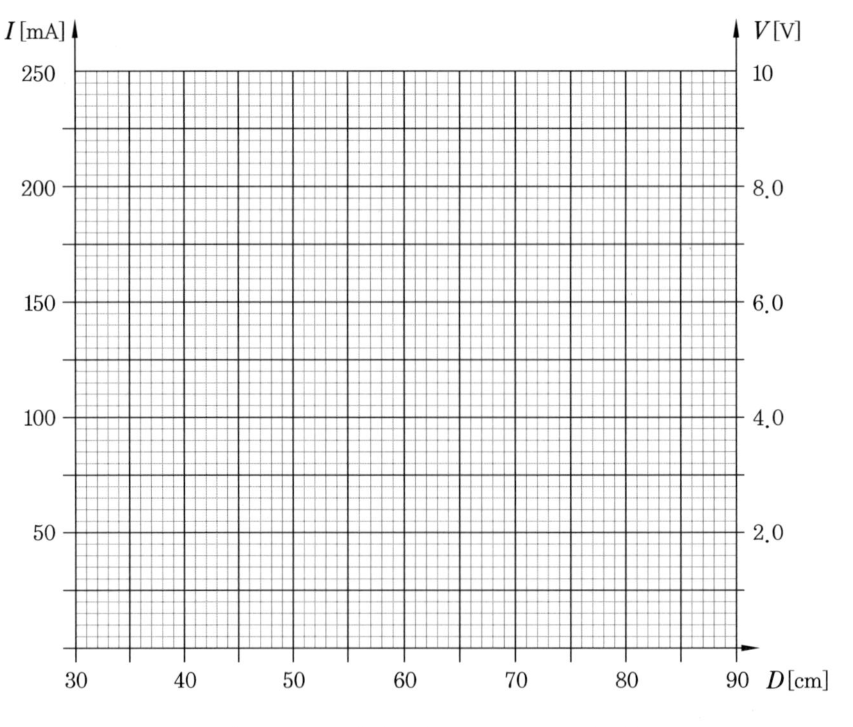

그림 2-9 **거리에 따른 전압, 전류 특성**

2. 할로겐 광원 모듈(M03)과 태양 전지 모듈(M02)의 거리 변화에 따라 출력 전압이 어떻게 변하는가?

3. 할로겐 광원 모듈(M03)과 태양 전지 모듈(M02)의 거리 변화에 따라 출력 전류는 어떻게 변하는가?

4. 할로겐 광원 모듈(M03)과 태양 전지 모듈(M02)의 거리 변화에 따라 출력 전력은 어떻게 변하는가? [전력(P) = 전압(V)×전류(I)]

5. 태양 전지 모듈 B(M02)를 태양 전지 모듈 A(M01)로 교체하고 위 실험을 반복한 후 표 2-3과 그림 2-10을 채우시오.

표 2-3 **거리에 따른 전압, 전류, 전력**

거리(cm)	30	40	50	60	70	80	90	100
V[V]								
I[mA]								
P[W]								

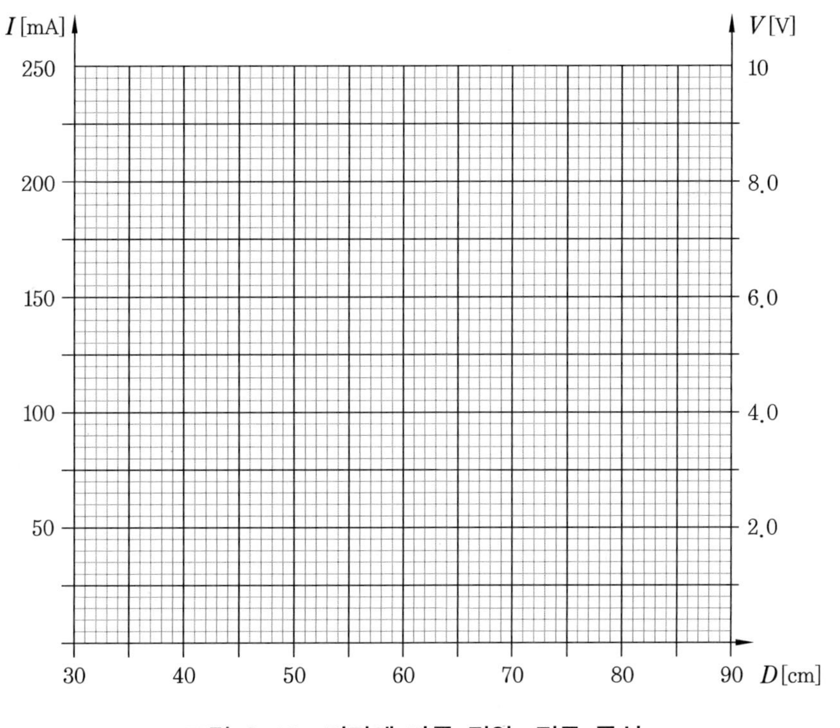

그림 2-10 **거리에 따른 전압, 전류 특성**

6. 표 2-2와 표 2-3의 결과를 보고 태양 전지에 따른 전기적인 특성에 대해 기술하시오.

4 관련 용어

■ **태양 에너지, 태양 복사 에너지**(solar energy)

태양에서 방출되는 복사 에너지이다. 태양 에너지의 근원은 수소의 핵융합 반응이며, 그 복사 스펙트럼(빛 띠)은 약 6,000K의 흑체에 가깝다.

■ **광기전력 효과** (photovoltaic effect)

복사 에너지가 직접 전기 에너지로 변환되는 현상, 즉 빛을 받아 기전력이 발생하는 현상으로, 광전 효과의 일종이다. 보통 반도체 접합에서 볼 수 있다.

■ **면 저항**(sheet resistance)

얇은 반도체 박막이나 층의 전지 저항이다. 태양 전지 표면층의 면 저항은 직렬 저항을 결정하는 중요한 인자의 하나이다.

■ **충진율(FF) 또는 곡선 인자**(fill factor)

개방 전압과 단락 전류의 곱에 대한 최대 출력의 비율이다. 태양 전지로서의 전류 전압 특성 곡선($V-I$ 곡선)의 질을 나타내는 지표이며, 주로 내부의 직·병렬 저항과 다이오드 성능 지수(diode quality factor)에 따라 달라진다.

$$FF = \frac{P_{\max}}{V_{OC} \times I_{SC}}$$

여기서, $P_{\max}$: 최대 출력

V_{OC} : 개방 전압

I_{SC} : 단락 전류

■ **표준 시험 조건**(STC : Standard Test Conditions)

태양광 발전 모듈이나 태양 전지 시험의 조건이며, 태양 전지(태양 전지 셀)와 태양광 발전 모듈 특성을 측정할 때의 기준으로 사용되는 다음의 상태를 말한다.

① 태양 전지 온도 : 25℃
② 스펙트럼 조성 : 기준 태양광(AM 1.5 조건)
③ 조사 강도(일조 강도) : 1000 W/m^2

2-3 태양광 모듈의 입사각에 따른 전기적 특성

실습 목적	할로겐램프의 최대 광량에서 태양광과 솔라 셀의 입사각의 변화에 따른 $V-I$ 특성을 측정하고, 결과를 기술할 수 있다.
사용 기기	• 태양 전지 모듈 – A (M01) • 태양 전지 모듈 – B (M02) • 할로겐 광원 모듈 (M03) • 디지털 미터 (M11) • 가변 저항 모듈 (M15) • 직류 전압계 모듈 (M18) • 직류 전류계 모듈 (M19) • 교류 입력 터미널 모듈 (M22)
안전 및 유의 사항	1. 광원으로 사용되는 할로겐램프는 점등 시 보호 케이스 및 강화 유리 부분에 고온이 되므로 화상과 강한 빛을 발생하므로 쳐다 볼 경우 눈에 손상이 갈 수 있으니 주의한다. 2. 디지털 미터 모듈(M11)과 디지털 패널미터(M18, M19)에 연결할 때 극성이 틀리거나 전압계 전류계를 바꿔서 연결할 경우 계기가 파손될 수 있으니 주의한다. 3. 할로겐램프의 광량과 빛의 주파수 대역 차이에 따라 이론적인 결과와 차이가 있을 수 있다. 또한, 야외 실습 시 환경 조건에 따라 실습 결과의 차이를 가져올 수 있다. 4. 실습이 끝난 태양광 모듈도 표면 온도가 상승되어 있으므로 만지지 않으며, 화상에 주의한다.
실습 회로도	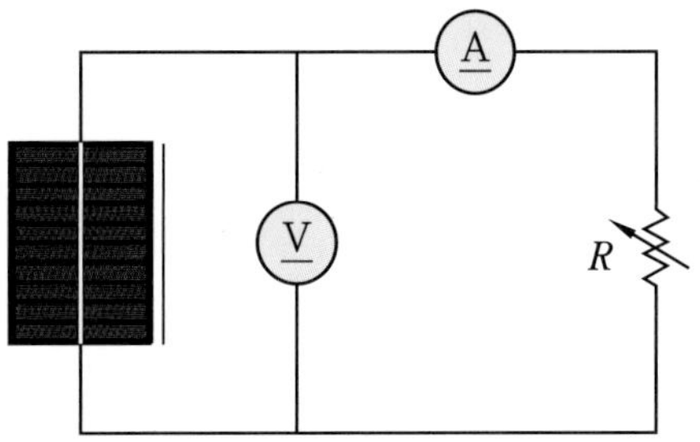 A V R

1 관련 이론

(1) 기울기와 거리의 영향

태양 전지 모듈의 출력 전력은 광원에서부터 입사되는 각각의 광량 조건에 따라 직접적으로 결정된다.

태양 전지 모듈은 공급되는 광량의 변동을 보상하지는 못한다. 광전류는 빛을 태양 전지 모듈에 직각으로 비추었을 때 최곳값이 된다.

최적의 에너지 출력을 위해 적도의 북쪽에 위치한 태양 전지 모듈은 남쪽으로 향하고 적도의 북쪽에서 위치한 모듈은 북쪽으로 향해야 한다. 최적의 투사는 모듈이 30°의 각도로 남쪽 면을 향할 때이다. 그림 2-11은 에너지 출력이 최적의 방향으로부터 벗어났을 때 감소되는 것을 보여준다.

(2) 입사각에 따른 출력 전류 특성

태양 전지 모듈과 광원의 입사각에 따른 출력 전류 특성 곡선은 그림 2-11과 같다.

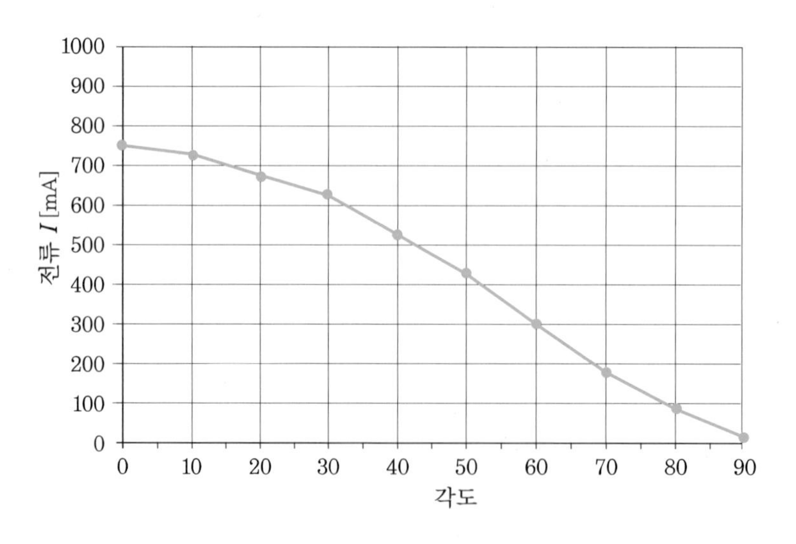

그림 2-11 **입사각에 따른 전류 특성 I**

입사각과 광전류의 관계(예 태양의 고도 각도)는 태양 전지 모듈을 설치할 때 매우 중요하다. 따라서 큰 규모의 태양 전지 모듈을 설치할 때는 태양의 고도 각도의 경로에 맞추어 조정한다.

오전과 오후에 방사되는 광을 수집할 수 있으므로 태양 전지 모듈을 남쪽으로 (예 건물의 지붕에 설치) 향하게 하는 것이 유용함이 증명되고 있다.

태양 전지 모듈의 광전류는 입사각의 cos α 값과 비례한다. ($I \propto \cos \alpha$)

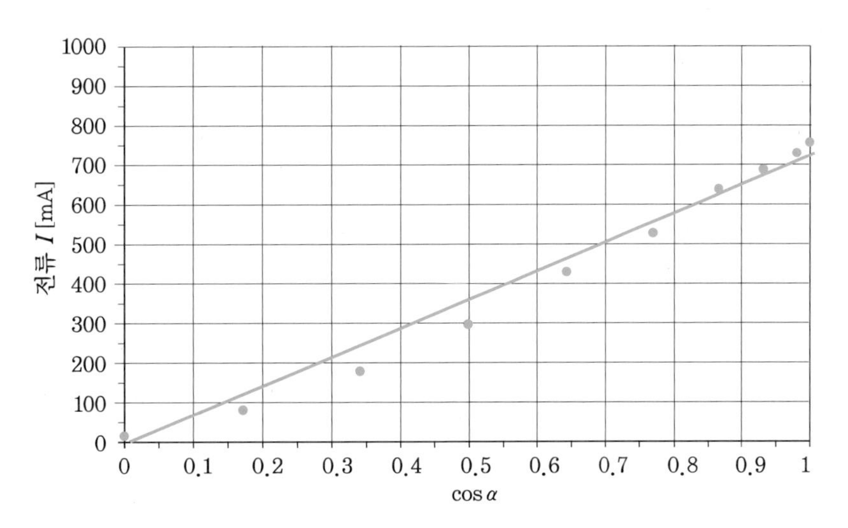

그림 2-12 **입사각에 따른 전류 특성 II**

2 실습 방법

❶ 할로겐 광원 모듈(M03)과 태양 전지 모듈 B(M02)를 그림 2-13과 같이 모듈 장착 테이블에 약 30 cm 거리를 두고 수평으로 마주보도록 장착한다.

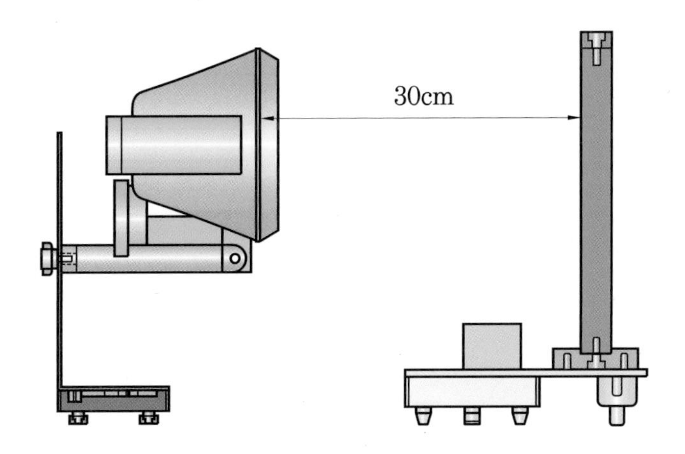

그림 2-13 **광원과 PV cell 배치**

❷ 교류 입력 터미널 모듈(M22)의 AC INPUT 단자에 power cable을 연결하고 AC 220V 콘센트에 연결한다.

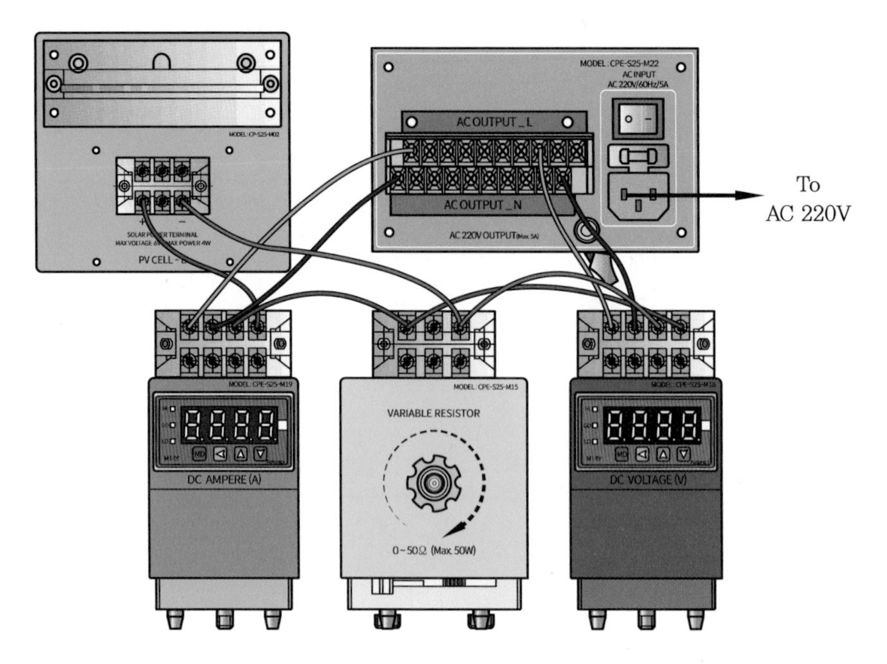

그림 2-14 **실무 결선도**

❸ 할로겐 광원 모듈(M03)의 케이블을 교류 입력 터미널 모듈(M22)의 L과 N 단자에 각각 1개씩 결선한다. 또한, 직류 전압계 모듈(M18)과 직류 전류계 모듈(M19)의 단자대의 전원 부분과 교류 입력 터미널 모듈(M22)의 L과 N 단자에 각각 1개씩 결선한다.

❹ 태양 전지 모듈 B(M02)의 터미널 단자와 직류 전압계 모듈(M18)과 직류 전류계 모듈(M19)의 측정 터미널 단자에 극성에 맞게 연결한다.

❺ 가변 저항 모듈(M15)을 그림 2-14와 같이 결선을 하고 저항값을 50Ω으로 맞춘다.

❻ 교류 입력 터미널 모듈(M22)의 전원 스위치를 ON으로 하면 직류 전압계 모듈(M18)과 직류 전류계 모듈(M19)에 전원이 켜진다. 또한, 할로겐 광원 모듈(M03)의 스위치를 ON시켜 태양 전지 모듈에 빛을 가한다.

❼ 직류 전압계 모듈(M18)과 직류 전류계 모듈(M19)에 측정된 전압과 전류의 값을 표 2-4에 기록한다.

❽ 할로겐 광원 모듈(M03)과 태양 전지 모듈 B(M02)의 축을 표시된 각도로 돌려가면서 입사각을 0~90°로 변화를 주고, 측정되는 전압과 전류의 값을 표 2-4에 기록한다.

❾ 실습이 끝나면 모든 스위치를 OFF에 위치시키고 케이블 등을 정리한다.

3 결과 및 고찰

1. 위 [실습 방법] ❼번의 실습 결과를 표 2-4에 채우고, 이를 이용하여 그림 2-15에 입사각에 따른 특성 그래프를 그리시오.

표 2-4 **입사각에 따른 전압, 전류, 전력**

각도 α(°)	0°	15°	30°	45°	60°	75°	90°
V_{OC}							
I_{SC}							
V[V]							
I[mA]							
P[W]							

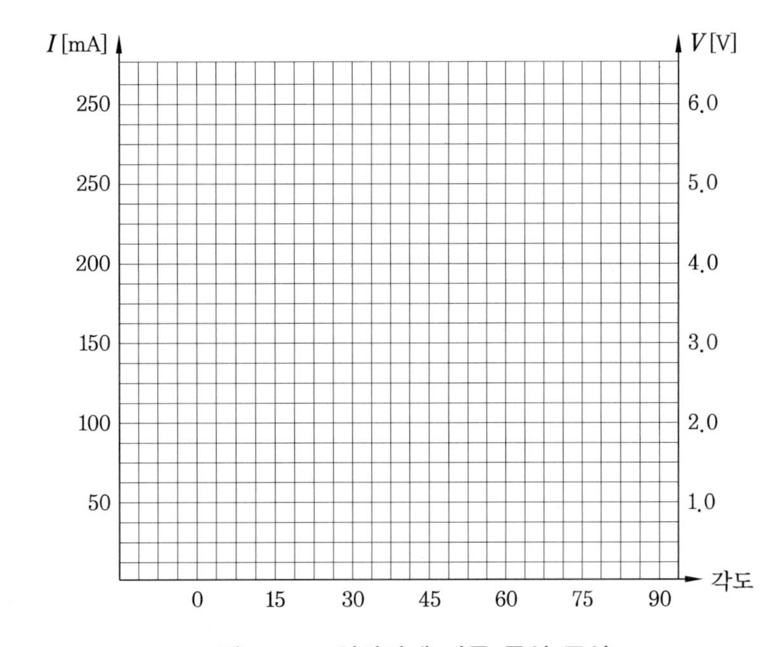

그림 2-15 **입사각에 따른 특성 곡선**

2. 할로겐 광원 모듈(M03)과 태양 전지 모듈(M02)의 입사각에 따라 출력 전압이 어떻게 변하는가?

2-4 태양광의 복사 조도 변화에 따른 특성

실습 목적	태양광 모듈이 빛의 세기, 즉 조도에 따른 $V-I$ 특성을 측정하고, 결과를 기술할 수 있다.
사용 기기	• 태양 전지 모듈 – A (M01) • 태양 전지 모듈 – B (M02) • 할로겐 광원 모듈 (M03) • 디지털 미터 (M11) • 가변 저항 모듈 (M15) • 직류 전압계 모듈 (M18) • 직류 전류계 모듈 (M19) • 교류 입력 터미널 모듈 (M22)
안전 및 유의 사항	1. 광원으로 사용되는 할로겐램프는 점등 시 보호 케이스 및 강화 유리 부분에 고온이 되므로 화상과 강한 빛을 발생하므로 쳐다 볼 경우 눈에 손상이 갈 수 있으니 주의한다. 2. 디지털 미터 모듈(M11)과 디지털 패널미터(M18, M19)에 연결할 때 극성이 틀리거나 전압계 전류계를 바꿔서 연결할 경우 계기가 파손될 수 있으니 주의한다. 3. 할로겐램프의 광량과 빛의 주파수 대역 차이에 따라 이론적인 결과와 차이가 있을 수 있다. 또한, 야외 실습 시 환경 조건에 따라 실습 결과의 차이를 가져올 수 있다. 4. 실습이 끝난 태양광 모듈도 표면 온도가 상승되어 있으므로 만지지 않으며, 화상에 주의한다.
실습 회로도	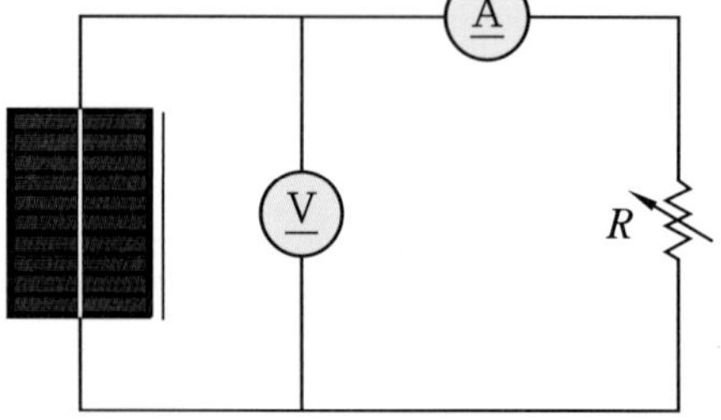 A V R

1 관련 이론

(1) 복사 조도(irradiation)에 따른 특성

P-N 접합으로 인해 태양 전지는 빛이 없을 때는 수동 소자로서 반도체 다이오드와 같은 일반적인 동작을 하고, 빛이 있을 때 태양 전지는 단락 회로 전류에 의해 다이오드 특성 곡선이 바뀌게 되어 능동 소자가 된다. $V-I$ 특성의 형태는 거의 조명에 관계없이 동일하게 유지된다.

PV 시스템은 표준 시험 조건(STC) 이하로 매우 드물게 동작한다. 전기적인 출력과 PV 모듈의 $V-I$ 특성 곡선의 커브는 온도와 복사 조도에 의해 좌우된다.

하루 동안 복사 조도는 온도에 비해 많은 변화를 주고 복사 조도의 변화는 모듈에 흐르는 전류에 악영향을 주며, 전류 또한 복사 조도에 직접적인 영향을 받는다. 복사 조도가 반으로 떨어지면 전력도 반으로 감소하여 발전하게 된다.

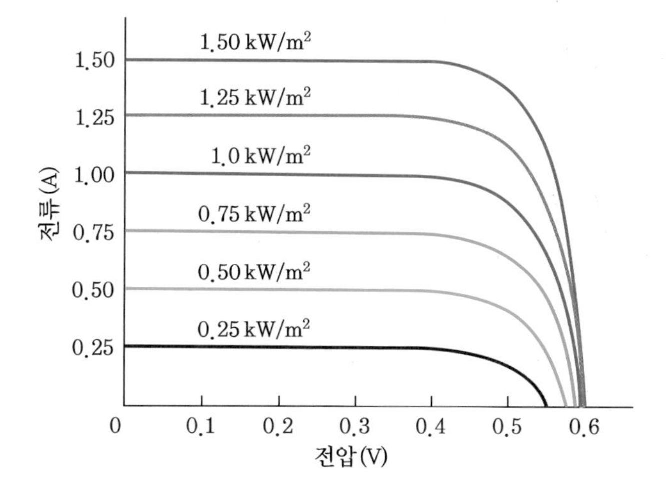

그림 2-16 복사 조도에 따른 $V-I$ 특성

MPP(최대 전력점) 전압은 복사 조도의 변화량에 비해 비교적 일정한 상태로 유지된다. 그림 2-16과 같이 복사 조도 변화의 결과로 인한 MPP 전압의 최대 변화는 별로 크지 않다. 그러나 많은 수량의 PV 모듈이 직렬로 연결되어진 큰 PV 시스템에서 복사 조도의 변화로 인한 MPP 전압의 변동은 수십V로 크게 나타난다.

2 실습 방법

❶ 할로겐 광원 모듈(M03)과 태양 전지 모듈 B(M02)를 그림 2-17과 같이 모듈 장착 테이블에 약 30 cm 거리를 두고 수평으로 마주보도록 장착한다.

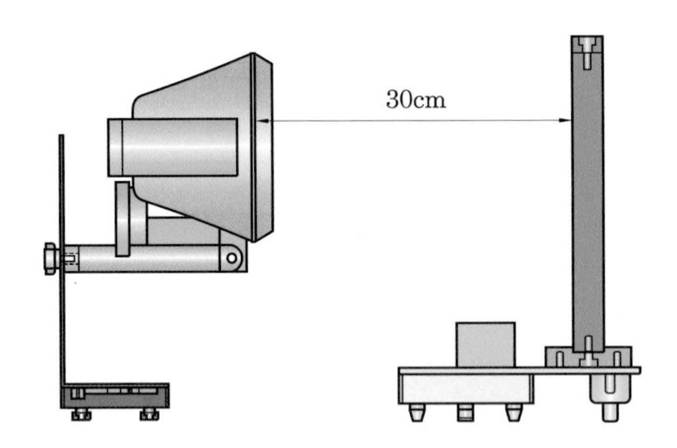

그림 2-17 **광원과 PV cell 배치**

❷ 교류 입력 터미널 모듈(M22)의 AC INPUT 단자에 power cable을 연결하고 AC 220V 콘센트에 연결한다.

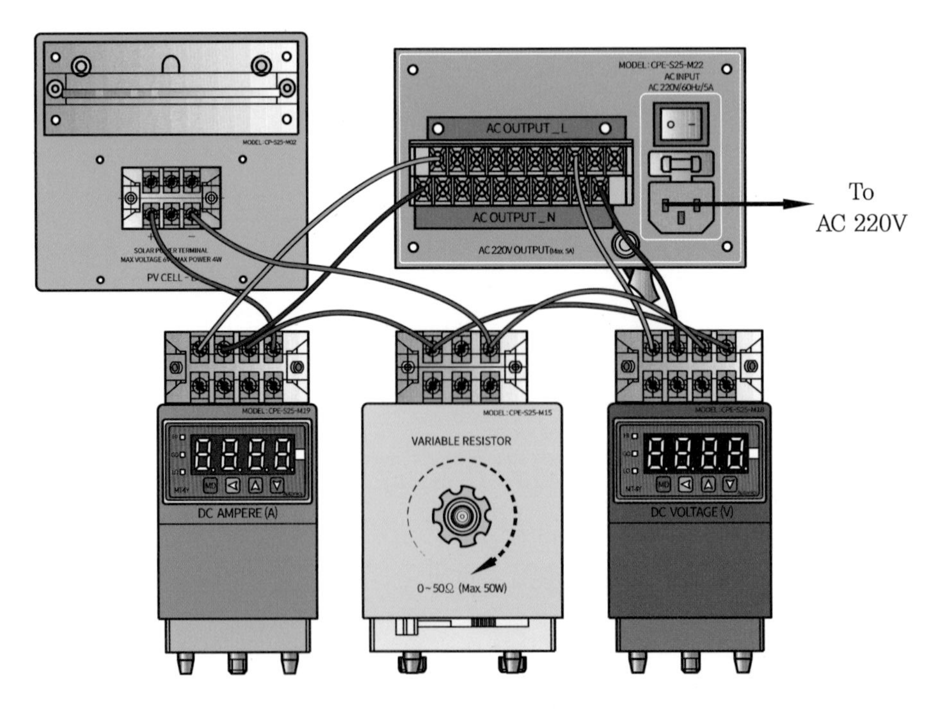

그림 2-18 **실무 결선도**

❸ 할로겐 광원 모듈(M03)의 케이블을 교류 입력 터미널 모듈(M22)의 L과 N 단자에 각각 1개씩 결선한다. 또한, 직류 전압계 모듈(M18)과 직류 전류계 모듈(M19)의 단자대의 전원 부분과 교류 입력 터미널 모듈(M22)의 L과 N 단자에 각각 1개씩 결선한다.

❹ 태양 전지 모듈 B(M02)의 터미널 단자와 직류 전압계 모듈(M18)과 직류 전류계 모듈(M19)의 측정 터미널 단자에 극성에 맞게 연결한다.

❺ 가변 저항 모듈(M15)을 그림 2-18과 같이 결선을 하고 저항값을 50Ω, 40Ω, 30Ω, 20Ω, 10Ω으로 맞추고 전압 및 전류를 측정하여 표 2-5에 기록한다.

❻ 교류 입력 터미널 모듈(M22)의 전원 스위치를 ON으로 하면 직류 전압계 모듈(M18)과 직류 전류계 모듈(M19)에 전원이 켜진다. 또한, 할로겐 광원 모듈(M03)의 스위치를 ON시켜 태양 전지 모듈에 빛을 가한다.

❼ 할로겐 광원 모듈(M03)의 광량 조절 스위치를 10%로 하여 변화를 주고, 디지털 미터에 측정되는 전압과 전류의 값을 표 2-5에 기록한다.

❽ 할로겐 광원 모듈(M03)의 광량 조절 스위치를 10%씩 증가시키면서, 디지털 미터에 측정되는 전압과 전류의 값을 표 2-5에 기록한다.

❾ 실습이 끝나면 모든 스위치를 OFF에 위치시키고 케이블 등을 정리한다.

3 결과 및 고찰

1. 위 [실습 방법] ❺~❽번의 실습 결과를 표 2-5에 채우고, 이를 이용하여 그림 2-19에 복사 조도에 따른 특성 그래프를 그리시오.

표 2-5 복사 조도에 따른 전압, 전류, 전력

광량 (%)	부하	open (V_{OC})	50Ω	40Ω	30Ω	20Ω	10Ω	short (I_{SC})
10	V[V]							
	I[mA]							
	P[W]							
20	V[V]							
	I[mA]							
	P[W]							
30	V[V]							
	I[mA]							
	P[W]							
40	V[V]							
	I[mA]							
	P[W]							
50	V[V]							
	I[mA]							
	P[W]							
60	V[V]							
	I[mA]							
	P[W]							
70	V[V]							
	I[mA]							
	P[W]							
80	V[V]							
	I[mA]							
	P[W]							
90	V[V]							
	I[mA]							
	P[W]							
100	V[V]							
	I[mA]							
	P[W]							

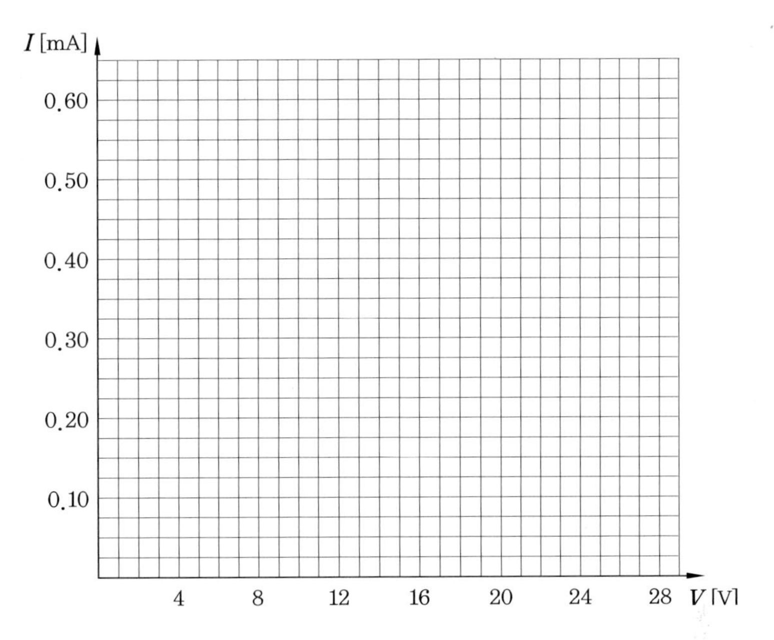

그림 2-19 **복사 조도에 따른 전압, 전류 특성 곡선**

2. 50~100%의 5개 광원에서 전압 전류 값으로 전력을 계산하여 기록한 후 각각의 MPP점을 그림 2-19의 그래프에 그리고 MPP range가 얼마인지 기술하시오.

3. 복사 조도가 증가할 때 전압과 전류의 변화를 기술하시오.

2-5 태양광 모듈의 온도 변화에 따른 $V-I$ 특성

실습 목적	태양광 모듈의 온도 변화에 따른 $V-I$ 특성을 측정하고, 결과를 기술할 수 있다.
사용 기기	• 태양 전지 모듈 – A (M01) • 태양 전지 모듈 – B (M02) • 할로겐 광원 모듈 (M03) • 디지털 미터 (M11) • 가변 저항 모듈 (M15) • 직류 전압계 모듈 (M18) • 직류 전류계 모듈 (M19) • 교류 입력 터미널 모듈 (M22)
안전 및 유의 사항	1. 광원으로 사용되는 할로겐램프는 점등 시 보호 케이스 및 강화 유리 부분에 고온이 되므로 화상과 강한 빛을 발생하므로 쳐다 볼 경우 눈에 손상이 갈 수 있으니 주의한다. 2. 디지털 미터 모듈(M11)과 디지털 패널미터(M18, M19)에 연결할 때 극성이 틀리거나 전압계 전류계를 바꿔서 연결할 경우 계기가 파손될 수 있으니 주의한다. 3. 할로겐램프의 광량과 빛의 주파수 대역 차이에 따라 이론적인 결과와 차이가 있을 수 있다. 또한, 야외 실습 시 환경 조건에 따라 실습 결과의 차이를 가져올 수 있다. 4. 실습이 끝난 태양광 모듈도 표면 온도가 상승되어 있으므로 만지지 않으며, 화상에 주의한다.
실습 회로도	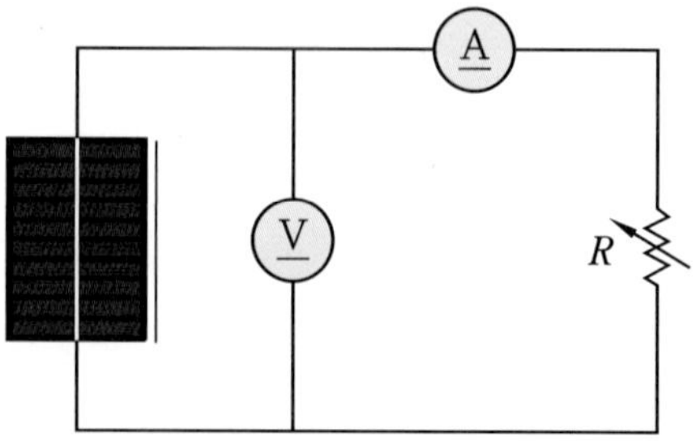 A V R

1 관련 이론

(1) 온도에 따른 특성

온도가 상승할 때 P-N 접합에 활성 장벽층은 얇아지고, 태양 전지의 개방 회로 전압은 약 2mV/k로 감소하며, 이는 0.4%/k에 해당한다.

태양 전지에 의해 전류가 공급되면 주로 광전 전류에 의해 결정되므로 단락 회로 전류는 약 0.06%/k씩 증가되어 태양 전지의 전력은 약 0.5%/k씩 감소한다. 태양 전지의 효율은 온도가 올라가면 감소한다.

태양 전지 모듈의 전압은 거의 모듈의 온도에 의해 영향을 받는다. 모듈의 전압으로부터 변하는 시스템의 전압을 결정하므로 완벽하게 PV 시스템을 설계한다. 특히 낮은 온도에서 전압이 증가하도록 설계되어야 한다.

여름에는 높은 온도로 인해 모듈의 출력 전력은 STC보다 35% 낮아진다.

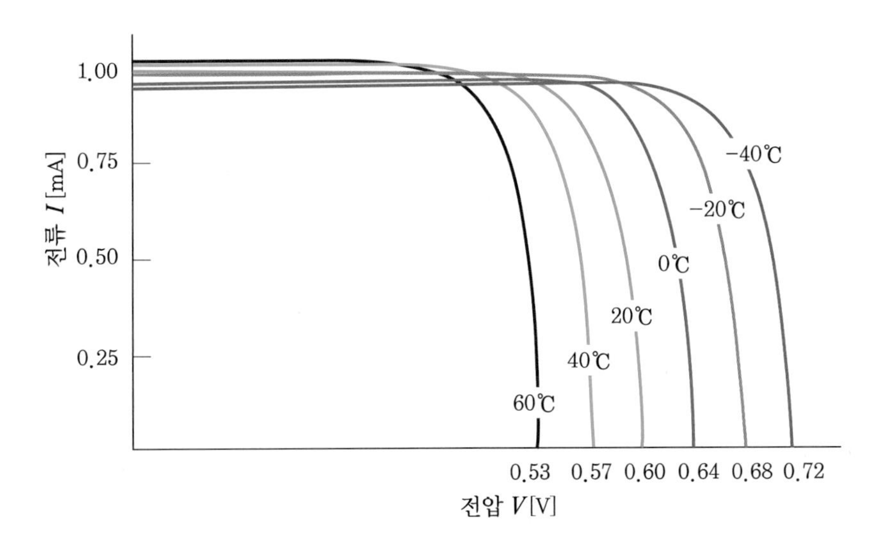

그림 2-20 **태양 전지 모듈의 온도 특성**

그림 2-20은 온도 특성을 시뮬레이션한 회로이며 사용된 셀의 표면 온도가 올라감에 따라 전압이 떨어지는 것을 볼 수 있다. 따라서 가장 적정한 셀의 표면 온도는 25℃이다.

2 실습 방법

❶ 할로겐 광원 모듈(M03)과 태양 전지 모듈 B(M02)를 그림 2-21과 같이 모듈 장착 테이블에 약 30 cm 거리를 두고 수평으로 마주보도록 장착한다.

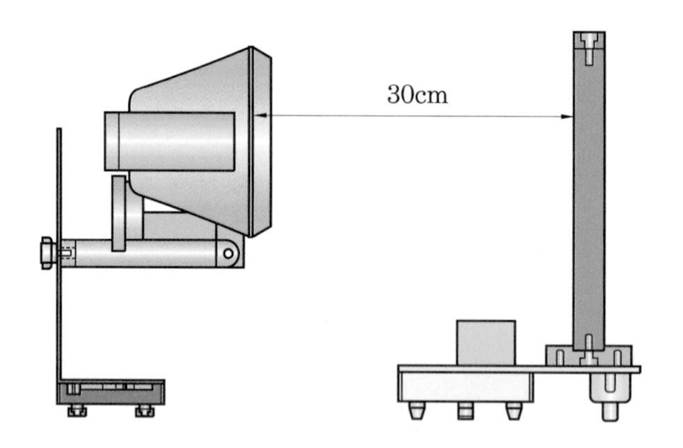

그림 2-21 **광원과 PV cell 배치**

❷ 교류 입력 터미널 모듈(M22)의 AC INPUT 단자에 power cable을 연결하고 AC 220V 콘센트에 연결한다.

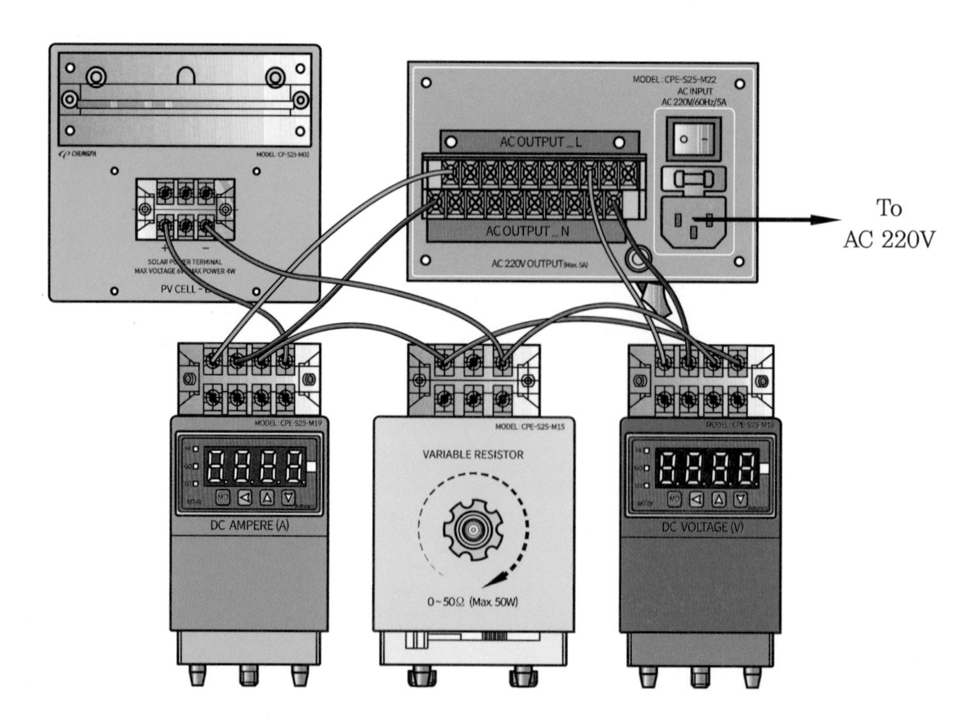

그림 2-22 **실무 결선도**

❸ 할로겐 광원 모듈(M03)의 케이블을 교류 입력 터미널 모듈(M22)의 L과 N 단자에 각각 1개씩 결선한다. 또한, 직류 전압계 모듈(M18)과 직류 전류계 모듈(M19)의 단자대의 전원 부분과 교류 입력 터미널 모듈(M22)의 L과 N 단자에 각각 1개씩 결선한다.

❹ 태양 전지 모듈 B(M02)의 터미널 단자와 직류 전압계 모듈(M18)과 직류 전류계 모듈(M19)의 측정 터미널 단자에 극성에 맞게 연결한다.

❺ 가변 저항 모듈(M15)을 그림 2-22와 같이 결선을 하고 저항값을 50Ω, 40Ω, 30Ω, 20Ω, 10Ω으로 맞추고 전압 및 전류를 측정하여 표 2-6에 기록한다.

❻ 교류 입력 터미널 모듈(M22)의 전원 스위치를 ON으로 하면 직류 전압계 모듈(M18)과 직류 전류계 모듈(M19)에 전원이 켜진다. 또한, 할로겐 광원 모듈(M03)의 스위치를 ON시켜 태양 전지 모듈에 빛을 가한다.

❼ 할로겐 광원 모듈(M03)의 광량 조절 스위치를 100%에 둔 상태로 태양 전지 모듈의 표면 온도가 50°C가 될 때까지 둔다. 이때 온도는 적외선 온도계로 측정한다.

❽ 태양 전지 모듈의 표면 온도가 50°C가 되면, 디지털 미터에 측정되는 전압과 전류의 값을 표 2-6에 기록한다.

❾ 실습이 끝나면 모든 스위치를 OFF에 위치시키고 케이블 등을 정리한다.

3 결과 및 고찰

1. 위 [실습 방법] ❺~❽번의 실습 결과를 표 2-6에 채우고, 이를 이용하여 그림 2-23에 솔라 모듈의 온도에 따른 특성 그래프를 그리시오.

표 2-6 솔라 모듈의 온도에 따른 전압, 전류, 전력

온도 (°C)	부하	open (V_{OC})	50Ω	40Ω	30Ω	20Ω	10Ω	short (I_{SC})
25	V[V]							
	I[mA]							
	P[W]							
50	V[V]							
	I[mA]							
	P[W]							

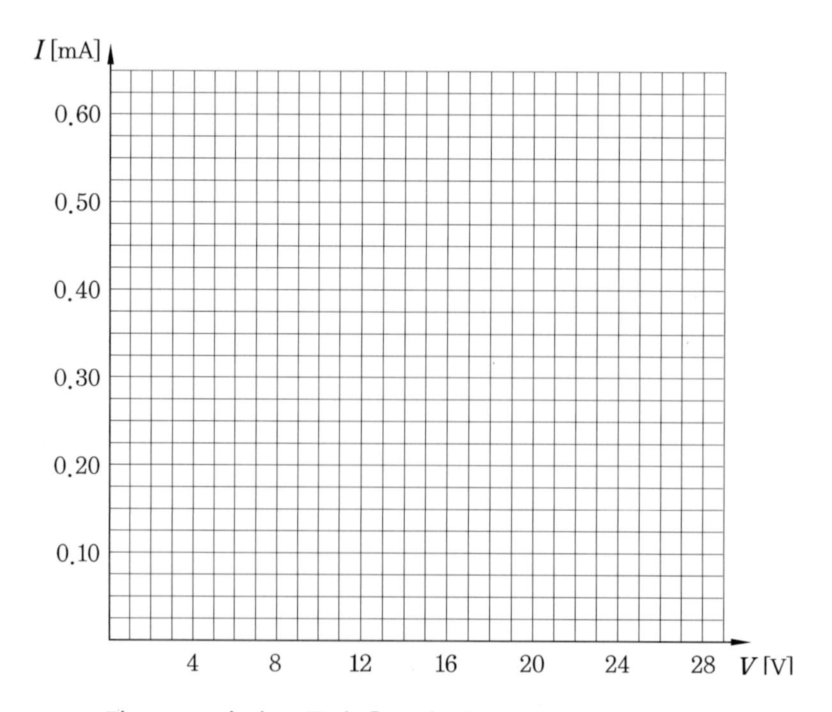

그림 2-23 솔라 모듈의 온도에 따른 전압, 전류 특성 곡선

2-6 태양광 모듈의 직렬연결 특성

실습 목적	솔라 모듈의 직렬연결 시 전압, 전류 특성을 측정하여 직렬연결 시 전기적인 특성을 기술할 수 있다.
사용 기기	• 태양 전지 모듈 – B (M02) • 할로겐 광원 모듈 (M03) • 디지털 미터 (M11) • 가변 저항 모듈 (M15) • 직류 전압계 모듈 (M18) • 직류 전류계 모듈 (M19) • 교류 입력 터미널 모듈 (M22)
안전 및 유의 사항	1. 광원으로 사용되는 할로겐램프는 점등 시 보호 케이스 및 강화 유리 부분에 고온이 되므로 화상과 강한 빛을 발생하므로 쳐다 볼 경우 눈에 손상이 갈 수 있으니 주의한다. 2. 올바른 동작을 확실하게 하려면 모든 전자적 모듈 구성 요소를 정확한 극성으로 연결한다. 3. 할로겐램프의 광량과 빛의 주파수 대역 차이에 따라 이론적인 결과와 차이가 있을 수 있다. 또한, 야외 실습 시 환경 조건에 따라 실습 결과의 차이를 가져올 수 있다. 4. 실습이 끝난 태양광 모듈도 표면 온도가 상승되어 있으므로 만지지 않으며, 화상에 주의한다.
실습 회로도	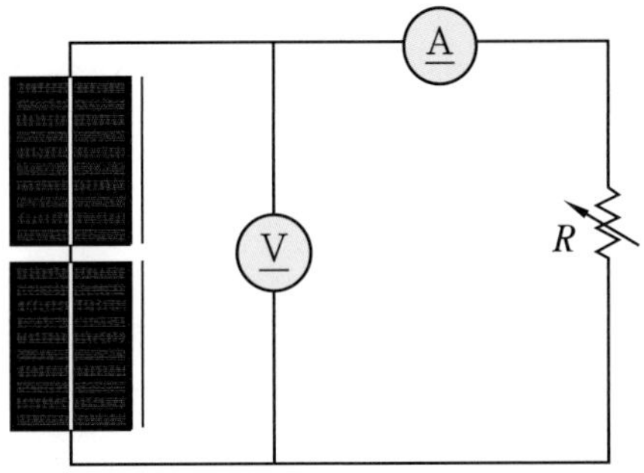 A V R

1 관련 이론

여러 개의 솔라 셀들은 큰 전력을 내기 위해 내부적으로 연결되어 있다. 여기서 2가지 타입이 가능한데 직렬과 병렬로 셀을 연결하는 방법이다. PV 모듈에서 솔라 셀을 직렬로 연결하면 충분히 높은 전압을 생성한다. 그림 2-24는 3개의 솔라 셀을 직렬로 연결하여 전기적인 파라미터와 그림 2-25 $I-V$ 특성 곡선의 변화를 보여준다.

이러한 직렬접속은 셀 전압의 증가를 가져오지만 전류는 일정하다.

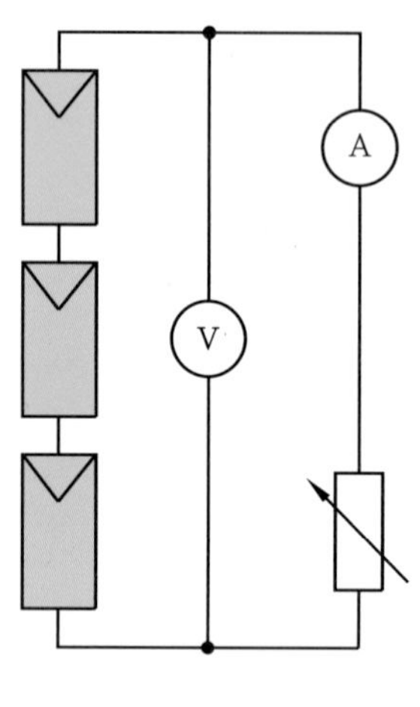

그림 2-24 **직렬연결**

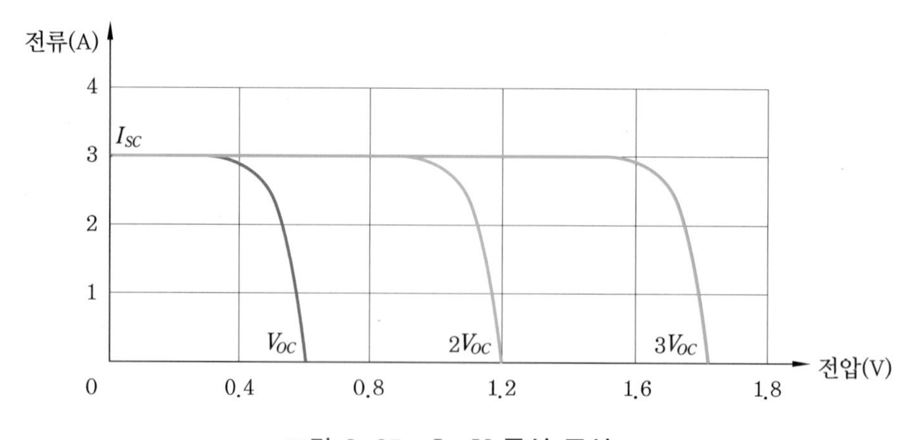

그림 2-25 $I-V$ **특성 곡선**

태양광으로 전기를 발전하던 초기에 PV 시스템에 처음 적용된 것은 독립형 시스템이다. 독립형 시스템은 표준 12V 배터리를 일반적으로 사용하며 모듈에 의하여 충전되어진다. 이러한 이유로 17V의 전압 레벨의 PV 모듈이 최초에 선택되었다. 이 전압은 배터리를 최적으로 충전하는 데 적합하였다.

17V의 전압은 36개에서 40개의 솔라 셀을 직렬로 연결하여 공급된다. 이 모듈이 표준 모듈로 알려져 있다.

■ **성능 비율(PR)**

실용적인 응용은 실제 조건 하에 측정 이외의 다른 결과를 공칭 효율(η_{STC}) 앞선 모듈 출력의 계산을 보여준다. 이것이 사실로 인해 그 표준 시험 조건(STC) 하에 모듈의 효율성과 모듈의 공칭 전력은 거의 실제 조건과 부합하다고 결정되었다. 셀들이 적극적으로 냉각되었을 때 1000W/m^2 일사량에 25°C 셀 온도에서 달성될 수 있다.

성능 비율(PR, Performance Ratio)은 실제 출력과 표준 출력 사이의 비율을 정의한다(기후에 따라 다름). 다른 말로 하면 PV 시스템의 이용은 공칭 동작 조건 하에서 동작 중인 손실 없는 시스템에 비교된다.

$$PR = \frac{\text{출력 에너지}}{\text{입력 에너지}} = \frac{E_{real}}{E_{STC}}$$

2 실습 방법

❶ 할로겐 광원 모듈(M03)과 태양 전지 모듈 B(M02)를 그림 2-26과 같이 모듈 장착 테이블에 약 30 cm 거리를 두고 수평으로 마주보도록 장착한다.

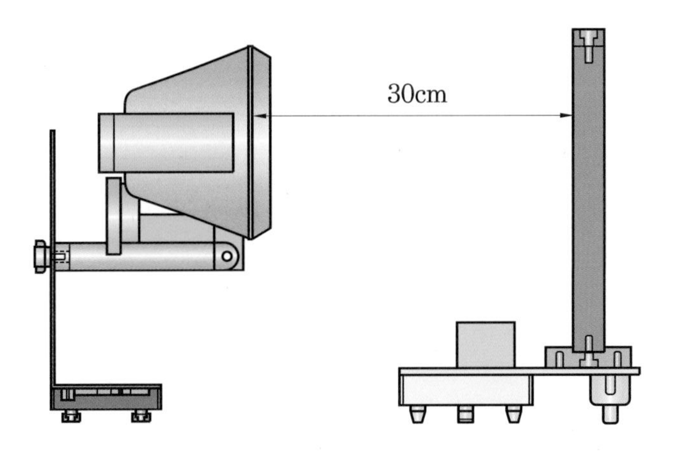

그림 2-26 **광원과 PV cell 배치**

❷ 교류 입력 터미널 모듈(M22)의 AC INPUT 단자에 power cable을 연결하고 AC 220V 콘센트에 연결한다.

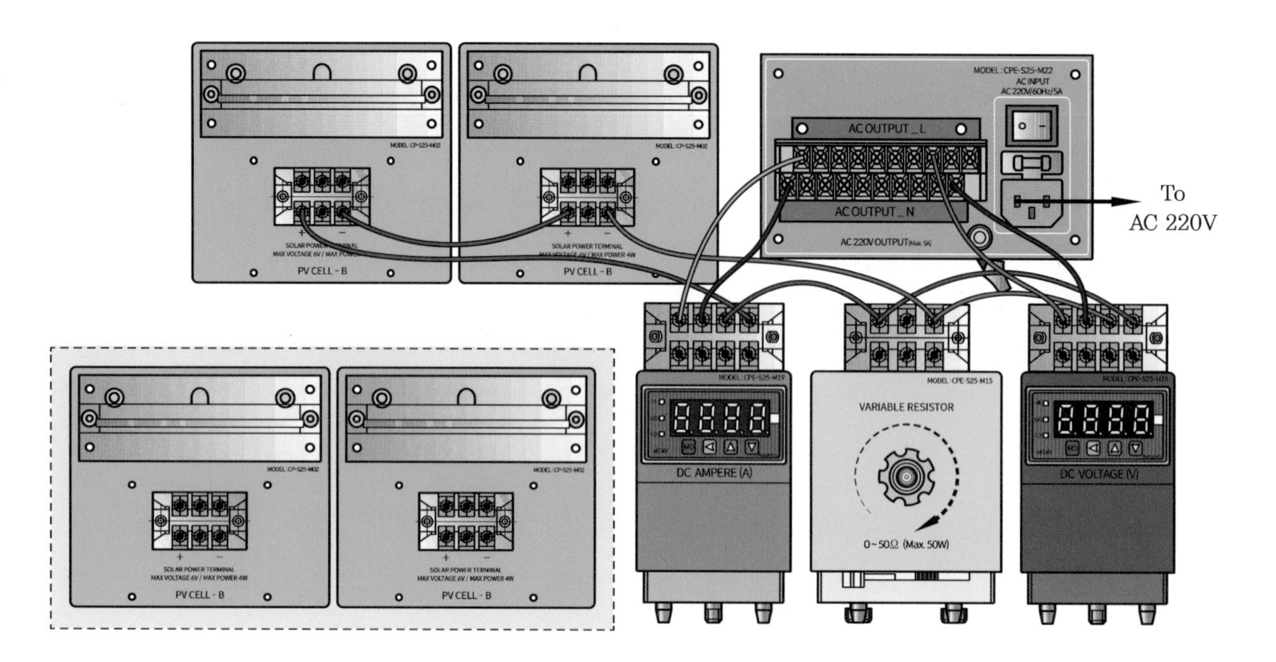

그림 2-27 **실무 결선도**

❸ 할로겐 광원 모듈(M03)의 케이블을 교류 입력 터미널 모듈(M22)의 L과 N 단자에 각각 1개씩 결선한다. 또한, 직류 전압계 모듈(M18)과 직류 전류계 모듈(M19)의 단자대의 전원 부분과 교류 입력 터미널 모듈(M22)의 L과 N 단자에 각각 1개씩 결선한다.

❹ 태양 전지 모듈 B(M02)의 터미널 단자는 그림 2-27의 결선도와 같이 직렬로 연결하고, 직류 전압계 모듈(M18)과 직류 전류계 모듈(M19)의 측정 터미널 단자에 극성에 맞게 연결한다.

❺ 가변 저항 모듈(M15)을 그림 2-27과 같이 결선을 하고 저항값을 0Ω으로 맞춘다.

❻ 교류 입력 터미널 모듈(M22)의 전원 스위치를 ON으로 하면 직류 전압계 모듈(M18)과 직류 전류계 모듈(M19)에 전원이 켜진다. 또한, 할로겐 광원 모듈(M03)의 스위치를 ON시켜 태양 전지 모듈에 빛을 가한다.

❼ 직류 전압계 모듈(M18)과 직류 전류계 모듈(M19)에 측정된 전압과 전류의 값을 표 2-7에 기록한다.

❽ 가변 저항 모듈(M15)의 값을 0~50Ω까지 10단계로 변화시키면서 전압, 전류, 전력의 값을 표 2-7에 기록한다(경향성을 실험하는 것으로 저항의 값이 정확하게 일치하지 않아도 된다).

❾ 태양 전지 모듈 B(M02) 3개 및 4개를 각각 직렬로 연결한 후, 위 실험을 반복하고 표 2-7에 기록한다.

❿ 실습이 끝나면 모든 스위치를 OFF에 위치시키고 케이블 등을 정리한다.

3 결과 및 고찰

1. 위 [실습 방법] ❼번의 실습 결과를 표 2-7에 채우시오.

표 2-7 **직렬접속에 따른 전압 전류 측정**

모듈 접속	부하(Ω)	0	5	10	15	20	25	30	35	40	45	50
직렬 2개	V[V]											
	I[mA]	–										
	P[W]											
직렬 3개	V[V]											
	I[mA]	–										
	P[W]											
직렬 4개	V[V]											
	I[mA]	–										
	P[W]											

2. 표 2-7의 데이터를 이용하여 그림 2-28의 그래프에 $V-I$ 특성 그래프를 작도하시오.

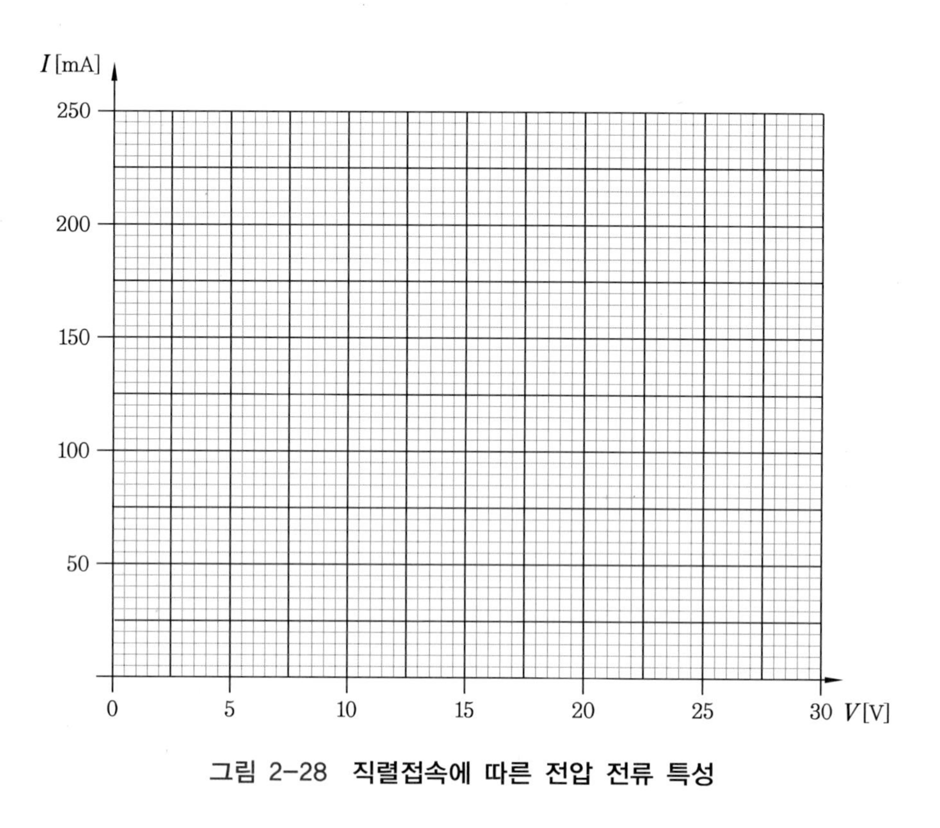

그림 2-28 **직렬접속에 따른 전압 전류 특성**

3. 태양 전지 모듈 B(M02)의 직렬접속에 따라 출력 전압 및 전류가 어떻게 변하는가?

4. 태양 전지 모듈 B(M02)의 직렬접속에 따라 출력 전력은 어떻게 변하는가? [전력(P) = 전압(V)×전류(I)]

5. 일반적으로 사용하는 배터리의 특성과 태양 전지 모듈 B(M02)의 직렬연결 특성과 어떠한 차이가 있는가?

4 관련 용어

■ **광전류 (photovoltaic current, photocurrent)**

광전 변환 소자에 빛이 비칠 때 생성되는 전류이다.

■ **태양광 발전 모듈 (solar cell module, photovoltaic module)**

서로 결선한 단위 태양 전지[태양 전지 셀(cell)] 또는 소모듈(submodule)을 환경적으로 완전히 보호할 수 있게 내환경성을 가진 구조로 봉입하고(encapsulated) 규정된 출력을 갖게 만든 가장 작은 조립체로서 발전 소자의 최소 단위이며, 어레이 구성의 최소 단위이다.

■ **변환 효율 (η, conversion efficiency)**

태양 전지의 최대 출력($P_{\max}$)을 발전하는 면적(태양 전지 면적, A)과 규정된 시험 조건에서 측정한 입사 조사 강도(incidence irradiance, E)의 곱으로 나눈 값을 백분율로 나타낸 것으로서 %로 표시한다. (단위 : %)

변환 효율에는 다음의 두 가지 정의가 있으며, 보통은 실효 변환 효율을 가리킨다. 참 변환 효율은 태양 전지 자체의 평가를 위하여 주로 사용되나 최근에는 거의 사용되지 않는다.

① **실효 변환 효율 (η_t) 또는 실용 변환 효율**

$$\eta_t = \frac{P_{\max}}{(A_t \times E)} \times 100\%$$

여기서 A_t : 태양 전지나 모듈의 전체 면적
$P_{\max}$: 최대 출력
E : 조사 강도

② **참 변환 효율 (η_a)** : 진성 변환 효율이라고도 부른다.

$$\eta_a = \frac{P_{\max}}{(A_e \times E)} \times 100\%$$

여기서 A_e : 태양 전지나 모듈에서 실제 동작하는 부분의 면적
$P_{\max}$: 최대 출력
E : 조사 강도

2-7 태양광 모듈의 병렬연결 특성

실습 목적	솔라 모듈의 병렬연결 시 전압, 전류 특성을 측정하여 병렬연결 시 전기적인 특성을 기술할 수 있다.
사용 기기	• 태양 전지 모듈 – B (M02) • 할로겐 광원 모듈 (M03) • 디지털 미터 (M11) • 가변 저항 모듈 (M15) • 직류 전압계 모듈 (M18) • 직류 전류계 모듈 (M19) • 교류 입력 터미널 모듈 (M22)
안전 및 유의 사항	1. 광원으로 사용되는 할로겐램프는 점등 시 보호 케이스 및 강화 유리 부분에 고온이 되므로 화상과 강한 빛을 발생하므로 쳐다 볼 경우 눈에 손상이 갈 수 있으니 주의한다. 2. 올바른 동작을 확실하게 하려면 모든 전자적 모듈 구성 요소를 정확한 극성으로 연결한다. 3. 할로겐램프의 광량과 빛의 주파수 대역 차이에 따라 이론적인 결과와 차이가 있을 수 있다. 또한, 야외 실습 시 환경 조건에 따라 실습 결과의 차이를 가져올 수 있다. 4. 실습이 끝난 태양광 모듈도 표면 온도가 상승되어 있으므로 만지지 않으며, 화상에 주의한다.
실습 회로도	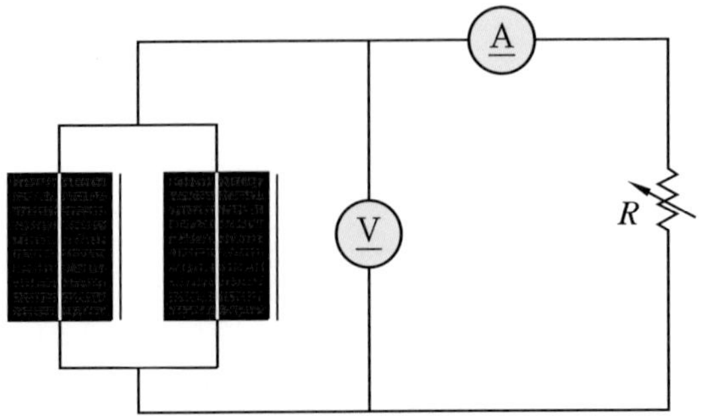 A V R

1 관련 이론

여러 개의 솔라 셀들은 큰 전력을 내기 위해 내부적으로 연결되어 있다. 여기서 2가지 타입이 가능한데 직렬과 병렬로 셀을 연결하는 방법이다. PV 모듈에서 솔라 셀을 병렬로 연결하면 충분히 높은 전류를 생성한다.

그림 2-29는 3개의 솔라 셀을 병렬로 연결하여 전기적인 파라미터를, 그림 2-30은 $I-V$ 특성 곡선의 변화를 보여준다.

이러한 병렬접속은 셀 전압은 일정하지만 전류는 증가한다.

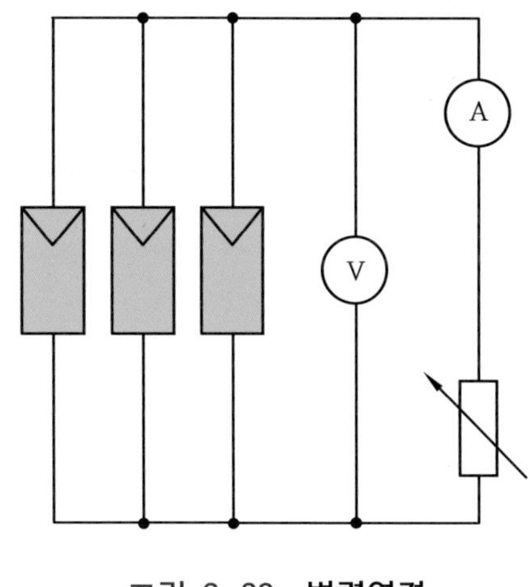

그림 2-29 **병렬연결**

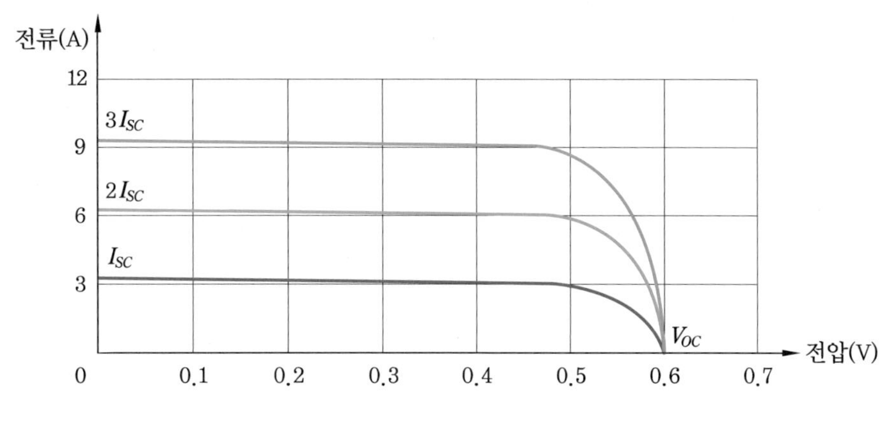

그림 2-30 $I-V$ **특성**

2 실습 방법

❶ 할로겐 광원 모듈(M03)과 태양 전지 모듈 B(M02)를 그림 2-31과 같이 모듈 장착 테이블에 약 30 cm 거리를 두고 수평으로 마주보도록 장착한다.

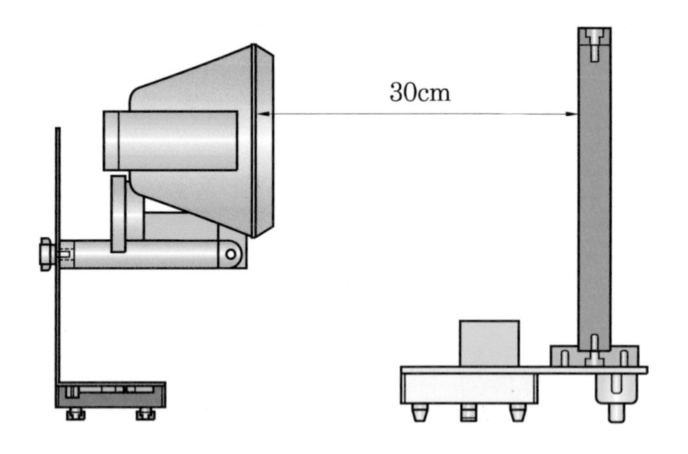

그림 2-31 **광원과 PV cell 배치**

❷ 교류 입력 터미널 모듈(M22)의 AC INPUT 단자에 power cable을 연결하고 AC 220V 콘센트에 연결한다.

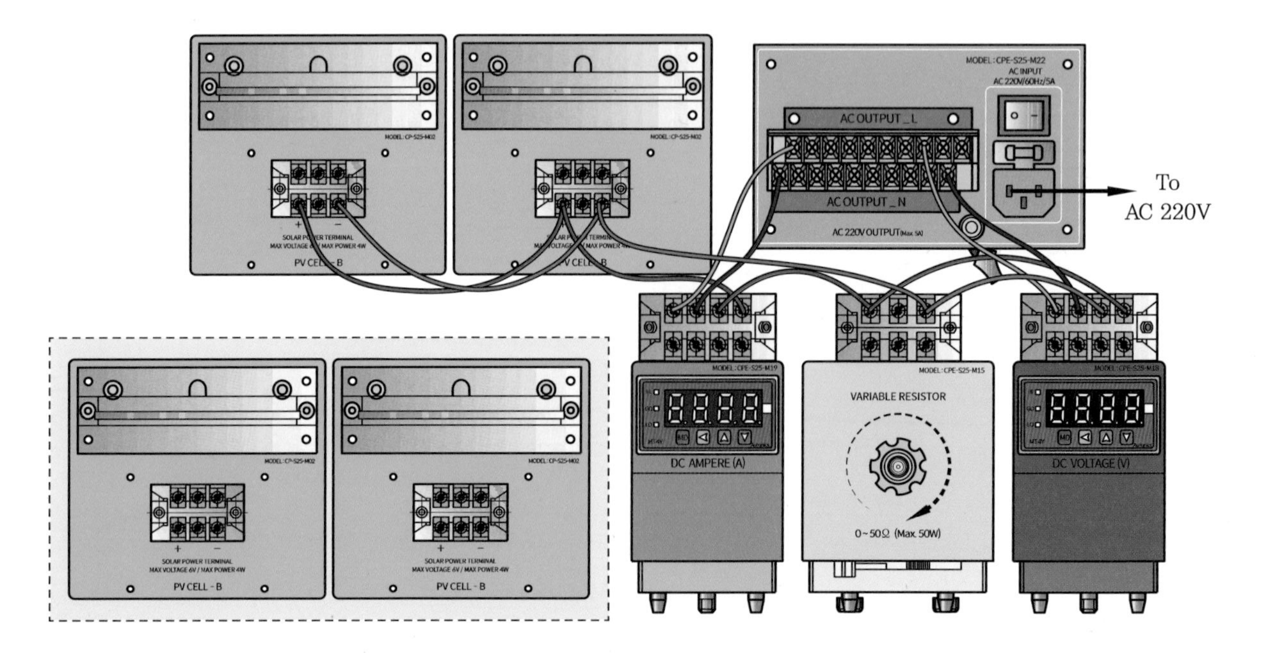

그림 2-32 **실무 결선도**

❸ 할로겐 광원 모듈(M03)의 케이블을 교류 입력 터미널 모듈(M22)의 L과 N 단자에 각각 1개씩 결선한다. 또한, 직류 전압계 모듈(M18)과 직류 전류계 모듈(M19)의 단자대의 전원 부분과 교류 입력 터미널 모듈(M22)의 L과 N 단자에 각각 1개씩 결선한다.

❹ 태양 전지 모듈 B(M02)의 터미널 단자는 그림 2-32의 결선도와 같이 병렬로 연결하고, 직류 전압계 모듈(M18)과 직류 전류계 모듈(M19)의 측정 터미널 단자에 극성에 맞게 연결한다.

❺ 가변 저항 모듈(M15)을 그림 2-32와 같이 결선을 하고 저항값을 0Ω으로 맞춘다.

❻ 교류 입력 터미널 모듈(M22)의 전원 스위치를 ON으로 하면 직류 전압계 모듈(M18)과 직류 전류계 모듈(M19)에 전원이 켜진다. 또한, 할로겐 광원 모듈(M03)의 스위치를 ON시켜 태양 전지 모듈에 빛을 가한다.

❼ 직류 전압계 모듈(M18)과 직류 전류계 모듈(M19)에 측정된 전압과 전류의 값을 표 2-8에 기록한다.

❽ 가변 저항 모듈(M15)의 값을 0~50Ω까지 10단계로 변화시키면서 전압, 전류, 전력의 값을 표 2-8에 기록한다(경향성을 실험하는 것으로 저항의 값이 정확하게 일치하지 않아도 된다).

❾ 태양 전지 모듈 B(M02) 3개 및 4개를 각각 병렬로 연결한 후, 위 실험을 반복하고 표 2-8에 기록한다.

❿ 실습이 끝나면 모든 스위치를 OFF에 위치시키고 케이블 등을 정리한다.

3 결과 및 고찰

1. 위 [실습 방법] ❼번의 실습 결과를 표 2-8에 채우시오.

표 2-8 **병렬접속에 따른 전압 전류 측정**

모듈 접속	부하(Ω)	0	5	10	15	20	25	30	35	40	45	50
병렬 2개	V[V]											
	I[mA]	–										
	P[W]											
병렬 3개	V[V]											
	I[mA]	–										
	P[W]											
병렬 4개	V[V]											
	I[mA]	–										
	P[W]											

2. 표 2-8의 데이터를 이용하여 그림 2-33의 그래프에 $V-I$ 특성 그래프를 작도하시오.

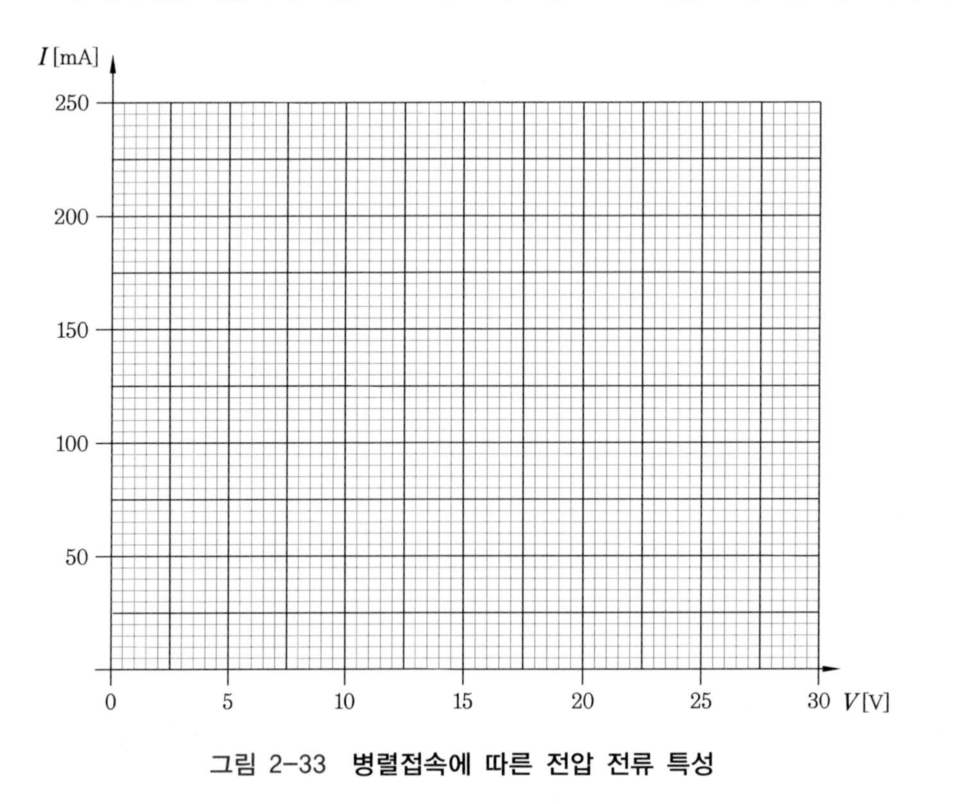

그림 2-33 **병렬접속에 따른 전압 전류 특성**

3. 태양 전지 모듈 B(M02)의 병렬접속에 따라 출력 전압 및 전류가 어떻게 변하는가?

4. 태양 전지 모듈 B(M02)의 병렬접속에 따라 출력 전력은 어떻게 변하는가? [전력(P) = 전압(V)×전류(I)]

5. 일반적으로 사용하는 배터리의 특성과 태양 전지 모듈 B(M02)의 병렬연결 특성과 어떠한 차이가 있는가?

4 관련 용어

■ **전류–전압($I-V$) 특성** (current–voltage characteristic)

태양 전지의 출력 전압에 대한 전류의 관계를 나타내는 특성으로서 특정 온도와 일조량에서 출력 전압의 함수로 표시한 태양광 발전 소자나 시스템의 출력 전류이다.

■ **최대 출력(동작) 전류** ($I_{P_{max}}$, I_{P_m}, maximum power current)

최대 출력에 해당하는 전류, 즉 최대 출력점의 전류 값이다. (단위 : A)

■ **변환 효율** (η, conversion efficiency)

태양 전지의 최대 출력(P_{max})을 발전하는 면적(태양 전지 면적, A)과 규정된 시험 조건에서 측정한 입사 조사 강도(incidence irradiance, E)의 곱으로 나눈 값을 백분율로 나타낸 것이다. (단위 : %)

변환 효율에는 다음의 두 가지 정의가 있으며, 보통은 실효 변환 효율을 가리킨다. 참 변환 효율은 태양 전지 자체의 평가를 위하여 주로 사용되나 최근에는 거의 사용되지 않는다.

① **실효 변환 효율(η_t) 또는 실용 변환 효율(η_t)**

$$\eta_t = \frac{P_{max}}{(A_t \times E)} \times 100\%$$

여기서, A_t : 태양 전지나 모듈의 전체 면적

P_{max} : 최대 출력

E : 조사 강도

② **참 변환 효율(η_a)** : 진성 변환 효율이라고도 부른다.

$$\eta_a = \frac{P_{max}}{(A_e \times E)} \times 100\%$$

여기서, A_e : 태양 전지나 모듈에서 실제 동작하는 부분의 면적

P_{max} : 최대 출력

E : 조사 강도

2-8 태양광 모듈의 직·병렬연결 특성

실습 목적	솔라 모듈의 직·병렬연결 시 전압, 전류 특성을 측정하여 직·병렬연결 시 전기적인 특성을 기술할 수 있다.
사용 기기	• 태양 전지 모듈 – B (M02) • 할로겐 광원 모듈 (M03) • 디지털 미터 (M11) • 가변 저항 모듈 (M15) • 직류 전압계 모듈 (M18) • 직류 전류계 모듈 (M19) • 교류 입력 터미널 모듈 (M22)
안전 및 유의 사항	1. 광원으로 사용되는 할로겐램프는 점등 시 보호 케이스 및 강화 유리 부분에 고온이 되므로 화상과 강한 빛을 발생하므로 쳐다 볼 경우 눈에 손상이 갈 수 있으니 주의한다. 2. 올바른 동작을 확실하게 하려면 모든 전자적 모듈 구성 요소를 정확한 극성으로 연결한다. 3. 할로겐램프의 광량과 빛의 주파수 대역 차이에 따라 이론적인 결과와 차이가 있을 수 있다. 또한, 야외 실습 시 환경 조건에 따라 실습 결과의 차이를 가져올 수 있다. 4. 실습이 끝난 태양광 모듈도 표면 온도가 상승되어 있으므로 만지지 않으며, 화상에 주의한다.
실습 회로도	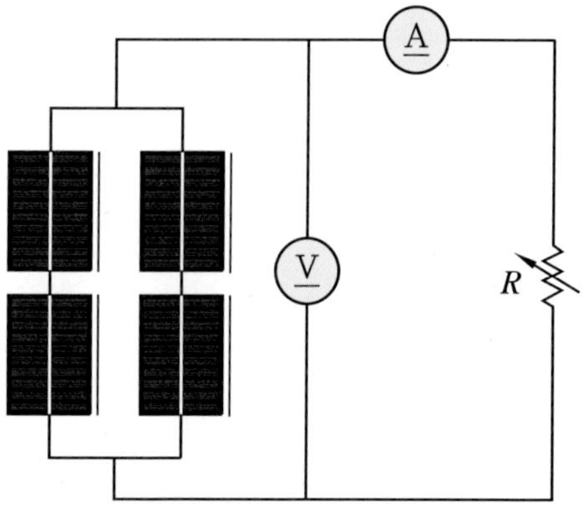 A V R

1 실습 방법

❶ 할로겐 광원 모듈(M03)과 태양 전지 모듈 B(M02)를 그림 2-34와 같이 모듈 장착 테이블에 약 30 cm 거리를 두고 수평으로 마주보도록 장착한다.

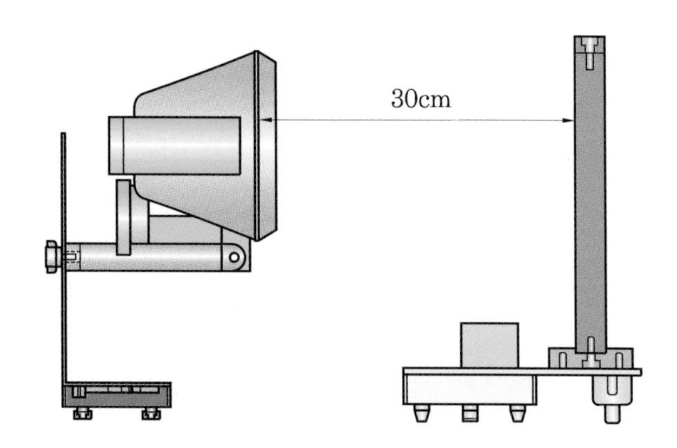

그림 2-34 **광원과 PV cell 배치**

❷ 교류 입력 터미널 모듈(M22)의 AC INPUT 단자에 power cable을 연결하고 AC 220V 콘센트에 연결한다.

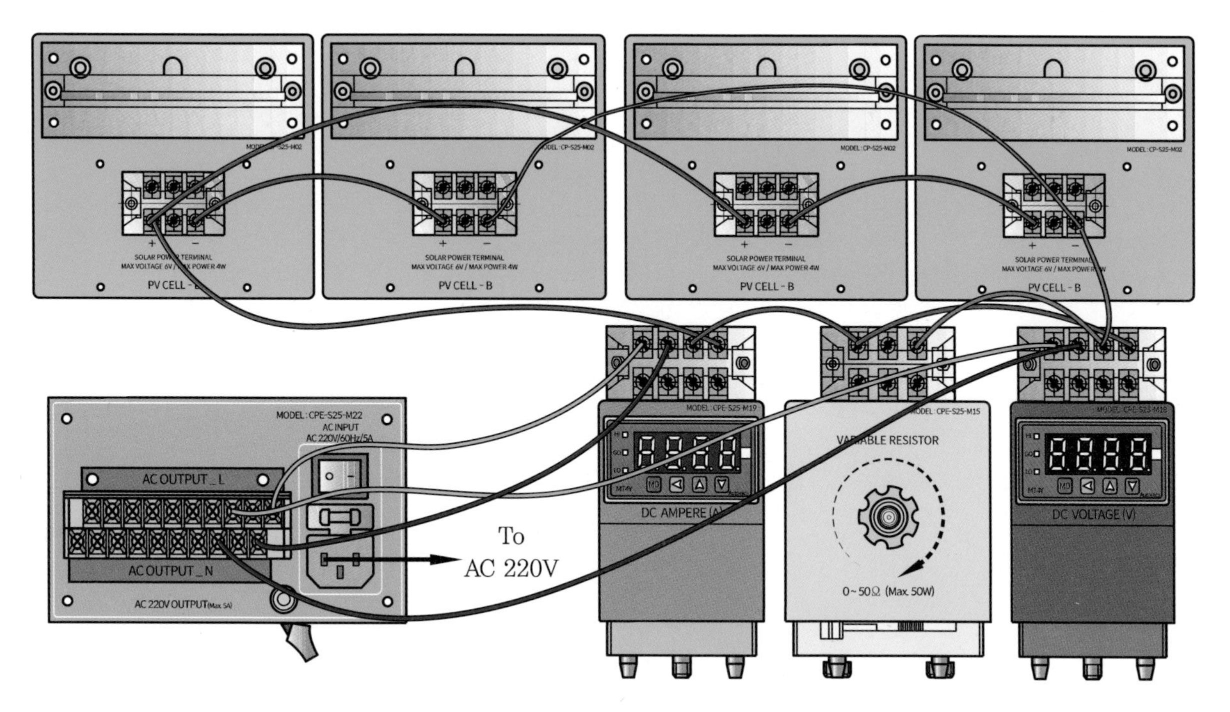

그림 2-35 **실무 결선도**

❸ 할로겐 광원 모듈(M03)의 케이블을 교류 입력 터미널 모듈(M22)의 L과 N 단자에 각각 1개씩 결선한다. 또한, 직류 전압계 모듈(M18)과 직류 전류계 모듈(M19)의 단자대의 전원 부분과 교류 입력 터미널 모듈(M22)의 L과 N 단자에 각각 1개씩 결선한다.

❹ 태양 전지 모듈 B(M02)의 터미널 단자는 그림 2-35의 결선도와 같이 2-직렬, 2-병렬로 연결하고, 직류 전압계 모듈(M18)과 직류 전류계 모듈(M19)의 측정 터미널 단자에 극성에 맞게 연결한다.

❺ 가변 저항 모듈(M15)을 그림 2-35와 같이 결선을 하고 저항값을 0 Ω으로 맞춘다.

❻ 교류 입력 터미널 모듈(M22)의 전원 스위치를 ON으로 하면 직류 전압계 모듈(M18)과 직류 전류계 모듈(M19)에 전원이 켜진다. 또한, 할로겐 광원 모듈(M03)의 스위치를 ON시켜 태양 전지 모듈에 빛을 가한다.

❼ 직류 전압계 모듈(M18)과 직류 전류계 모듈(M19)에 측정된 전압과 전류의 값을 표 2-9에 기록한다.

❽ 가변 저항 모듈(M15)의 값을 0~50Ω까지 10단계로 변화시키면서 전압, 전류, 전력의 값을 표 2-9에 기록한다(경향성을 실습하는 것으로 저항의 값이 정확하게 일치하지 않아도 된다).

❾ 실습이 끝나면 모든 스위치를 OFF에 위치시키고 케이블 등을 정리한다.

2 결과 및 고찰

1. 위 [실습 방법] ❼, ❽번의 실습 결과를 표 2-9에 채우시오.

표 2-9 **직·병렬접속에 따른 전압 전류 측정**

모듈 접속	부하(Ω)	0	5	10	15	20	25	30	35	40	45	50
병렬 2개, 직렬 2개	V[V]											
	I[mA]	–										
	P[W]											

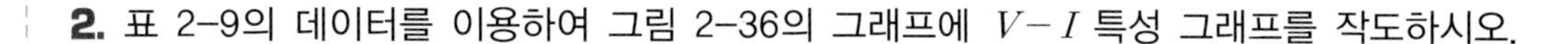

2. 표 2-9의 데이터를 이용하여 그림 2-36의 그래프에 $V-I$ 특성 그래프를 작도하시오.

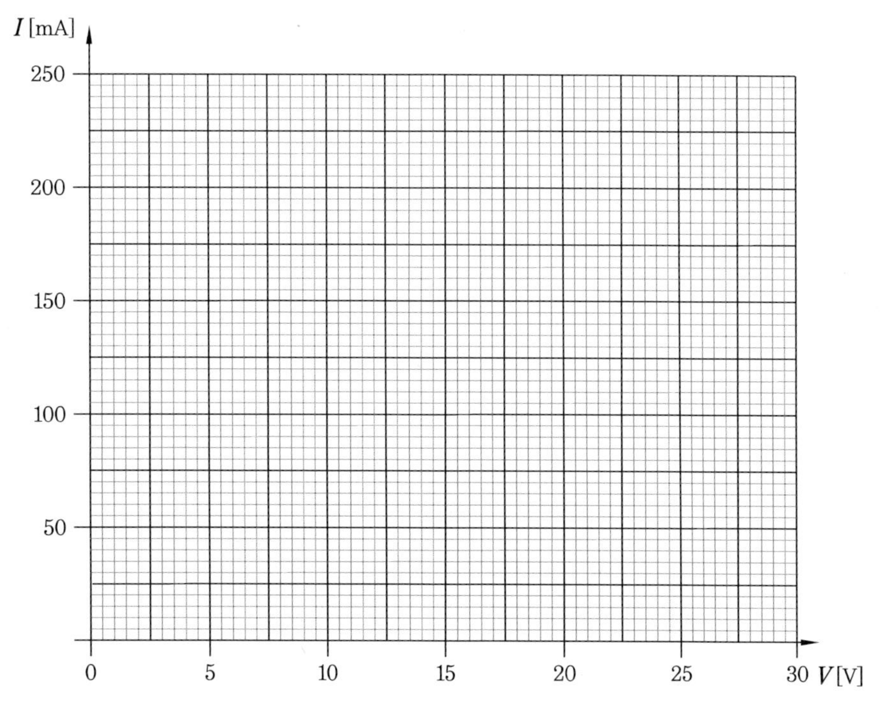

그림 2-36 **직·병렬접속에 따른 $V-I$ 특성**

3. 태양 전지 모듈 B(M02)의 직·병렬접속에 따라 출력 전압 및 전류가 어떻게 변하는가? 표 2-9, 그림 2-36과 비교하여 기술하시오.

4. 태양 전지 모듈 B(M02)의 직·병렬연결하여 사용하는 이유는 무엇인지 기술하시오.

5. 일반적으로 태양 전지 모듈의 용량에 따라 직·병렬 결선하여 사용한다. 만약, 정격 용량이 20V, 100W의 DC 부하를 사용한다면 태양 전지 모듈 B(M02)가 몇 개 필요하며 결선은 어떻게 해야 하는가?

3 관련 용어

■ **부하 전류**(I_L, load current)

특정 온도와 일조량에서 태양광 발전 장치의 출력 단자에 연결한 부하에 공급되는 전류이다. (단위 : A)

■ **부하 전압**(V_L, load voltage)

특정 온도와 일조량에서 태양광 발전 장치 출력 단자에 연결한 부하의 단자 사이에 걸리는 전압이다. (단위 : V)

■ **부하 전력**(P_L, load power)

특정 온도와 일조량에서 태양광 발전 장치의 두 출력 단자에 연결한 부하에 공급되는 전력이다. (단위 : W)

■ **안정화 변환 효율 또는 안정화 효율**(stabilized conversion efficiency)

규정된 광조사 조건에서 규정된 시간 동안 빛을 조사한 다음의 변환 효율이다. 주로 비정질 규소 태양 전지에 적용된다.

■ **(전류-전압 특성) 부정합 손실**(mismatch loss)

부정합은 불일치라고도 하며, 직렬 또는 병렬로 접속한 태양 전지나 모듈의 최대 출력이 전류-전압 특성의 불균일성 때문에 각각의 단위 태양 전지나 모듈의 같은 조건에서 측정한 최대 출력 합계보다 작아져서 생기는 손실이다. 손실률은 다음의 식으로 표시한다.

$$\text{특성 부정합 손실률} = 1 - \frac{P_t}{P_s}$$

여기서, P_t : 측정한 최대 출력

P_s : 각각의 단위 태양 전지나 모듈의 최대 출력 합계

■ **모듈 집적도**(module packing factor 또는 packing density)

모듈을 이루는 전체 단위 태양 전지의 넓이와 모듈 넓이의 비이다.

2-9 역전압 방지 다이오드 특성

실습 목적	솔라 모듈의 병렬접속을 하고, 각 군별로 발전되는 양이 다를 경우 역전류가 흐르게 되어 솔라 모듈의 파괴 및 전체적으로 손실을 일으킬 수 있다. 이를 방지하기 위하여 어떠한 방법을 사용하는지 알아본다.
사용 기기	• 태양 전지 모듈 – B (M02) • 할로겐 광원 모듈 (M03) • 다이오드 모듈 (M04) • 배터리 모듈 (M06) • 직류 전류계 모듈 (M19) • 교류 입력 터미널 모듈 (M22)
안전 및 유의 사항	1. 광원으로 사용되는 할로겐램프는 점등 시 보호 케이스 및 강화 유리 부분에 고온이 되므로 화상과 강한 빛을 발생하므로 쳐다 볼 경우 눈에 손상이 갈 수 있으니 주의한다. 2. 올바른 동작을 확실하게 하려면 모든 전자적 모듈 구성 요소를 정확한 극성으로 연결한다. 3. 할로겐램프의 광량과 빛의 주파수 대역 차이에 따라 이론적인 결과와 차이가 있을 수 있다. 또한, 야외 실습 시 환경 조건에 따라 실습 결과의 차이를 가져올 수 있다. 4. 실습이 끝난 태양광 모듈도 표면 온도가 상승되어 있으므로 만지지 않으며, 화상에 주의한다.
실습 회로도	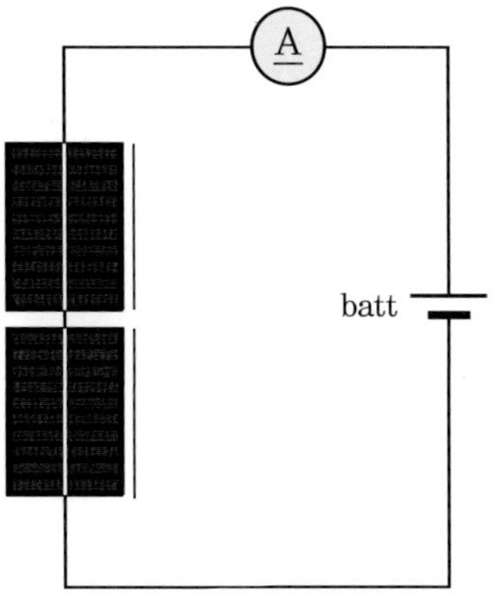 A 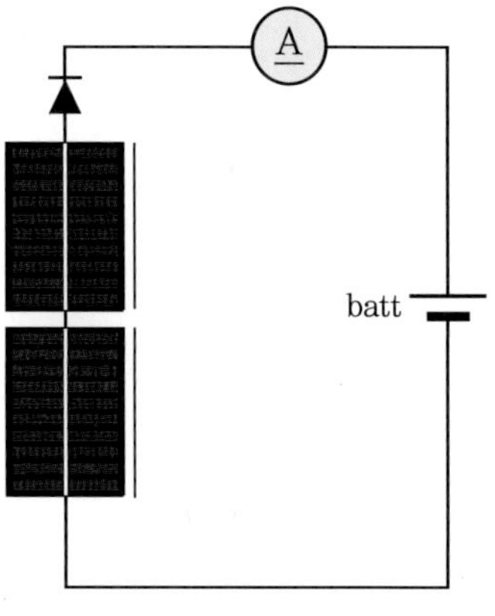 batt (a) A batt (b)

1 관련 이론

현재 가장 많이 사용되는 태양 전지는 실리콘을 이용한 반도체 다이오드 형태의 태양 전지이다. 일반적으로 실리콘 다이오드의 순방향 영역에서 약 0.7V의 문턱 전압을 가지며, 약 100V 정도의 항복 전압을 가진다. 그림 2-37은 다이오드의 전압, 전류 특성 곡선을 나타낸 것이다. 태양 전지 역시 다이오드의 특성을 가지며 태양광 발전에 응용되는 부분은 문턱 전압을 가지는 1사분면이기 때문에 다이오드 특성 곡선의 1사분면만 생각해 보자.

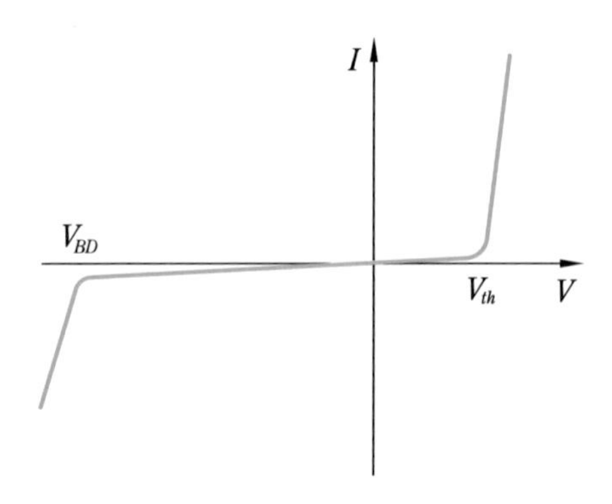

그림 2-37 **다이오드 특성 곡선**

그림 2-38은 태양 전지의 등가 회로와 1사분면의 전압 전류 특성을 타나낸 것이다.

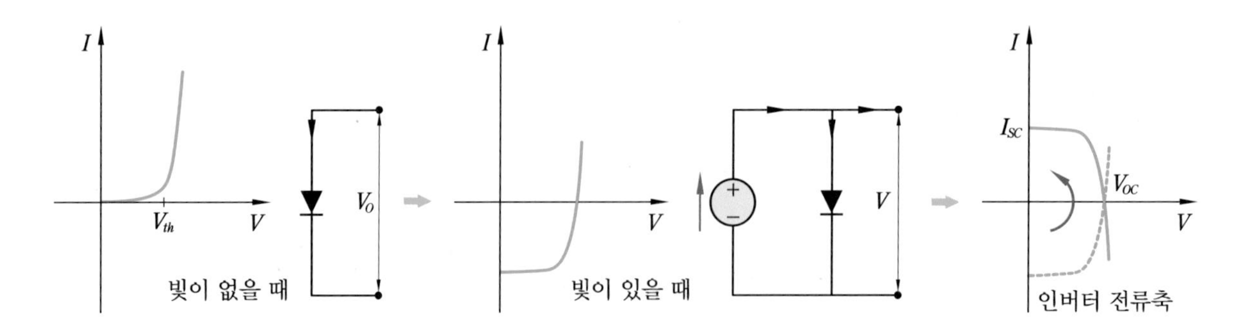

그림 2-38 **태양 전지의 등가 회로**

태양 전지에 빛이 조사되지 않은 경우 일반적인 다이오드와 같은 특성을 보인다. 태양 전지에 빛이 조사될 경우 태양 전지는 전류원과 다이오드로 등가되며, 전압-전류 특성 곡선이 전류 축을 따라 하강하게 된다. 이러한 특성 곡선은 음의 영역에 존재하기 때문에 전압 축을 따라 뒤집은 특성 곡선을 태양 전지의 전압-전류 특성 곡선이라 한다.

다이오드는 회로 내에서 전력을 소비하는 수동 소자이다. 실리콘 다이오드의 경우 약 0.7V의 전압 강하와 함께 흐르는 전류 I_D에 따라 전력을 소비하게 된다. 다이오드의 전력 소비는 대부분 발열에 의한 열로서 소비하게 된다. 다이오드가 전력을 소비하는 다이오드 특성 곡선의 1사분면을 생각해 보면 양(+)의 값으로 나타난다. 다이오드 전압 전류 특성 곡선의 하강은 전류를 생산해내는 의미로 해석 가능하다. 따라서 태양 전지는 전류를 생산하는 전류원으로 모델링 가능하며 음(-)의 값을 가지는 전력은 전력의 소비가 아닌 생산으로 생각할 수 있다.

블로킹 다이오드는 태양 전지 모듈과 배터리가 함께 설치되었을 경우, 모듈에서 생성된 전류만 모듈 밖으로 흐르게 하고 배터리에서 전류가 모듈 쪽으로 흐르는 것을 막는 역할을 한다. 이러한 블로킹 다이오드에 의해 야간이나 우천 시 배터리에서 모듈로 방전되는 것을 차단함으로써 배터리의 전력 소모를 방지하고 태양 전지 모듈을 보호하게 된다.

2 실습 방법

❶ 할로겐 광원 모듈(M03)과 태양 전지 모듈 B(M02)를 그림 2-39와 같이 모듈 장착 테이블에 약 30 cm 거리를 두고 수평으로 마주보도록 장착한다.

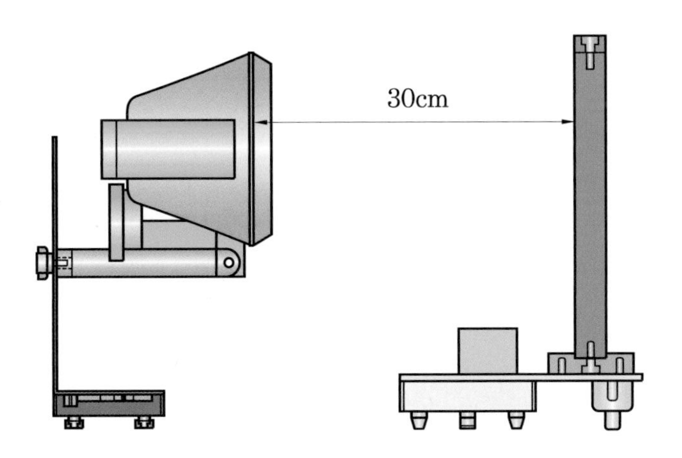

그림 2-39 **광원과 PV cell 배치**

❷ 교류 입력 터미널 모듈(M22)의 AC INPUT 단자에 power cable을 연결하고 AC 220V 콘센트에 연결한다.

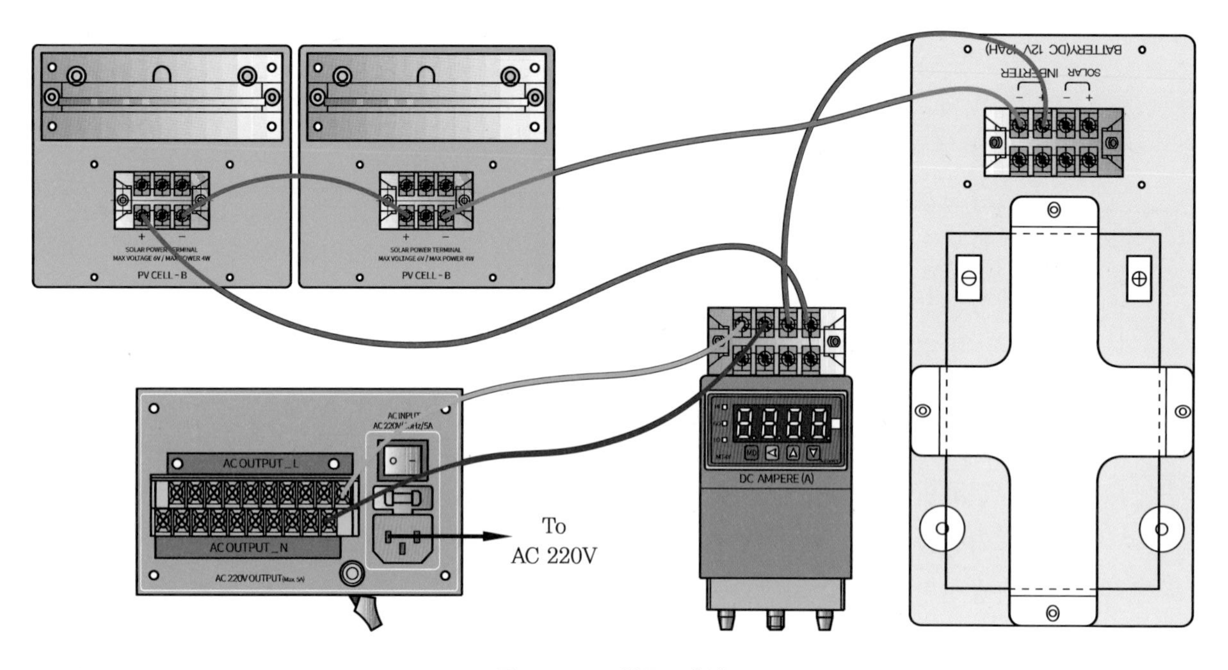

그림 2-40 **실무 결선도**

❸ 할로겐 광원 모듈(M03)의 케이블을 교류 입력 터미널 모듈(M22)의 L과 N 단자에 각각 1개씩 결선한다. 또한, 직류 전류계 모듈(M19)의 단자대의 전원 부분과 교류 입력 터미널 모듈(M22)의 L과 N 단자에 각각 1개씩 결선한다.

❹ 태양 전지 모듈 B(M02)의 터미널 단자는 그림 2-40의 결선도와 같이 직렬로 연결하고, 직류 전류계 모듈(M19)의 측정 터미널 단자에 극성에 맞게 연결한다.

❺ 배터리 모듈(M06)을 결선한다.

주의 배터리를 결선 시 배터리 전용 케이블을 사용하여 결선한다.

❻ 교류 입력 터미널 모듈(M22)의 전원 스위치를 ON으로 하면 직류 전류계 모듈(M19)에 전원이 켜진다. 또한, 할로겐 광원 모듈(M03)의 스위치를 ON시켜 태양 전지 모듈에 빛을 가한다.

❼ 직류 전류계 모듈(M19)에 측정된 전류의 값을 표 2-10에 기록한다.

전류 : [A]

❽ 교류 입력 터미널 모듈(M22)의 전원 스위치를 OFF로 하고, 회로도 (b)와 그림 2-40의 결선도를 참고로 하여 다이오드를 결선한다.

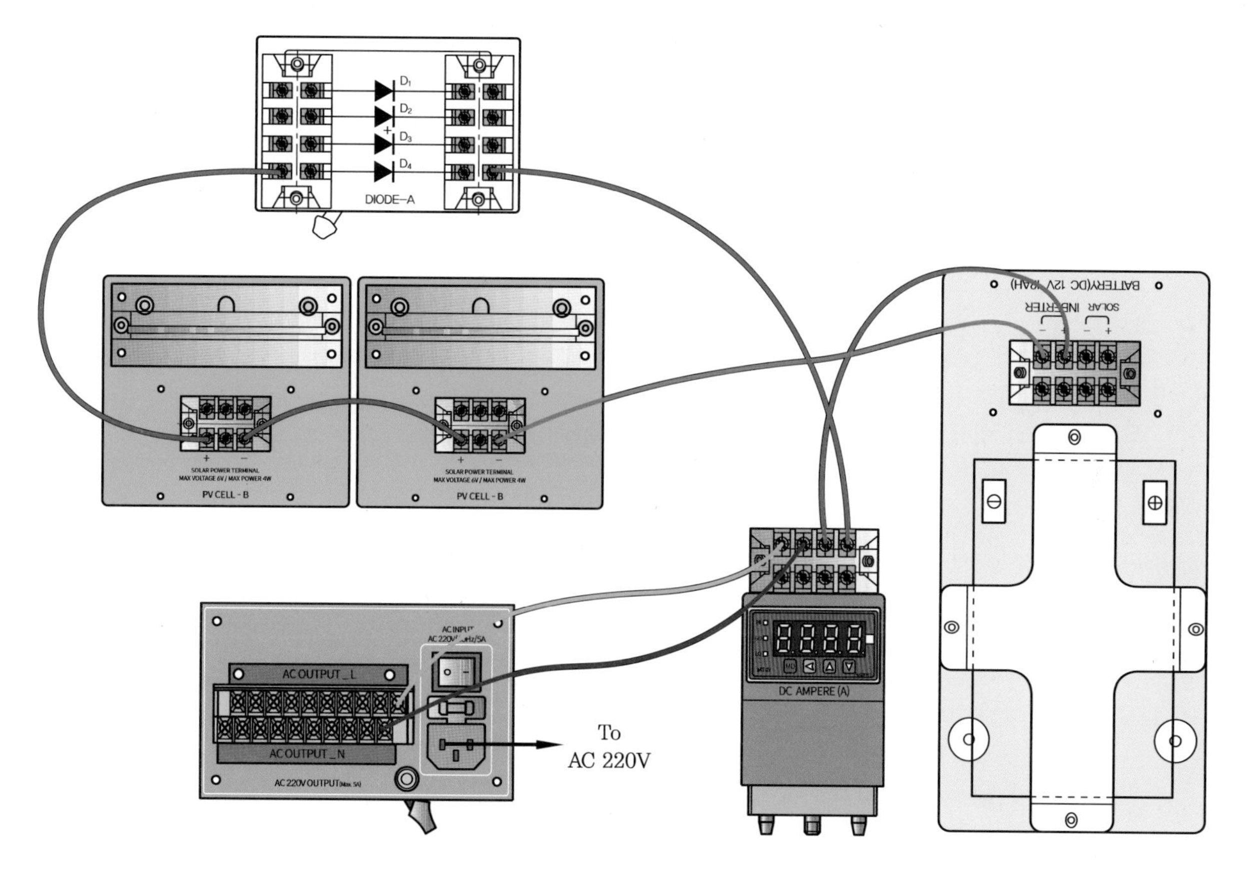

그림 2-41 **실무 결선도**

❾ 결선이 완료되면 교류 입력 터미널 모듈(M22)의 전원 스위치를 ON으로 하면 직류 전류계 모듈(M19)에 전원이 켜진다. 또한, 할로겐 광원 모듈(M03)의 스위치를 ON시켜 태양 전지 모듈에 빛을 가한다.

❿ 직류 전류계 모듈(M19)에 측정된 전류의 값을 표 2-10에 기록한다.

전류 : [A]

⓫ 실습이 끝나면 모든 스위치를 OFF에 위치시키고 케이블 등을 정리한다.

3 결과 및 고찰

1. 위 [실습 방법] ⑩번의 실습 결과를 표 2-10에 채우시오.

표 2-10 **다이오드에 따른 전류 값**

구분	다이오드 없음	다이오드 있음
I[mA]		

2. 표 2-10의 결과로 보아 다이오드는 어떠한 역할을 하는가?

3. 이 밖에 다이오드의 다양한 역할에 대해 기술하시오.

4 관련 용어

- **1차 기준 태양 전지**(primary reference solar cell)

  1차 기준 태양 전지는 표준 세계 복사 기준(standard World Radiometric Reference, WRR)을 충족시키는 복사계(radiometer)나 표준 검출기(standard detector)를 기반으로 교정한 기준 태양 전지로서, 태양 전지의 단락 전류 값을 그 스펙트럼 응답 특성과 기준 태양광의 스펙트럼 조성을 토대로 교정하여 표시해 놓은 것이다.

- **2차 기준 태양 전지**(secondary reference solar cell)

  2차 기준 태양 전지는 자연 태양광 또는 모의 태양광원의 조건에서, 즉 자연 태양광 아래에서 또는 모의 태양광원(인공 태양, solar simulator) 아래에서 1차 기준 태양 전지를 기준으로 하여 교정한 태양 전지를 말한다.

- **기준 태양 전지 모듈 또는 기준 모듈** (reference solar cell module, reference module)

  태양 전지 모듈의 특성을 비교 측정할 때 기준으로 사용하는 피측정 모듈과 같은 종류 또는 스펙트럼 응답이 유사한 태양 전지 모듈이다. 모의 태양광원(인공 태양)의 조사 강도를 기준 태양광이 조사되는 경우와 동등하게 맞추기 위하여 사용된다.

- **기준 태양 전지 소모듈**(reference solar cell submodule)

  1차 기준 태양 전지를 이용하여 모의 태양광원(인공 태양)이나 자연 태양광 아래에서 교정한 태양 전지 소모듈이다.

- **기준 태양광**(reference solar radiation (standard sunlight))

  태양 전지와 모듈의 출력 특성을 공통의 조건에서 나타내기 위하여 조사되는 햇볕의 강도와 조사량 및 스펙트럼 조성을 규정한 가상적인 태양광이다.

2-10 태양광 모듈의 shading 특성 Ⅰ

실습 목적	솔라 모듈의 직렬접속을 하고 한 개의 모듈을 가렸을 때 발생하는 전압, 전류의 변화와 그에 따른 특성을 측정하여 결과를 기술할 수 있다.
사용 기기	• 태양 전지 모듈 – B (M02) • 할로겐 광원 모듈 (M03) • 디지털 미터 (M11) • 가변 저항 모듈 (M15) • 직류 전압계 모듈 (M18) • 직류 전류계 모듈 (M19) • 교류 입력 터미널 모듈 (M22)
안전 및 유의 사항	1. 광원으로 사용되는 할로겐램프는 점등 시 보호 케이스 및 강화 유리 부분에 고온이 된다. 화상과 강한 빛을 발생하므로 쳐다 볼 경우 눈에 손상이 갈 수 있으니 주의한다. 2. 올바른 동작을 확실하게 하려면 모든 전자적 모듈 구성 요소를 정확한 극성으로 연결한다. 3. 할로겐램프의 광량과 빛의 주파수 대역 차이에 따라 이론적인 결과와 차이가 있을 수 있다. 또한, 야외 실습 시 환경 조건에 따라 실습 결과의 차이를 가져올 수 있다. 4. 실습이 끝난 태양광 모듈도 표면 온도가 상승되어 있으므로 만지지 않으며, 화상에 주의한다.
실습 회로도	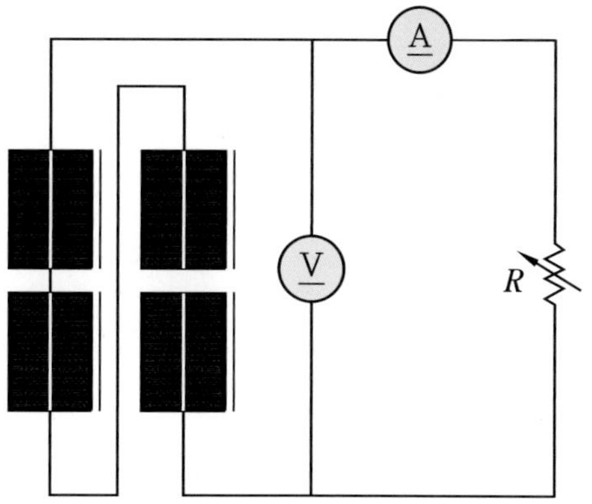 A V R

1 관련 이론

PV 모듈은 신뢰할 수 있는 동작 조건 하에서 cell에 음영이 지면 cell 재질은 손상을 받게 되며, 어느 정도의 한계까지 가열될 수 있는데 이를 열점(hot spot)이 발생된다고 한다. 이러한 경우는 차광된 솔라 셀을 통해서 비교적 높은 역전류가 흐를 때 생긴다.

열점(hot spot)은 솔라 셀에서 약간의 전력 감소를 제공하나 연결된 스트립이 파손되지는 않는다. 그러나 셀에 음영이 질 때마다 셀의 파손으로 인한 모듈의 고장 확률도 증가한다.

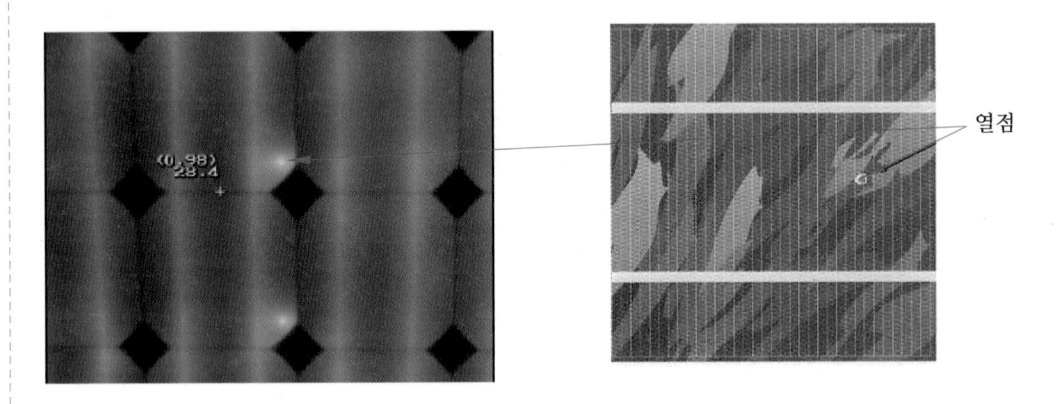

그림 2-42 hot spot

그림 2-43에서 34개의 셀로 된 표준 모듈은 태양에 의해 복사되고, 솔라 셀에서 만들어진 전류는 부하에 의해 사용되고 있다.

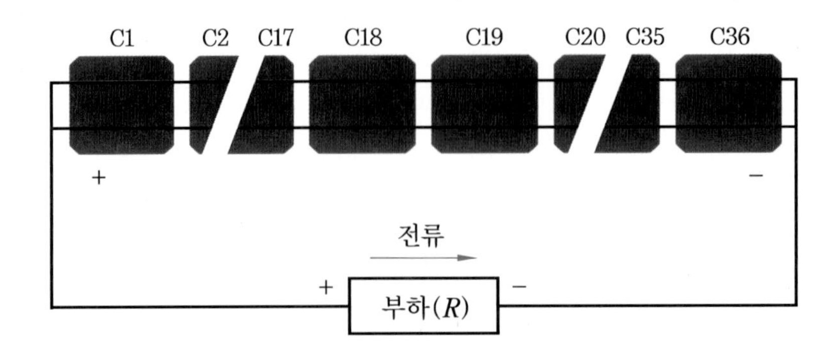

그림 2-43 34개의 솔라 셀 접속

그림 2-44와 같이 솔라 모듈 위에 일부분이 가려져 한 개의 cell에 그림자가 지면, 이 cell은 전류가 생성되지 않고 전기적으로 부하가 된다.

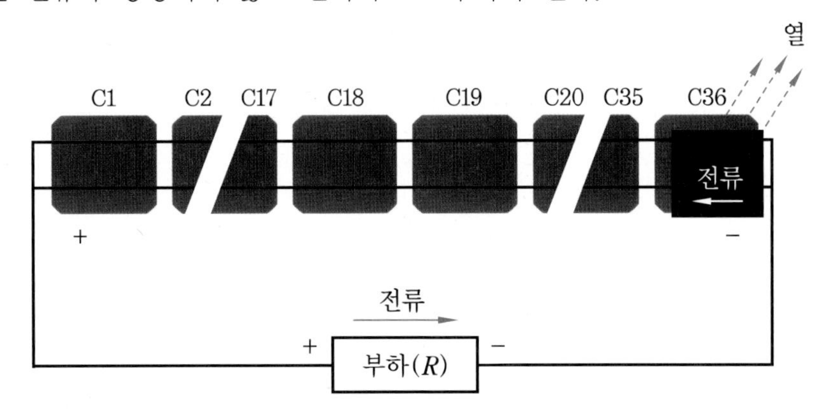

그림 2-44 **그림자 진 셀의 영향**

그러므로 이 셀은 다른 셀에서 생성된 전류가 흐르고, 곧 전류 흐름은 열로 전환된다. 만약 이 셀로 흐르는 전류가 크다면 hot spot 효과를 일으킬 수 있다.

2 실습 방법

❶ 할로겐 광원 모듈(M03)과 태양 전지 모듈 B(M02)를 그림 2-45와 같이 모듈 장착 테이블에 약 30 cm 거리를 두고 수평으로 마주보도록 장착한다.

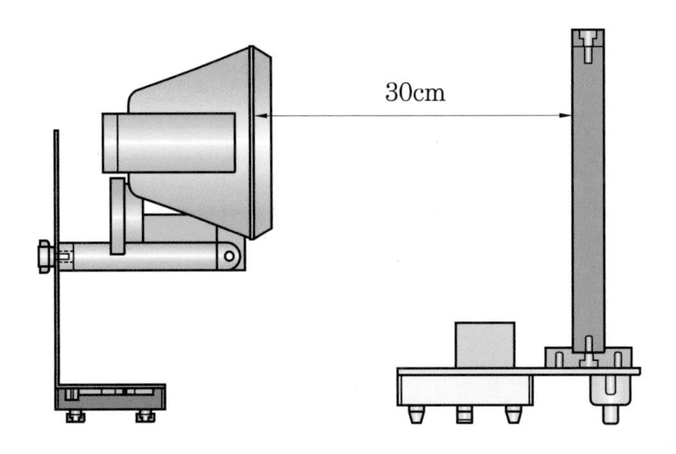

그림 2-45 **광원과 PV cell 배치**

❷ 교류 입력 터미널 모듈(M22)의 AC INPUT 단자에 power cable을 연결하고 AC 220V 콘센트에 연결한다.

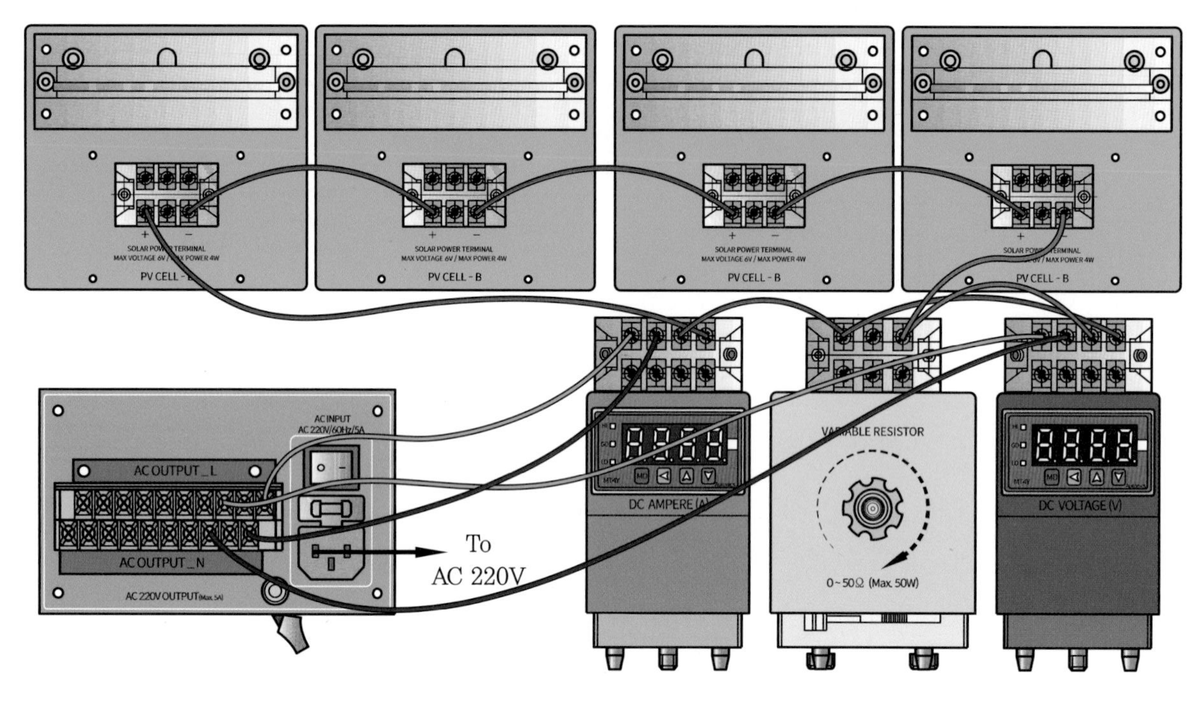

그림 2-46 **실무 결선도**

❸ 할로겐 광원 모듈(M03)의 케이블을 교류 입력 터미널 모듈(M22)의 L과 N 단자에 각각 1개씩 결선한다. 또한, 직류 전압계 모듈(M18)과 직류 전류계 모듈(M19)의 단자대의 전원 부분과 교류 입력 터미널 모듈(M22)의 L과 N 단자에 각각 1개씩 결선한다.

❹ 태양 전지 모듈 B(M02)의 터미널 단자는 그림 2-46의 결선도와 같이 병렬로 연결하고, 직류 전압계 모듈(M18)과 직류 전류계 모듈(M19)의 측정 터미널 단자에 극성에 맞게 연결한다.

❺ 가변 저항 모듈(M15)을 그림 2-46과 같이 결선을 하고 저항값을 약 10 Ω으로 맞춘다.

❻ 교류 입력 터미널 모듈(M22)의 전원 스위치를 ON으로 하면 직류 전압계 모듈(M18)과 직류 전류계 모듈(M19)에 전원이 켜진다. 또한, 할로겐 광원 모듈(M03)의 스위치를 ON시켜 태양 전지 모듈에 빛을 가한다.

❼ 직류 전압계 모듈(M18)과 직류 전류계 모듈(M19)에 측정된 전압과 전류의 값을 표 2-11에 기록한다.

❽ 불투명 종이를 사용하여 태양광 모듈 중 한 개의 모듈을 절반만 가린 상태에서 전압, 전류, 전력 값을 기록하시오. (전력 = 전압×전류)

전압 : [V], 전류 : [A], 전력 : [W]

⑨ 불투명 종이를 사용하여 태양광 모듈의 가리는 부분을 변형시켜 가면서 실험하고 표 2-11에 기록한다.

⑩ 실습이 끝나면 모든 스위치를 OFF에 위치시키고 케이블 등을 정리한다.

3 결과 및 고찰

1. 위 [실습 방법] ⑨번의 실습 결과를 표 2-11에 채우시오.

표 2-11 **빛의 가림에 따른 전압 전류 측정**

가림 정도 (%)	0	30	60	100
V[V]				
I[mA]				
P[W]				

2. 표 2-11의 데이터를 이용하여 그림 2-47의 그래프에 가림 정도에 따른 전압 특성 그래프를 작도하시오.

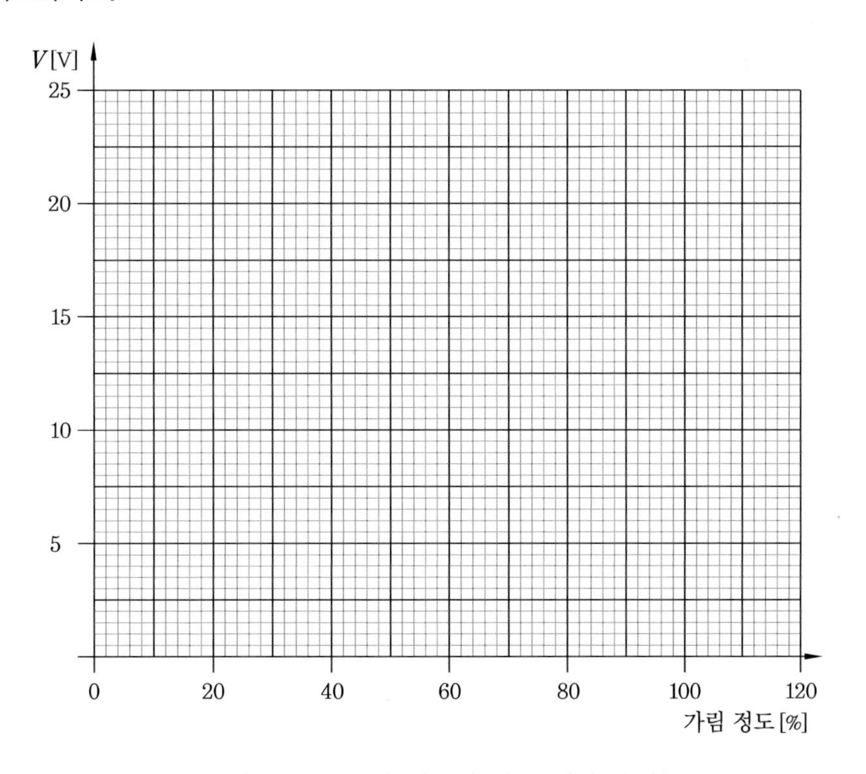

그림 2-47 **가림 정도에 따른 전압 특성**

3. 표 2-11의 데이터를 이용하여 그림 2-48의 그래프에 가림 정도에 따른 전류 특성 그래프를 작도하시오.

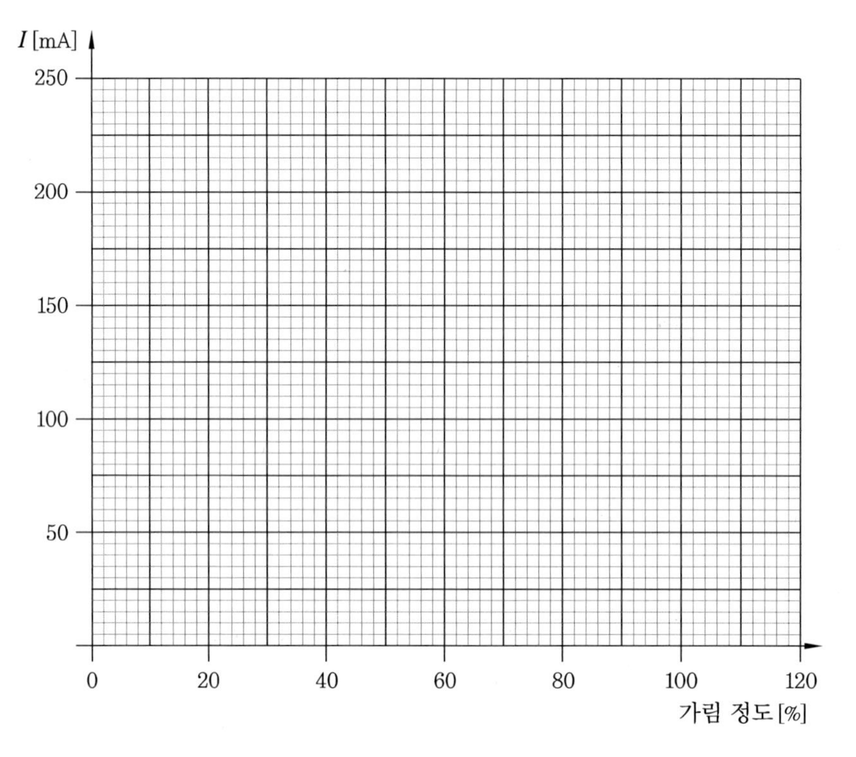

그림 2-48 **가림 정도에 따른 전류 특성**

4. 태양 전지 모듈 B(M02)의 빛을 가리는 면적이 늘어남에 따라 출력 전압 및 전류가 어떻게 변하는가?

5. 태양 전지 모듈 B(M02) 중 연결의 중간에 있는 모듈을 가려지는 면적을 늘려가며 실험해 보고 결과를 논의하시오.

4 관련 용어

■ **태양 전지 면적(solar cell area)**

태양 전지의 변환 효율을 산출할 때 사용하는 중요한 수치이다. 종전에는 전체 수광 면적과 유효 수광 면적(전체 태양 전지 면적-전극 면적)으로 나누어 변환 효율과 참 변환 효율을 따로 구하여 사용하였다. 그러나 유리 기판을 사용한 태양 전지나 집광형 태양 전지 등의 출현으로 그 변환 효율을 정확히 표시하기 위하여 다음의 태양 전지 면적 정의를 도입하였으며, 이와 같은 면적의 정의를 모듈에 적용하는 경우도 있다.

① **총면적(total area)** : 정면에서 투영하거나 또는 반사시키는 방법으로 측정한 태양 전지의 전체 면적이다. 보통 태양 전지 면적이라고 부르며, 이를 기반으로 한 변환 효율이 가장 쓰기에 편리하다.
② **개구 면적(aperture area)** : 유리 기판 등의 태양 전지를 둘러싸는 물질을 통하여 빛이 돌아 들어가지 않도록 마스크(mask)로 가려서 전극을 포함한 태양 전지 전체 면적이 마스크의 안쪽(열린 부분)에 오도록 했을 때, 마스크 안쪽의 태양 전지 면적이다. 단, 마스크로 가려도 출력에 영향이 없는 경우에는 반드시 가릴 필요는 없다.
③ **지정 조사 면적(designated illumination area)** : 집광형 태양 전지 등에서 주위 전극 등을 포함하는 부분을 마스크로 가리고 지정된 부분만 빛을 받게 할 때의 태양 전지 면적이다. 단, 마스크로 가려도 출력에 영향이 없는 경우에는 반드시 가릴 필요는 없다.

■ **모듈 면적(module area)**

겉 테두리(frame)까지를 포함하여 모듈을 정면에서 투영한 면적이다.

■ **열점(hot spot)**

태양광 발전 모듈에 조사되는 햇볕이 국부적으로 가려지거나, 태양 전지의 특성 편차나 일부 태양 전지의 결함과 특성 열화, 또는 결선 등의 모듈 회로 결함으로 인한 출력 불균형 때문에 역바이어스가 발생하여 모듈 온도가 국부적으로 상승하는 현상이다.

2-11 태양광 모듈의 shading 특성 Ⅱ

실습 목적	솔라 모듈의 직렬접속을 하고 한 개의 모듈을 가렸을 때 발생하는 전압, 전류의 변화와 그에 따른 특성을 측정하여 결과를 기술할 수 있다.
사용 기기	• 태양 전지 모듈 –B (M02) • 할로겐 광원 모듈 (M03) • 디지털 미터 (M11) • 가변 저항 모듈 (M15) • 직류 전압계 모듈 (M18) • 직류 전류계 모듈 (M19) • 교류 입력 터미널 모듈 (M22)
안전 및 유의 사항	1. 광원으로 사용되는 할로겐램프는 점등 시 보호 케이스 및 강화 유리 부분에 고온이 되므로 화상과 강한 빛을 발생하므로 쳐다 볼 경우 눈에 손상이 갈 수 있으니 주의한다. 2. 올바른 동작을 확실하게 하려면 모든 전자적 모듈 구성 요소를 정확한 극성으로 연결한다. 3. 할로겐램프의 광량과 빛의 주파수 대역 차이에 따라 이론적인 결과와 차이가 있을 수 있다. 또한, 야외 실습 시 환경 조건에 따라 실습 결과의 차이를 가져올 수 있다. 4. 실습이 끝난 태양광 모듈도 표면 온도가 상승되어 있으므로 만지지 않으며, 화상에 주의한다.
실습 회로도	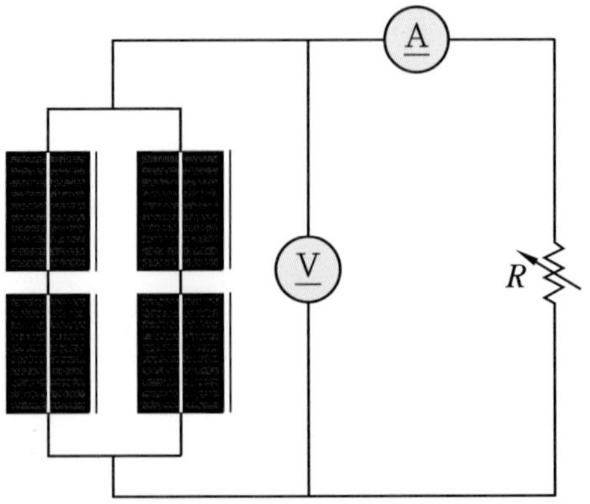 A V R

1 실습 방법

❶ 할로겐 광원 모듈(M03)과 태양 전지 모듈 B(M02)를 그림 2-49와 같이 모듈 장착 테이블에 약 30 cm 거리를 두고 수평으로 마주보도록 장착한다.

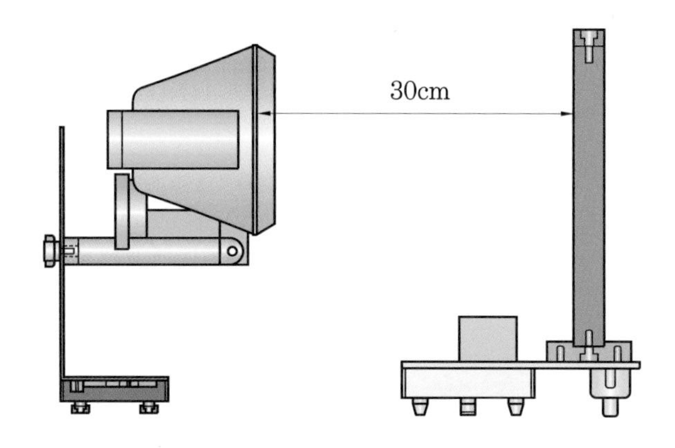

그림 2-49 **광원과 PV cell 배치**

❷ 교류 입력 터미널 모듈(M22)의 AC INPUT 단자에 power cable을 연결하고 AC 220V 콘센트에 연결한다.

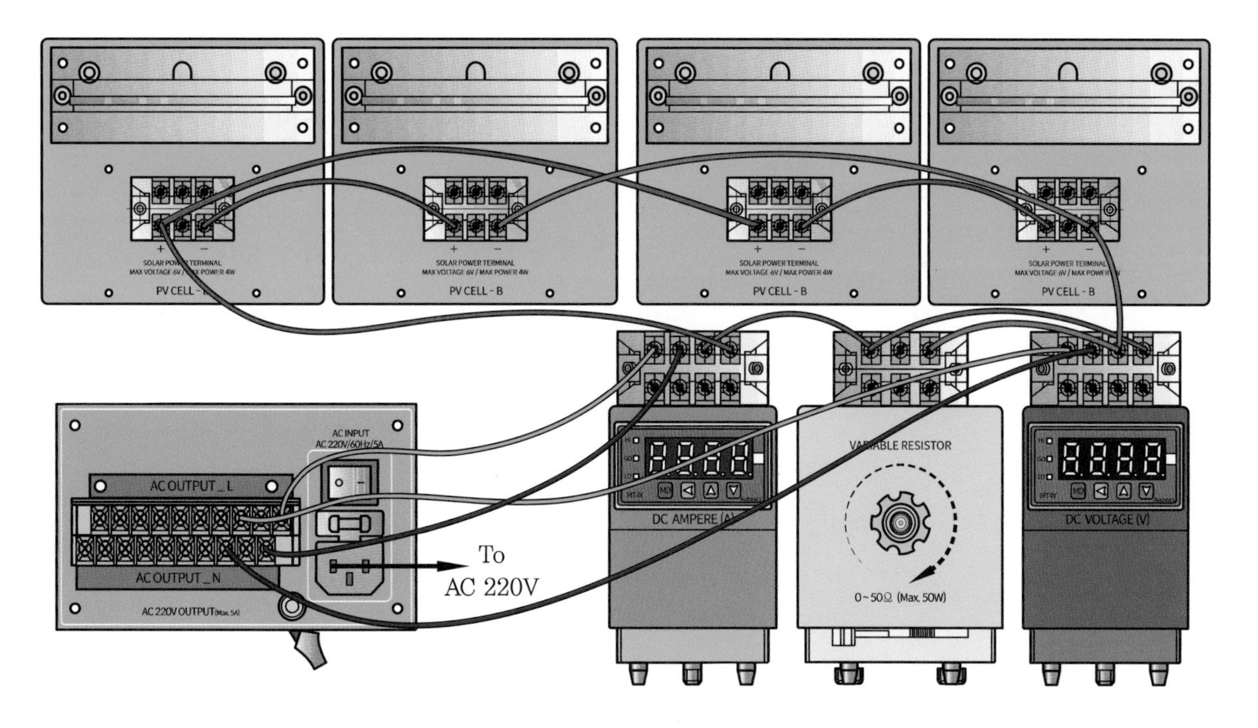

그림 2-50 **실무 결선도**

❸ 할로겐 광원 모듈(M03)의 케이블을 교류 입력 터미널 모듈(M22)의 L과 N 단자에 각각 1개씩 결선한다. 또한, 직류 전압계 모듈(M18)과 직류 전류계 모듈(M19)의 단자대의 전원 부분과 교류 입력 터미널 모듈(M22)의 L과 N 단자에 각각 1개씩 결선한다.

❹ 태양 전지 모듈 B(M02)의 터미널 단자는 그림 2-50의 결선도와 같이 2-직렬, 2-병렬로 연결하고, 직류 전압계 모듈(M18)과 직류 전류계 모듈(M19)의 측정 터미널 단자에 극성에 맞게 연결한다.

❺ 가변 저항 모듈(M15)을 그림 2-50과 같이 결선을 하고 저항값을 약 10Ω으로 맞춘다.

❻ 교류 입력 터미널 모듈(M22)의 전원 스위치를 ON으로 하면 직류 전압계 모듈(M18)과 직류 전류계 모듈(M19)에 전원이 켜진다. 또한, 할로겐 광원 모듈(M03)의 스위치를 ON시켜 태양 전지 모듈에 빛을 가한다.

❼ 직류 전압계 모듈(M18)과 직류 전류계 모듈(M19)에 측정된 전압과 전류의 값을 표 2-12에 기록한다.

❽ 불투명 종이를 사용하여 태양광 모듈 중 한 개의 모듈을 절반만 가린 상태에서 전압, 전류, 전력 값을 기록한다.(전력 = 전압×전류)

전압 : [V], 전류 : [A], 전력 : [W]

❾ ❽번에서 가려진 태양 전지 모듈과 병렬로 연결된 태양 전지 모듈을 동시에 불투명 종이를 사용하여 가리고 값을 기록한다.

전압 : [V], 전류 : [A], 전력 : [W]

❿ 태양 전지 모듈을 3개를 가린 상태에서 측정되는 값을 기록한다.

전압 : [V], 전류 : [A], 전력 : [W]

⓫ 실습이 끝나면 모든 스위치를 OFF에 위치시키고 케이블 등을 정리한다.

2 결과 및 고찰

1. 위 [실습 방법] ❼번의 실습 결과를 표 2-12에 채우시오.

표 2-12 **빛의 가림에 따른 전압 전류 측정(직병렬)**

가림 정도(%)	0	25	50	75	100
V[V]					
I[mA]					
P[W]					

2. 표 2-12의 데이터를 이용하여 그림 2-51의 그래프에 가림 정도에 따른 전압 특성 그래프를 작도하시오.

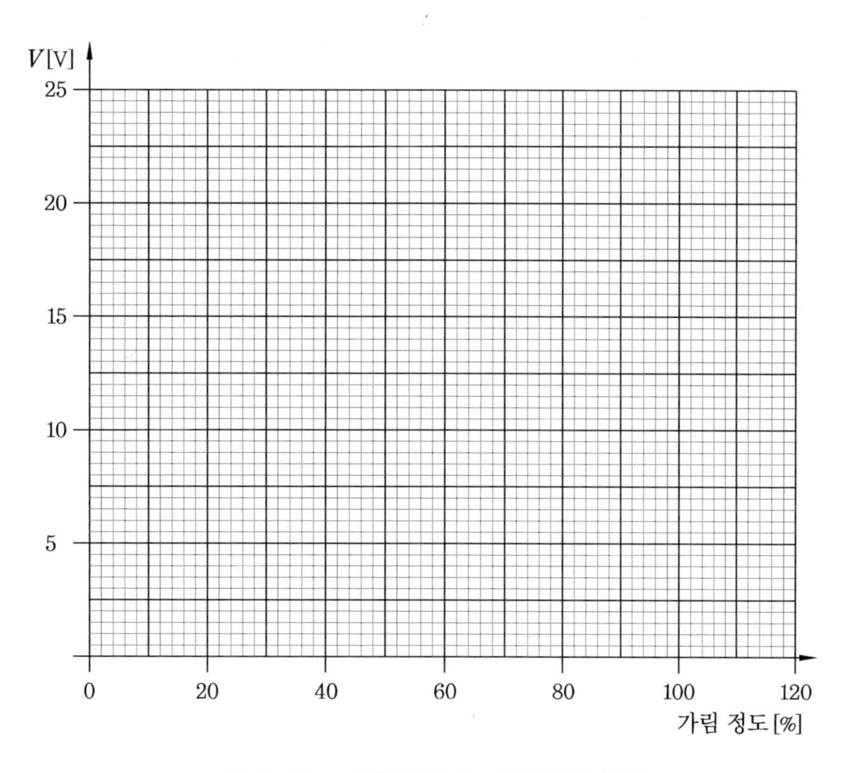

그림 2-51 **가림 정도에 따른 전압 특성**

3. 태양 전지 모듈을 1개 일부분만 가렸을 경우에도 셰이딩 현상이 일어난다. 왜 이러한 현상이 발생하게 되는지 기술하시오.

4. 태양 전지 모듈 B(M02)의 직렬연결과 직·병렬연결에 따라 전압, 전류의 값의 변화를 살펴보고, 장·단점을 기술하시오.

5. 태양 전지 모듈 B(M02) 4개를 병렬로 연결하고, 위 실습을 반복하여 표 2-13에 기록하시오.

표 2-13 **빛의 가림에 따른 전압 전류 측정(병렬)**

가림 정도(%)	0	25	50	75	100
V[V]					
I[mA]					

6. 위 **5**번의 실습 결과로 태양 전지 모듈의 병렬연결 특성을 기술하시오. 또한 직렬연결과의 차이점을 기술하시오.

3 관련 용어

■ **조사 강도** (irradiance)

단위 면적당 광원으로부터 단위 시간에 조사되는 에너지이다. 방사 조도라는 용어는 어법에 맞지 않는 말이다. (단위 : W/m^2)

■ **시험 조사 강도** (G_t, test irradiance)

시험에 이용되는 빛의 조사 강도로서, 기준 소자로 측정한다. (단위 : W/m^2)

■ **조사량** (irradiation)

어떤 일정 기간 동안 조사 강도를 적산한 값이다. (단위 : J/m^2)

■ **햇볕** (**일조**, insolation, solar radiation)

지표면에 도달하는 태양의 복사 에너지이다. 그 성분에 따라서 다음과 같이 부른다.

① **직달 일조** (direct insolation) : 태양으로부터 지표에 직접 도달하는 햇볕

② **산란 일조** (diffuse insolation) : 태양 광선이 대기를 통과하는 동안에 공기 분자, 구름, 연무 (aerosol) 입자 등으로 인하여 산란되어 도달하는 햇볕

③ **수평면 일조** (global insolation) : 직달 햇볕과 산란 햇볕을 합쳐 일컫는 말이며, 전일조라고도 한다.

■ **일조 강도** (G, (solar) irradiance)

단위 시간 동안 표면의 단위 면적에 입사되는 태양 에너지이다. (단위 : W/m^2)

■ **일조량** (H, irradiation)

규정된 일정 기간(1시간, 1일, 1주, 1월, 1년 등)의 일조 강도(햇볕의 세기)를 적산한 값이다. 일조 강도와 같이 직달, 산란, 수평면, 경사면 등의 접두어를 붙인다. 수평면 일조량은 전일조량이라고도 한다. (단위 : J/m^2, MJ/m^2, kWh/m^2 등)

2-12 태양광 모듈의 바이패스 다이오드 특성 I

실습 목적	소량의 태양 전지 모듈에서 hot spot이나 셰이딩 현상 등으로 발전을 방해하는 역할을 할 수 있다. 이를 방지하기 위해 고장나거나 발전 효율이 적은 태양 전지 모듈로 인한 손실을 최소로 할 수 있다.
사용 기기	• 태양 전지 모듈 – B (M02) • 할로겐 광원 모듈 (M03) • 다이오드 모듈 (M04) • 디지털 미터 (M11) • 가변 저항 모듈 (M15) • 직류 전압계 모듈 (M18) • 직류 전류계 모듈 (M19) • 교류 입력 터미널 모듈 (M22)
안전 및 유의 사항	1. 광원으로 사용되는 할로겐램프는 점등 시 보호 케이스 및 강화 유리 부분에 고온이 되므로 화상과 강한 빛을 발생하므로 쳐다 볼 경우 눈에 손상이 갈 수 있으니 주의한다. 2. 올바른 동작을 확실하게 하려면 모든 전자적 모듈 구성 요소를 정확한 극성으로 연결한다. 3. 할로겐램프의 광량과 빛의 주파수 대역 차이에 따라 이론적인 결과와 차이가 있을 수 있다. 또한, 야외 실습 시 환경 조건에 따라 실습 결과의 차이를 가져올 수 있다. 4. 다이오드는 방향성을 갖고 있으므로 방향이 다르게 연결되지 않도록 주의한다. 5. 실습이 끝난 태양광 모듈도 표면 온도가 상승되어 있으므로 만지지 않으며, 화상에 주의한다.
실습 회로도	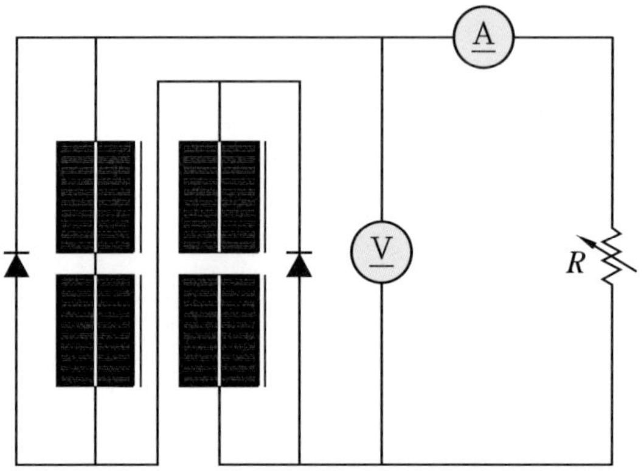 A V R

1 관련 이론

보통 18개에서 20개의 솔라 셀은 약 12V의 전압을 생성하며, 솔라 셀의 항복 전압은 12~50V이다. 이 전압은 솔라 셀의 역방향 전류가 흘러서 생긴다. hot spot을 방지할 수 있는 것은 솔라 셀을 거치지 않고 전류를 우회시키는 방법으로 그림 2-52와 같이 바이패스 다이오드(bypass diode)를 사용한다.

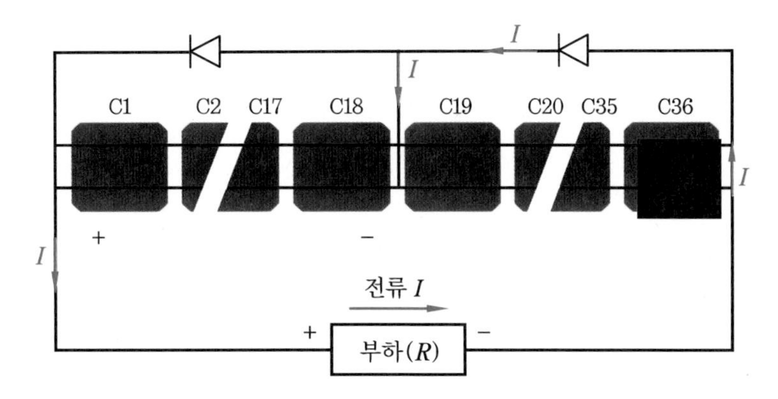

그림 2-52 바이패스 다이오드

바이패스 다이오드는 cell에서 높은 전압이 역방향으로 바이어스되지 않도록 한다. 제조상 실제 바이패스 다이오드는 대개 18개에서 20개의 솔라 셀에 걸쳐 연결된다. 따라서 34개에서 40개의 cell로 구성된 모듈은 2개의 바이패스 다이오드를, 72개 cell로 구성된 모듈은 4개의 바이패스 다이오드를 갖는다. 그림 2-53은 실제 PV 모듈 패널 뒷부분에 있는 접속 상자와 명판에 bypass diode가 접속되어 있는 모습이다.

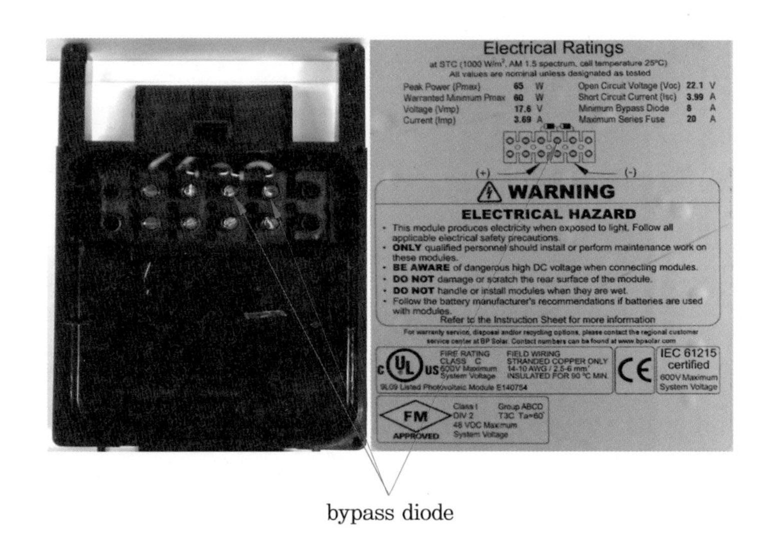

그림 2-53 명판과 실제 bypass diode 설치

2 실습 방법

❶ 할로겐 광원 모듈(M03)과 태양 전지 모듈 B(M02)를 그림 2-54와 같이 모듈 장착 테이블에 약 30 cm 거리를 두고 수평으로 마주보도록 장착한다.

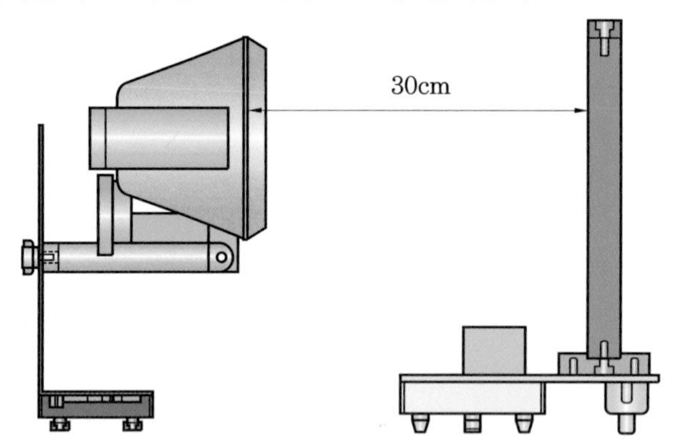

그림 2-54 **광원과 PV cell 배치**

❷ 교류 입력 터미널 모듈(M22)의 AC INPUT 단자에 power cable을 연결하고 AC 220V 콘센트에 연결한다.

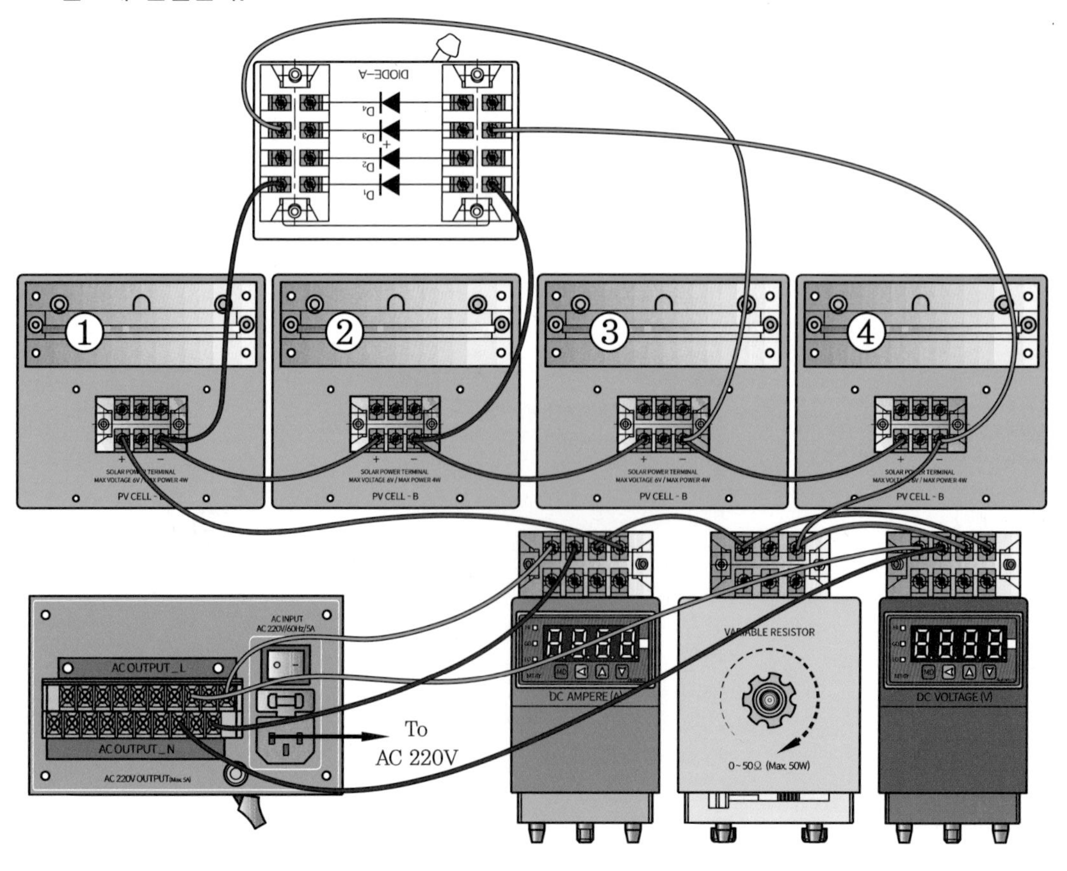

그림 2-55 **실무 결선도**

❸ 할로겐 광원 모듈(M03)의 케이블을 교류 입력 터미널 모듈(M22)의 L과 N 단자에 각각 1개씩 결선한다. 또한, 직류 전압계 모듈(M18)과 직류 전류계 모듈(M19)의 단자대의 전원 부분과 교류 입력 터미널 모듈(M22)의 L과 N 단자에 각각 1개씩 결선한다.

❹ 태양 전지 모듈 B(M02)의 터미널 단자는 그림 2-55의 결선도와 같이 병렬로 연결하고, 직류 전압계 모듈(M18)과 직류 전류계 모듈(M19)의 측정 터미널 단자에 극성에 맞게 연결한다.

❺ 가변 저항 모듈(M15)을 그림 2-55와 같이 결선을 하고 저항값을 약 10 Ω(전체의 1/5 정도)으로 맞춘다.

❻ 다이오드 모듈(M04)을 그림 2-55와 같이 태양 전지 모듈 B(M02)의 ①~②, ③~④ 사이에 결선한다. 방향에 주의하여 결선한다.

❼ 교류 입력 터미널 모듈(M22)의 전원 스위치를 ON으로 하면 직류 전압계 모듈(M18)과 직류 전류계 모듈(M19)에 전원이 켜진다. 또한, 할로겐 광원 모듈(M03)의 스위치를 ON시켜 태양 전지 모듈에 빛을 가한다.

❽ 직류 전압계 모듈(M18)과 직류 전류계 모듈(M19)에 측정된 전압과 전류의 값을 기록한다. (전력 = 전압×전류)

전압 : [V], 전류 : [A], 전력 : [W]

❾ 불투명 종이를 사용하여 태양광 모듈 중 ①번 모듈을 가린 상태에서 전압, 전류, 전력 값을 기록하고, 표 2-14에 기록한다.

전압 : [V], 전류 : [A], 전력 : [W]

❿ 다이오드 모듈(M04)을 제거하고 위 ❼~❽번 실험을 반복하고, 결과를 표 2-14에 작성한다.

⓫ 실습이 끝나면 모든 스위치를 OFF에 위치시키고 케이블 등을 정리한다.

3 결과 및 고찰

1. 위 [실습 방법]의 ❾, ❿번의 실습 결과를 표 2-14에 작성하시오.

표 2-14 **bypass 다이오드에 따른 특성**

상태	다이오드 연결		다이오드 제거	
	정상 상태	①번 가림	정상 상태	①번 가림
V[V]				
I[mA]				
P[W]				

2. 표 2-14의 결과로 보아 bypass 다이오드가 하는 역할은 무엇인가?

3. 위 [실습 방법] ❽~❿번에서 태양 전지 모듈을 ②~④로 가려보고, 표 2-15에 기록하시오.

표 2-15 **bypass 다이오드에 따른 특성**

상태	다이오드 연결				다이오드 제거			
	정상 상태	②번 가림	③번 가림	④번 가림	정상 상태	②번 가림	③번 가림	④번 가림
V[V]								
I[mA]								
P[W]								

4 관련 용어

■ **우회 다이오드 내열성 시험**(bypass diode thermal test)

모듈에서 열점 현상으로 인한 나쁜 영향을 제한하기 위하여 사용하는 우회 다이오드(bypass diode)의 장기적인 신뢰성과 방열 설계의 적합성을 평가하기 위한 시험이다. 실제 시험은 모듈 표면 온도가 75℃±5℃이고, 차단 다이오드(blocking diode)를 단락시킨 상태에서 모듈에 규정된 전류를 충분한 시간 동안 인가하고 우회 다이오드 표면의 온도를 측정하여 접합 부위의 온도를 구하고, 다이오드의 정상 동작 여부를 확인해야 한다. 모듈이 사용되는 현장에서 우회 다이오드의 고장은 과열과 관련되는 경우가 많다. 우회 다이오드 내열성 시험은 최악의 조건에서 다이오드가 얼마나 뜨거워지는가를 확인하고 온도 정격과 비교하기 위하여 필요하다.

■ **무부하 손실**(no load loss)

교류 출력 전력이 없을 때(출력이 0일 때), 출력 조절기 내부에서 소비되는 전력이다. (단위 : W)

■ **대기 손실**(stand-by loss)

계통 연계형에서 출력 조절기가 대기 상태에 있을 때, 전력 계통으로부터 받아 소비하는 전력 손실이다. (단위 : W)

■ **기준 태양 전지 또는 기준 전지**(reference solar cell, reference cell)

일조 강도를 측정하거나 모의 태양광원(인공 태양, solar simulator)의 조사 강도 준위를 기준 태양광의 스펙트럼 조성(reference solar spectral distribution)에 준하여 맞추는 데 사용하는 특별히 교정한 태양 전지, 즉 태양 전지와 태양광 발전 모듈의 전류-전압 특성을 측정할 때 측정용 광원의 조사 강도를 기준광의 조사 강도(1000W/m^2)로 환산하기 위하여 사용하는 태양 전지이며, 피측정 태양 전지나 모듈과 상대적으로 같은 스펙트럼 응답 특성을 가진 태양 전지이다. 피측정 태양 전지와 같은 기판을 사용하여 같은 제조 조건에서 만든 것 중에서 고르는 것을 원칙으로 하며, 태양 전지 온도의 제어와 수광면 보호를 위하여 규정된 용기 안에 장착하여 측정법에 규정된 기준 태양광에서 단락 전류 값을 교정(값 매김)하여 사용한다.

2-13 태양광 모듈의 바이패스 다이오드 특성 Ⅱ

실습 목적	소량의 태양 전지 모듈에서 hot spot이나 셰이딩 현상 등으로 발전을 방해하는 역할을 할 수 있다. 이를 방지하기 위해 고장나거나 발전 효율이 적은 태양 전지 모듈로 인한 손실을 최소로 할 수 있다.
사용 기기	• 태양 전지 모듈 – B (M02) • 할로겐 광원 모듈 (M03) • 다이오드 모듈 (M04) • 디지털 미터 (M11) • 가변 저항 모듈 (M15) • 직류 전압계 모듈 (M18) • 직류 전류계 모듈 (M19) • 교류 입력 터미널 모듈 (M22)
안전 및 유의 사항	1. 광원으로 사용되는 할로겐램프는 점등 시 보호 케이스 및 강화 유리 부분에 고온이 되므로 화상과 강한 빛을 발생하므로 쳐다 볼 경우 눈에 손상이 갈 수 있으니 주의한다. 2. 올바른 동작을 확실하게 하려면 모든 전자적 모듈 구성 요소를 정확한 극성으로 연결한다. 3. 할로겐램프의 광량과 빛의 주파수 대역 차이에 따라 이론적인 결과와 차이가 있을 수 있다. 또한, 야외 실습 시 환경 조건에 따라 실습 결과의 차이를 가져올 수 있다. 4. 다이오드는 방향성을 갖고 있으므로 방향이 다르게 연결되지 않도록 주의한다. 5. 실습이 끝난 태양광 모듈도 표면 온도가 상승되어 있으므로 만지지 않으며, 화상에 주의한다.
실습 회로도	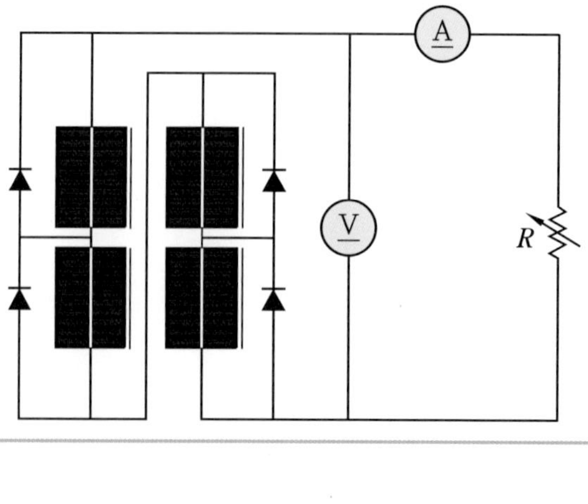 A V R

1 실습 방법

❶ 할로겐 광원 모듈(M03)과 태양 전지 모듈 B(M02)를 그림 2–56과 같이 모듈 장착 테이블에 약 30 cm 거리를 두고 수평으로 마주보도록 장착한다.

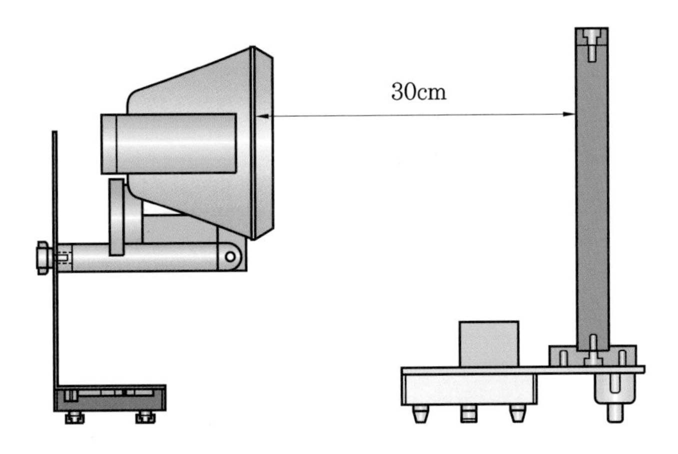

그림 2–56 **광원과 PV cell 배치**

❷ 교류 입력 터미널 모듈(M22)의 AC INPUT 단자에 power cable을 연결하고 AC 220V 콘센트에 연결한다.

❸ 할로겐 광원 모듈(M03)의 케이블을 교류 입력 터미널 모듈(M22)의 L과 N 단자에 각각 1개씩 결선한다. 또한, 직류 전압계 모듈(M18)과 직류 전류계 모듈(M19)의 단자대의 전원 부분과 교류 입력 터미널 모듈(M22)의 L과 N 단자에 각각 1개씩 결선한다.

❹ 태양 전지 모듈 B(M02)의 터미널 단자는 그림 2–57의 결선도와 같이 병렬로 연결하고, 직류 전압계 모듈(M18)과 직류 전류계 모듈(M19)의 측정 터미널 단자에 극성에 맞게 연결한다.

❺ 가변 저항 모듈(M15)을 그림 2–57과 같이 결선을 하고, 저항값을 약 10 Ω (전체의 1/5 정도)으로 맞춘다.

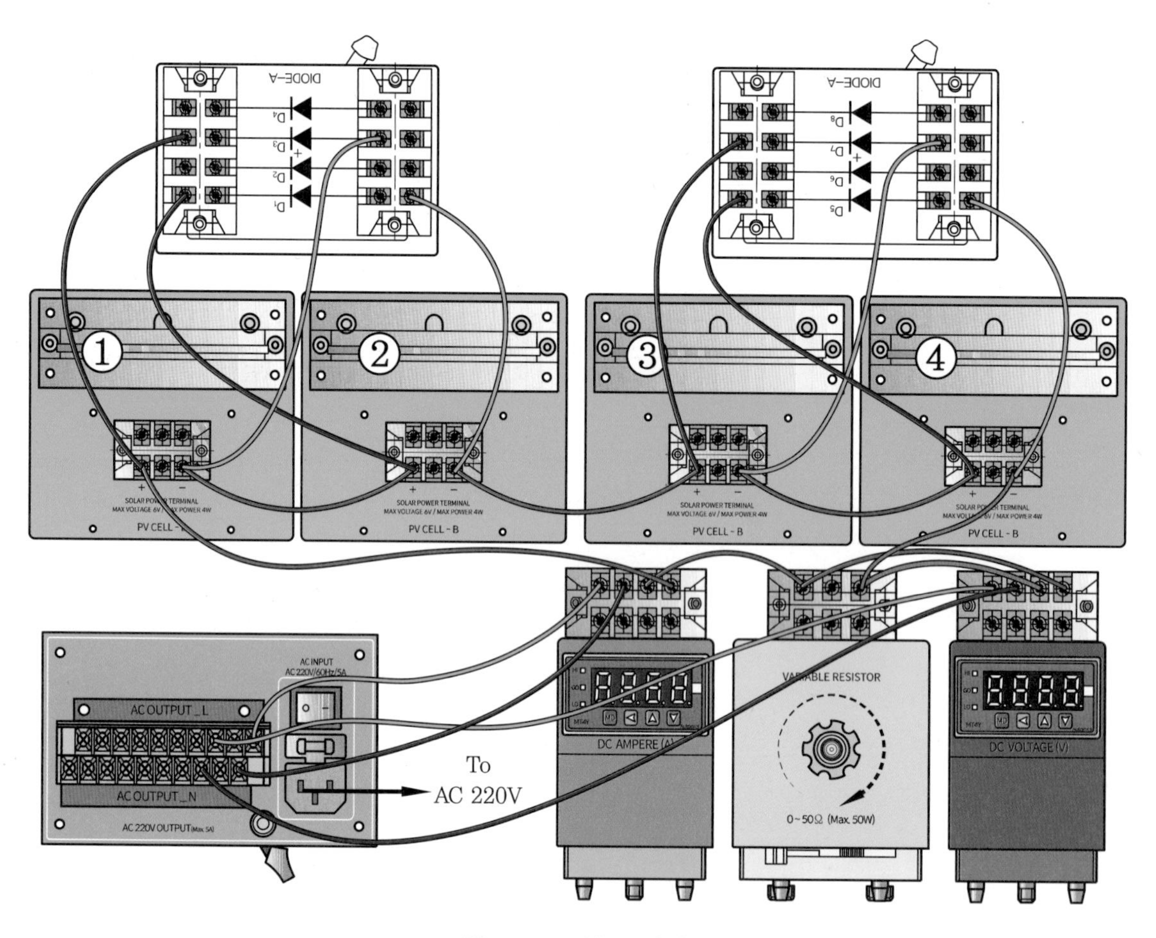

그림 2-57 **실무 결선도**

❻ 다이오드 모듈(M04)을 그림 2-57과 같이 각각의 태양 전지 모듈 B(M02)에 결선한다. 방향에 주의하여 결선한다.

❼ 교류 입력 터미널 모듈(M22)의 전원 스위치를 ON으로 하면 직류 전압계 모듈(M18)과 직류 전류계 모듈(M19)에 전원이 켜진다. 또한, 할로겐 광원 모듈(M03)의 스위치를 ON시켜 태양 전지 모듈에 빛을 가한다.

❽ 직류 전압계 모듈(M18)과 직류 전류계 모듈(M19)에 측정된 전압과 전류의 값을 기록한다. (전력 = 전압×전류)

전압 : [V], 전류 : [A], 전력 : [W]

❾ 불투명 종이를 사용하여 태양광 모듈 중 ①번 모듈을 가린 상태에서 전압, 전류, 전력 값을 기록한다.

전압 : [V], 전류 : [A], 전력 : [W]

❿ 다이오드 모듈(M04)을 제거하고, 위 ❼~❽번 실험을 반복하고 결과를 표 2-16에 작성한다.

⓫ 실습이 끝나면 모든 스위치를 OFF에 위치시키고 케이블 등을 정리한다.

2 결과 및 고찰

1. 위 [실습 방법] ❿번의 실습 결과를 표 2-16에 작성하시오.

표 2-16 **bypass 다이오드에 따른 특성**

상태	다이오드 연결					다이오드 제거				
	정상 상태	①번 가림	②번 가림	③번 가림	④번 가림	정상 상태	①번 가림	②번 가림	③번 가림	④번 가림
V[V]										
I[mA]										
P[W]										

2. 바이패스 다이오드는 왜 연결하는지 기술하시오.

3. 실제 태양광 발전 설비 등에서 바이패스 다이오드의 사용 예를 찾아보고, 바이패스 다이오드가 없을 경우 어떠한 손실이 있는지 설명하시오.

3 관련 용어

■ **총 일조량**(HT, total irradiation)

경사면에서 규정된 시간 동안의 전체 일조 강도를 적산한 값이다. (단위 : J/m^2)

■ **직달 일조 강도**(direct (solar) irradiance)

직달 일조의 조사 강도이다. 대향각(subtend angle) 8.7×10^{-2}rad (5°)의 범위 안에서 태양의 광구(sun's disk)와 주변부(circumsolar region)로부터 단위 면적에 조사되는 햇빛의 강도이다. 태양 광선에 연직인 법선면의 조사 강도를 가리키며, 이를 명시할 필요가 있을 때는 법선면 직달 일조 강도 또는 법선면 직달 조사 강도라고 한다. 측정에는 직달 일조계를 사용하며, 측정한 직달 일조 강도 값에는 태양의 주변광 성분도 포함된다. (단위 : W/m^2)

■ **직달 일조량**(direct (solar) irradiation)

규정된 시간 동안 조사되는 직달 일조 강도를 적산한 값이다. (단위 : J/m^2)

■ **산란 일조 강도**(diffuse (solar) irradiance)

산란 일조의 조사 강도이다. 전체 하늘(전천)로부터 복사된 단위 면적당 일조 강도에서 직달 일조가 기여한 부분을 제외한 양으로, 수평면에서 측정한 산란광의 조사 강도를 가리킨다. 수평면이라는 것을 명시하여 수평면 산란 일조 강도 또는 수평면 산란 조사 강도라고도 한다. 측정에는 차폐 띠(shield band) 또는 차폐 판(shield disk)을 붙인 전 일조계를 사용한다. 천공 일조 강도라고 부르기도 한다. (단위 : W/m^2)

■ **산란 일조량**(diffuse (solar) irradiation)

규정된 시간 동안의 산란 일조 강도를 적산한 값이다. (단위 : J/m^2)

■ **전 일조 강도 또는 수평면 (전) 일조 강도**(global (solar) irradiance)

수평면 직달 일조 강도와 수평면 산란 일조 강도의 합이다. 단위 면적의 수평면에 입사되는 전체 일조 강도 = 직달 일조 강도(수평면) + 산란 일조 강도(수평면)이다. 측정에는 수평면 일조계를 사용한다. (단위 : W/m^2)

2-14 충전 컨트롤러 및 축전지 특성

실습 목적	충전 컨트롤러의 원리를 학습하고, 충전 컨트롤러와 축전지를 결선하여 그 특성을 이해할 수 있다.
사용 기기	• 태양 전지 모듈 – B (M02) • 할로겐 광원 모듈 (M03) • 충전 제어 모듈 (M05) • 배터리 모듈 (M06) • AC 램프 모듈 (M08), AC 모터 모듈 (M09) • 퓨즈 모듈 (M14) • 가변 저항 모듈 (M15) • 직류 전압계 모듈 (M18) • 직류 전류계 모듈 (M19) • 교류 전압계 모듈 (M20) • 교류 전류계 모듈 (M21) • 교류 입력 터미널 모듈 (M22)
안전 및 유의 사항	1. 광원으로 사용되는 할로겐램프는 점등 시 보호 케이스 및 강화 유리 부분에 고온이 되므로 화상과 강한 빛을 발생하므로 쳐다 볼 경우 눈에 손상이 갈 수 있으니 주의한다. 2. 올바른 동작을 확실하게 하려면 모든 전자적 모듈 구성 요소를 정확한 극성으로 연결한다. 3. 할로겐램프의 광량과 빛의 주파수 대역 차이에 따라 이론적인 결과와 차이가 있을 수 있다. 또한, 야외 실습 시 환경 조건에 따라 실습 결과의 차이를 가져올 수 있다. 4. 실습이 끝난 태양광 모듈도 표면 온도가 상승되어 있으므로 만지지 않으며, 화상에 주의한다.
실습 회로도	충전 컨트롤러 배터리 A V

1 관련 이론

(1) 충전 조절기의 개요

태양광 발전 시스템과 풍력 발전 시스템은 독립형과 계통 연계형이 있다. 독립형에서는 2차 전지를 사용하여 충전을 하게 되고 충전된 전력을 이용하여 인버터를 통해 DC를 AC로 변환하여 부하에 사용하게 된다.

이러한 독립형 시스템에서는 PV 어레이의 시스템 전압이 배터리의 시스템 전압과 일치해야 한다. PV cell이 36개에서 40개 정도 있는 표준형 결정 모듈은 15V에서 18V의 공칭 전압을 공급한다.

공칭 전압은 더 높은 온도에서의 MPP 전압이 배터리를 충분히 충전시킬 수 있도록 배터리 충전 전압보다 높아야 한다. 그리고 케이블이나 라인 다이오드에서 전압 손실이 발생하게 되는 것은 보통 약 1%에서 2% 정도로 제한된다.

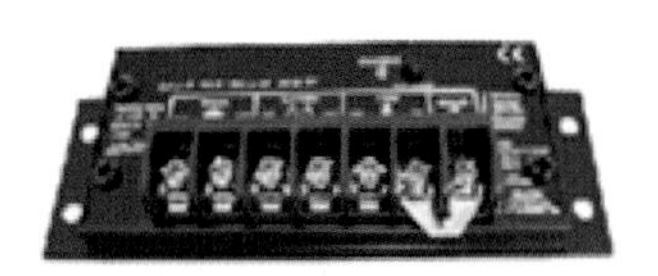

그림 2-58 **충전 컨트롤러 외형**

(2) 충전 조절기의 사용 목적

충전 조절기는 다양한 목적으로 사용되는데 크게 4가지로 나누어 살펴볼 수 있다. 우선, 충전 조절기는 배터리 충전의 최적화를 위해 사용된다. 충전의 최적화라고 함은 과충전으로부터의 보호와 과방전으로부터의 보호가 있다.

배터리가 충전 종지 전압이 된 상태에서 태양광 패널로부터 계속적으로 전압이 인가되면 배터리 전압이 과도하게 높아지면서 증류수의 손실이 생기고 동시에 가스가 인화되어 폭발할 위험이 생긴다.

결과적으로 배터리가 열화되고 수명이 단축되게 되므로 배터리의 충전 전압을 모니터링하여 충전 종지 전압에 도달하면 전류 흐름을 차단시켜 주어야 한다. 이때 과충전 보호 회로만 있는 충전 조절기는 배터리와 부하가 같이 결선되도록 하나의 단자로 되어 있다.

배터리의 전압이 일정 전압 이하로 되어 배터리를 쓰지 못하게 되면 LVD로 표시가 되어 과방전을 보호할 수 있도록 신호를 보낸다.

과방전 기능이 있는 충전 조절기는 배터리와 부하의 연결 단자가 별도로 분리되어 있으며, 이렇게 방전 보호가 있는 경우가 여러 차례 배터리를 100% 방전하여도 배터리의 수명이 오래간다.

(배터리와 부하가 같이 결선하도록 하나의 단자로 구성)

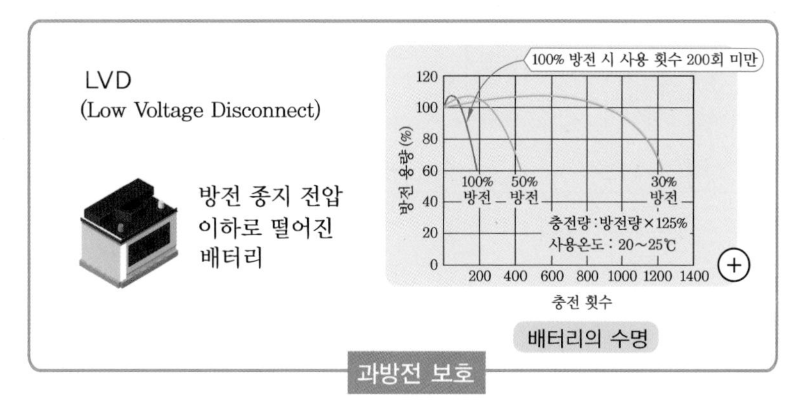

(배터리와 부하의 연결 단자가 별도로 분리됨)

그림 2-59 배터리 충전의 최적화

이 밖에도 충전 조절기는 역방향 전류의 흐름을 방지하고 온도를 보상하며, 배터리 충전 상태의 정보를 제공하기 위해 사용한다. 일조량이 없는 밤이나 구름이 낀 흐린 날씨의 경우 PV 패널에서 발전되는 전력이 배터리의 전력보다 낮은데, 이때 역전류가 흐르게 된다.

역방향 전류의 흐름을 방지하기 위해서는 블로킹 다이오드를 직렬로 연결하거나 전력 손실이 작은 MOS-FET를 이용함으로써 PV 패널에서 배터리로만 전류가 흐르도록 충전 조절기를 사용한다.

온도차가 17℃ 이상 차이나는 환경에 노출되어 있으면 온도 보상은 필수적이다. 온도 보상 기능이 있는 충전 조절기의 경우 배터리의 낮은 온도를 감지하여 충전하는 조절점을 높일 수 있는 회로가 있다. 배터리의 온도가 낮은 경우 충전 전류 흐름을 너무 일찍 낮출 수 있기 때문에 배터리는 온도에 따라 충·반전 특성이 달라진다는 점도 알고 있어야 한다.

마지막으로 배터리의 충전 상태에 대한 정보를 제공하기 위해 충전 조절기를 사용하는데 대부분의 충전 조절기는 램프로 충전 상태를 나타내는 표시 방법을 택하고 있어 사용자들이 쉽게 알아 볼 수 있다.

(3) 충전 컨트롤러의 유형

충전 조절기는 크게 세 가지 유형으로 나눌 수 있다.

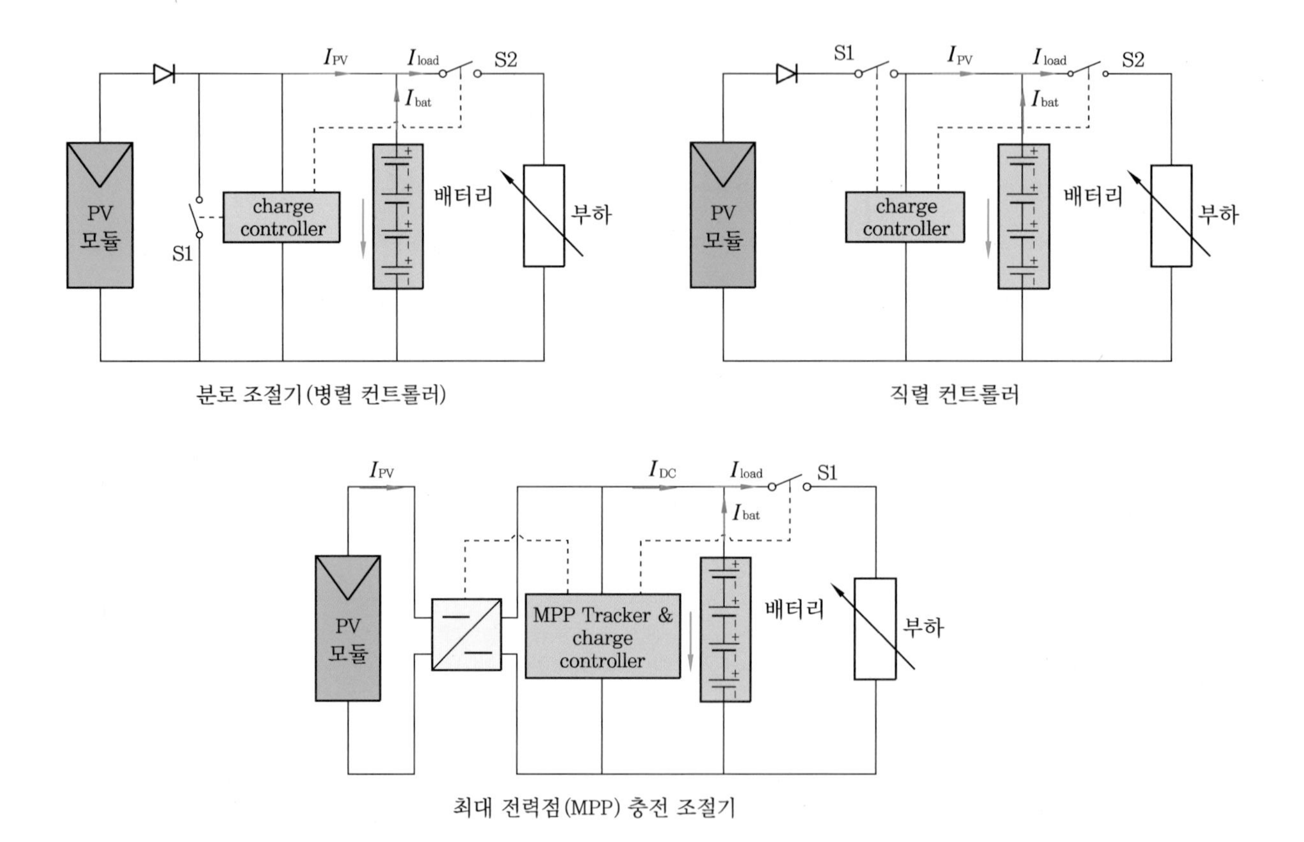

그림 2-60 **충전 컨트롤러의 유형**

직렬 컨트롤러는 일명 ON-OFF 제어 방식이라 하며 충전 차단 전압에 도달하면 직렬 컨트롤러가 릴레이나 반도체 스위치 S1을 사용하여 모듈에서의 전력 공급을 중단시키고, 정해진 전압으로 떨어진 후에 다시 돌려놓는다. 그러면 충전 차단 전압 부근에서 지속적인 스위칭 작동이 발생하게 되어 결국에는 손실이 발생하게 되는데 이러한 단점을 해결하기 위해 지속적으로 조절되는 충전 조절기가 개발되었다.

다른 유형으로는 분로 조절기, 즉 병렬 컨트롤러가 있다. 병렬 컨트롤러는 충전 차단 전압에 도달했을 때 모듈에서의 전력 공급을 지속적으로 줄여주지만 모듈이 계속해서 파워를 생산하고 있기 때문에 모듈에서의 전력 공급의 불필요한 부분이 모듈의 단락 회로 전류로 사용된다. 이렇듯 병렬 컨트롤러는 PV 패널로부터 배터리로 충전되는 전류 흐름을 점차적으로 증가 혹은 감소시키는 방식을 사용하며, 이러한 조절 방식을 펄스폭 변조 제어 회로라고 한다.

충전 조절기의 마지막 유형으로는 최대 전력점 충전 조절기가 있다. 배터리 전압은 PV 특성 곡선에서의 동작점을 결정하기 때문에 PC 어레이는 최대 전력점에서 작동하지 않는 경우가 많으며, 직렬 충전 조절기와 병렬 충전 조절기는 사용 가능한 태양 에너지를 항상 최적으로 사용할 수 있도록 만들어주지 않는다. 이럴 경우에는 최대 전력점 추종 장치를 사용하여 방지할 수 있다. MPPT는 기본적으로 DC/DC 컨버터로 구성되어 있다. MPPT는 조절을 수행하는데 약 5분마다 PV 어레이의 전류/전압 특성 곡선을 따라가다 최대 전력점을 결정하고, 그 다음 PV 어레이에서 최적의 전력을 사용하여 배터리의 충전 전압으로 조절할 수 있도록 DC/DC 컨버터가 설정된다. 이때 주의해야 할 점은 MPPT는 200Wp 및 그 이상의 PV 어레이에서만 사용하는 것이 바람직하며 가격이 높은 편이기 때문에 500Wp 및 그 이상의 PV 어레이에서만 사용되고 있다는 점이다.

(4) 충전 조절기의 동작 원리

충전 조절기의 동작 원리는 충전 컨트롤러 블록 다이어그램을 통해 알아보자. 충전 조절기는 그림 2-61과 같이 DAY NIGHT 블록, PWM 블록, LOGIC 블록, LVD 블록으로 이루어져 있다.

각 블록의 역할을 하나씩 살펴보면, DAY NIGHT 블록은 일사량 또는 조도 센서에서 오는 센서 값 또는 PV 패널로 출력되어지는 전력을 검출하여 발전 전압이 배터리 전압보다 작은 경우 역방향으로, 즉 배터리로부터 PV 패널로 흐르는 전류를 차단하기 위한 회로 블록이다.

PWM 블록은 LOGIC 블록에서 검출된 신호에 따라 PV 패널로부터 오는 전력을 펄스폭 변조를 통하여 배터리에 충전시키거나 차단시키기 위한 블록이다.

LOGIC 블록은 배터리의 상태를 감시하여 그에 따른 신호 처리하는 회로로 구성되어 있다. LOGIC 블록은 배터리의 충전 상태를 모니터링하여 PWM 블록으로 PV 패널로부터 배터리로의 충전 제어 신호 처리를 하는 회로이며, 또한 배터리의 방전 상태를 모니터링하여 LVD(Low Voltage Disconnect) 블록으로 배터리로부터 부하로 방전 제어 신호 처리를 하는 회로이다.

LVD 블록은 logic 블록에서 검출된 신호에 따라 배터리로부터 부하로 흐르는 전류를 제어하는 블록으로 배터리의 과방전으로부터 보호하기 위한 회로이며 배터리의 방전 종지 전압에 가까워지면 부하로 흐르는 전류를 차단하는 역할을 한다.

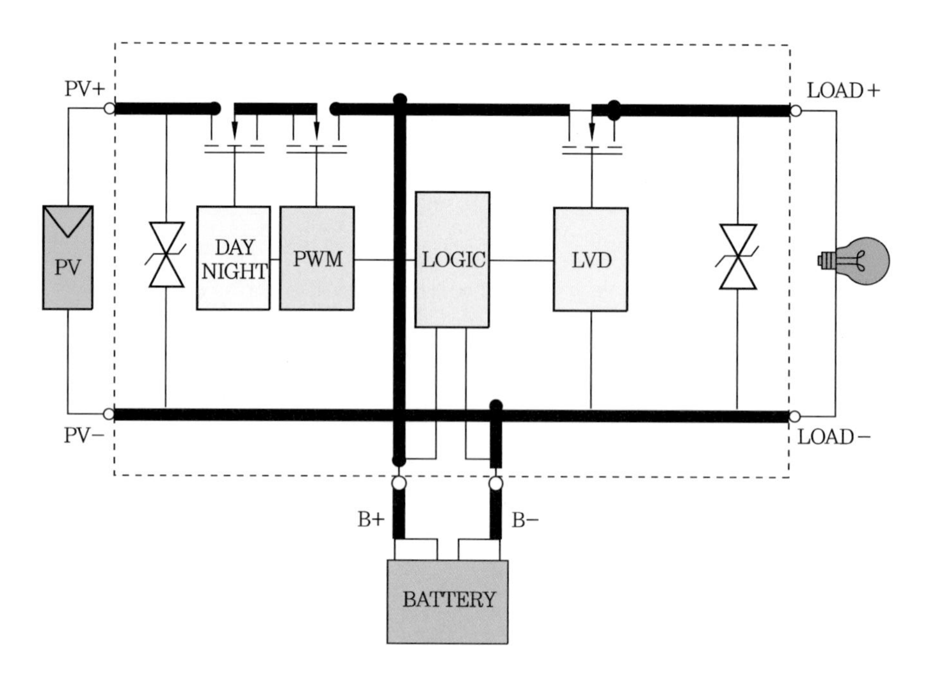

그림 2-61 **충전 조절기의 블록 다이어그램**

2 실습 방법

❶ 할로겐 광원 모듈(M03)과 태양 전지 모듈 B(M02)를 그림 2-62와 같이 모듈 장착 테이블에 약 30 cm 거리를 두고 수평으로 마주보도록 장착한다.

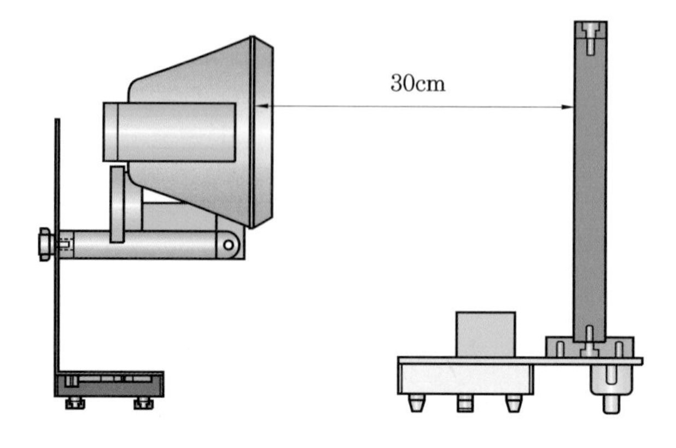

그림 2-62 **광원과 PV cell 배치**

❷ 교류 입력 터미널 모듈(M22)의 AC INPUT 단자에 power cable을 연결하고 AC 220V 콘센트에 연결한다.

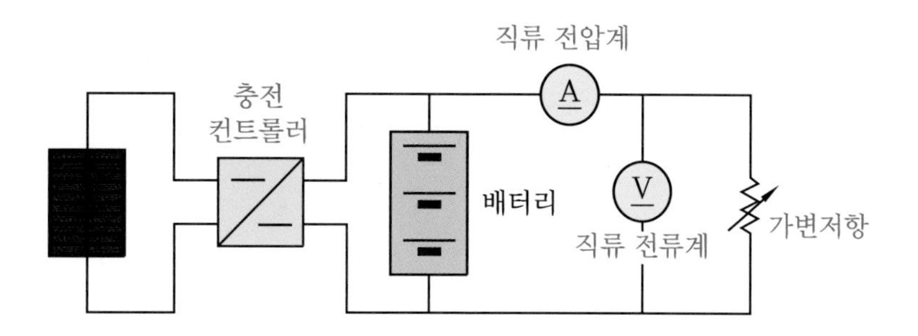

그림 2-63 **결선 회로도**

❸ 할로겐 광원 모듈(M03)의 케이블을 교류 입력 터미널 모듈(M22)의 L과 N 단자에 각각 1개씩 결선한다. 또한, 직류 전압계 모듈(M18), 직류 전류계 모듈(M19), 교류 전압계 모듈(M20)의 단자대의 전원 부분과 교류 입력 터미널 모듈(M22)의 L과 N 단자에 각각 1개씩 결선한다.

❹ 태양 전지 모듈 B의 터미널 단자는 2-직렬, 2-병렬로 연결하고, 충전 제어 모듈의 solar 단자에 태양 전기 모듈, battery 단자에 축전지 모듈을 연결한다.

❺ 가변 저항 모듈을 그림 2-64와 같이 결선을 하고 저항값을 약 10Ω으로 맞춘다(전체의 1/5 정도로 맞춤).

❻ 충전 컨트롤러의 DC load 단자에 직류 전압계 모듈과 직류 전류계 모듈의 측정 터미널 단자에 극성에 맞게 결선한다.

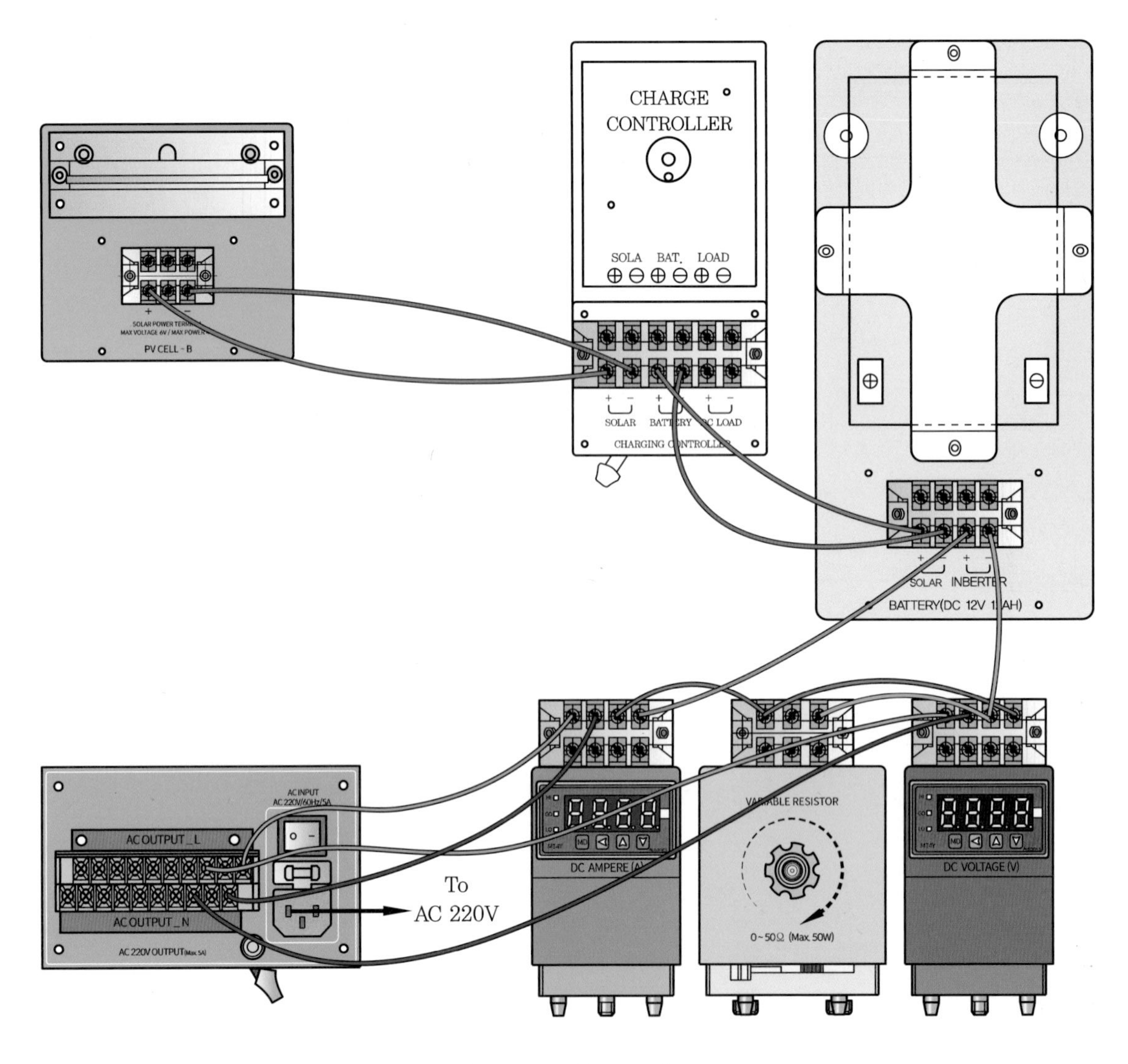

그림 2-64 **실무 결선도**

3 결과 및 고찰

1. 위 [실습 방법]의 결과를 각 단계별로 측정하여 표에 기록하시오.

표 2-17 **복사 조도에 충전 컨트롤러 특성 측정**

광량 (%)	충전 컨트롤러			LED 점등				
	구분	입력	출력	녹색	<75%	25~75%	>25%	적색
10	V[V]							
	I[mA]							
	P[W]							
20	V[V]							
	I[mA]							
	P[W]							
30	V[V]							
	I[mA]							
	P[W]							
40	V[V]							
	I[mA]							
	P[W]							
50	V[V]							
	I[mA]							
	P[W]							
60	V[V]							
	I[mA]							
	P[W]							
70	V[V]							
	I[mA]							
	P[W]							
80	V[V]							
	I[mA]							
	P[W]							
90	V[V]							
	I[mA]							
	P[W]							
100	V[V]							
	I[mA]							
	P[W]							

2. 표 2-17의 데이터를 그림 2-65의 그래프에 복사 조도에 따른 충전 컨트롤러의 입출력 특성 곡선을 색을 달리하여 나타내시오.

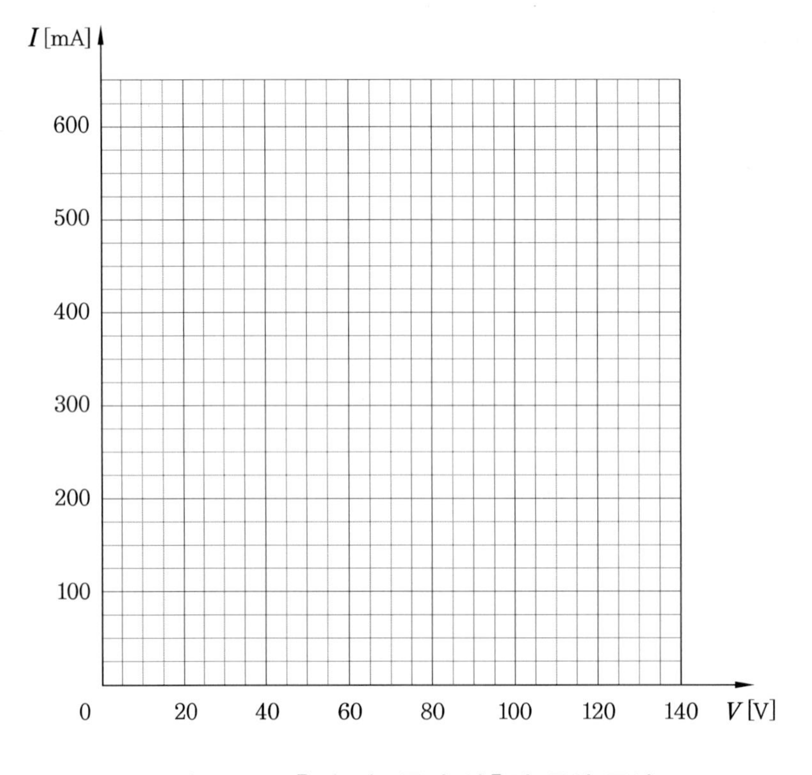

그림 2-65 **충전 컨트롤러 입출력 특성 곡선**

3. 충전 컨트롤러에 입출력 특성을 설명하시오.

4. 완전 충전 상태에서의 컨트롤러를 거쳐 축전지 모듈로 입력되는 충전 전류와 충전 전압의 상태는 얼마인가?

5. 위 실험의 결과를 각 단계별로 측정하여 표 2-18에 기록하시오.

표 2-18 **복사 조도에 따른 배터리 충·방전 $V-I$ 특성**

광량 (%)	태양 전지 모듈		충전 제어 모듈		DC 부하 모듈		비고
	V[V]	I[mA]	V[V]	I[mA]	V[V]	I[mA]	
10							
20							
30							
40							
50							
60							
70							
80							
90							
100							

6. 복사 조도에 따른 배터리 충·반전 전압-전류 특성에 대한 표 2-18의 기록을 그래프에 그리시오.

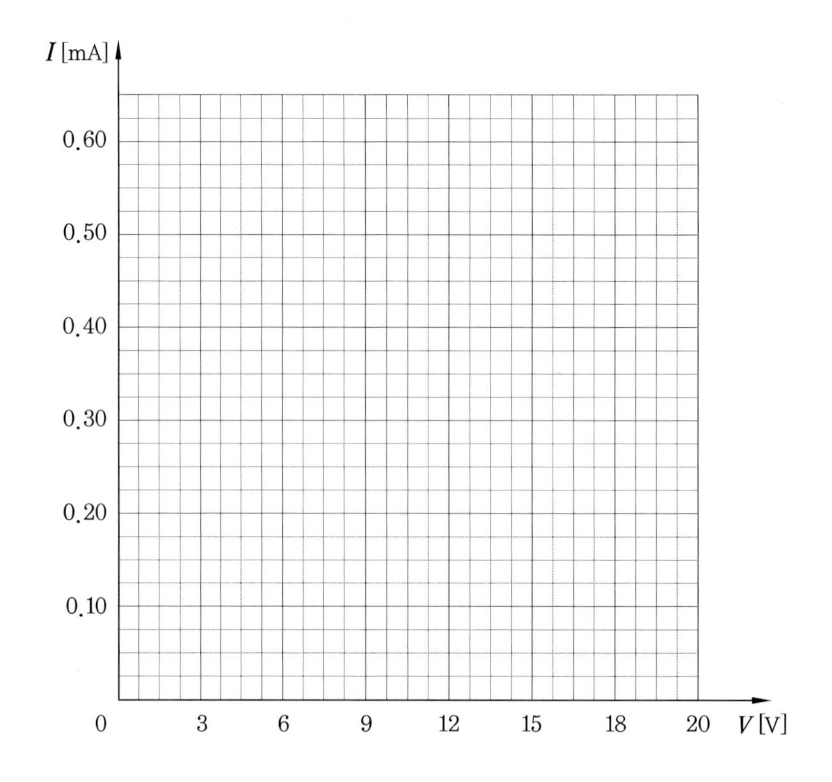

그림 2-66 **복사 조도에 따른 배터리 충·방전 $V-I$ 특성**

7. 배터리의 방전 특성을 설명하시오.

8. 솔라 모듈에서 충전 컨트롤러를 통해 배터리에 충전과 동시에 DC 부하 실습 장치로 부하에서 방전이 이루어질 때 조도에 의한 변화가 어떤 영향을 주는지 설명하시오.

2-15 축전지 과충·방전 방지 및 사용량 표시 회로 구성

실습 목적	충전 컨트롤러의 원리를 이해하고 배터리와의 결선을 통해 입력과 출력의 특성을 측정한다. 축전지 사용량 표시 및 과충·방전 방지 회로를 구성하여 결선할 수 있고 입출력에 따른 특성을 측정할 수 있다.
사용 기기	• 오실로스코프 • 직류 전원 공급 장치 • 브레이드 보드 • IC LM324 • 정전압 다이오드(5.1V) • 저항 1kΩ 4개, 7kΩ 1개, 10kΩ 1개 • 저항 470Ω 1개 • 저항 150Ω 3개 • LED 적색 4개
안전 및 유의 사항	1. 광원으로 사용되는 할로겐램프는 점등 시 보호 케이스 및 강화 유리 부분에 고온이 되므로 화상과 강한 빛을 발생하므로 쳐다 볼 경우 눈에 손상이 갈 수 있으니 주의한다. 2. 올바른 동작을 확실하게 하려면 모든 전자적 모듈 구성 요소를 정확한 극성으로 연결한다. 3. 할로겐램프의 광량과 빛의 주파수 대역 차이에 따라 이론적인 결과와 차이가 있을 수 있다. 또한, 야외 실습 시 환경 조건에 따라 실습 결과의 차이를 가져올 수 있다. 4. 실습이 끝난 태양광 모듈도 표면 온도가 상승되어 있으므로 만지지 않으며, 화상에 주의한다.
실습 회로도	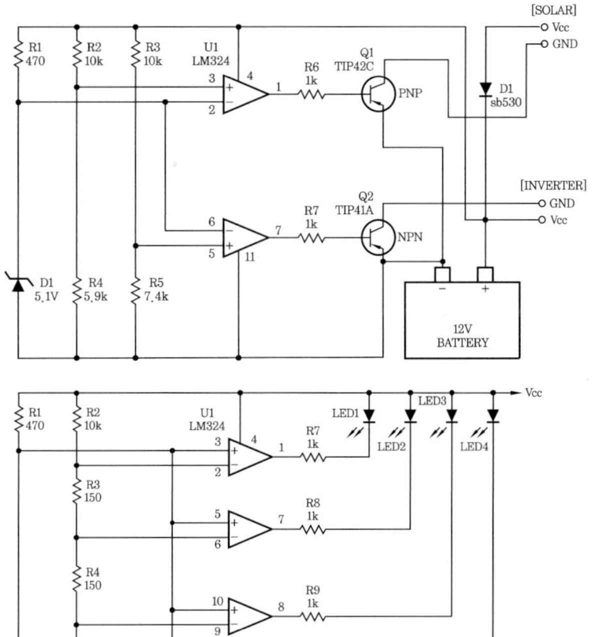 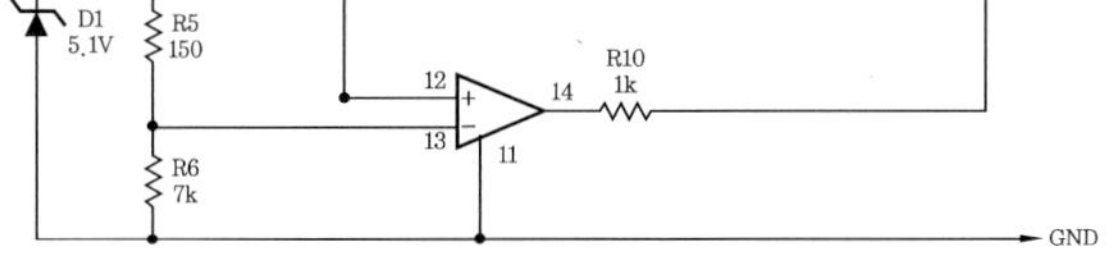

1 관련 이론

(1) 배터리(축전지, storage battery)의 정의

축전지란 두 가지의 전극(양극과 음극)을 전해액에 잠기게 하여 각 전극의 활물질(active materal)과 전해액이 갖는 화학 에너지(chemical energy)를 전기 에너지(electrical energy)로 변환시켜 양극과 음극을 연결한 외부 회로에서 전기적 에너지를 발생시킬 수 있는 능력을 지닌 것을 일컫는다.

전지가 전기적인 일을 하게 되면, 전지의 전압은 계속 낮아지고 결국 외부에서 전하를 이동시킬 수 없을 때까지 이르게 된다. 이때 폐기하게 되는 전지를 1차 전지라고 하고, 거꾸로 전하를 흘려주는 작업, 즉 다시 전지를 충전하여 사용할 수 있는 전지를 2차 전지라 한다. 충전 시에는 방전 반응과는 반대의 반응이 진행되어 전지 본래의 화학적 상태로 되돌아가기 때문에 재사용이 가능하다.

(2) 납 배터리(연축전지)의 충·방전

묽은 황산 속에 과산화연(PbO_2)과 해면상연(Pb)을 전해액(묽은 황산 : 38%, 비중 : 1.280) 속에 담구면 이온화 경향이 큰 금속인 해면상연은 음극이 되고, 이온화 경향이 적은 과산화연은 양극이 되어 화학 반응에 의해 약 2V의 기전력이 발생된다.

$$PbO_2 + 2H_2SO_4 + Pb \rightleftharpoons PbSO_4 + 2H_2O + PbSO_4$$

① 방전(discharge)

화학 에너지를 전기 에너지로 변환되는 과정을 말하며, 양극판의 과산화연(PbO_2)과 음극판의 해면상연(Pb)은 황산연($PbSO_4$)으로 변하고 전해액인 묽은 황산은 극판의 활물질과 반응하여 물로 변하여 비중이 떨어진다. 그리고 양극판과 음극판이 동일 물질(황산연)로 변하게 되어 기전력이 발생치 않게 되므로 전압도 저하된다. 즉, 방전이라 함은 배터리에 저장되어 있던 전기 에너지를 빼내어 쓰는 것을 의미한다.

② 충전(charge)

전기 에너지를 충전기를 사용하여 화학 에너지로 변환시키는 과정을 말하며, 방전의 역반응이다. 양극과 음극의 황산연은 전기 에너지에 의해 각각 과산화연(PbO_2)과 해면상연(Pb)으로 변하고 전해액은 극판의 활물질과 반응하여 비중이 규정치까지 증가되고, 기전력도 발생한다.

③ 정전류 충전

전류(A)를 일정하게 설정하여 충전하는 방식으로 충전이 진행됨에 따라 배터리의 전압이 상승한다. 충전 전류와 충전 시간의 정확한 관리가 되지 않으면 배터리가 과충전되므로 충전 완료를 확인하고 끄는데 특별한 주의를 요한다.

㈎ 충전 효율이 급속 충전법에 비하여 좋다.

㈏ 충전 전류 : 배터리의 20HR 용량(AH)의 1/10~1/20
(단, 야간 충전 시에는 가급적으로 1/20 전류를 선택하는 것이 바람직하다.)

㈐ 충전 시간 : [방전량(AH)÷충전 전류(A)]×1.2~1.5 (충전 여유율)

㈑ 전압별 충전율(SOC) (%)

전압(OCV)	충전율(SOC)
12.50~12.59 V	70 %
12.40~12.49 V	60 %
12.30~12.39 V	50 %
12.20~12.29 V	40 %
12.10~12.19 V	30 %
12.00~12.09 V	20 %
11.90~11.99 V	10 %
약 11.90 V 이하	완전 방전

(3) 충전 컨트롤러의 축전지 과충·방전 방지 회로

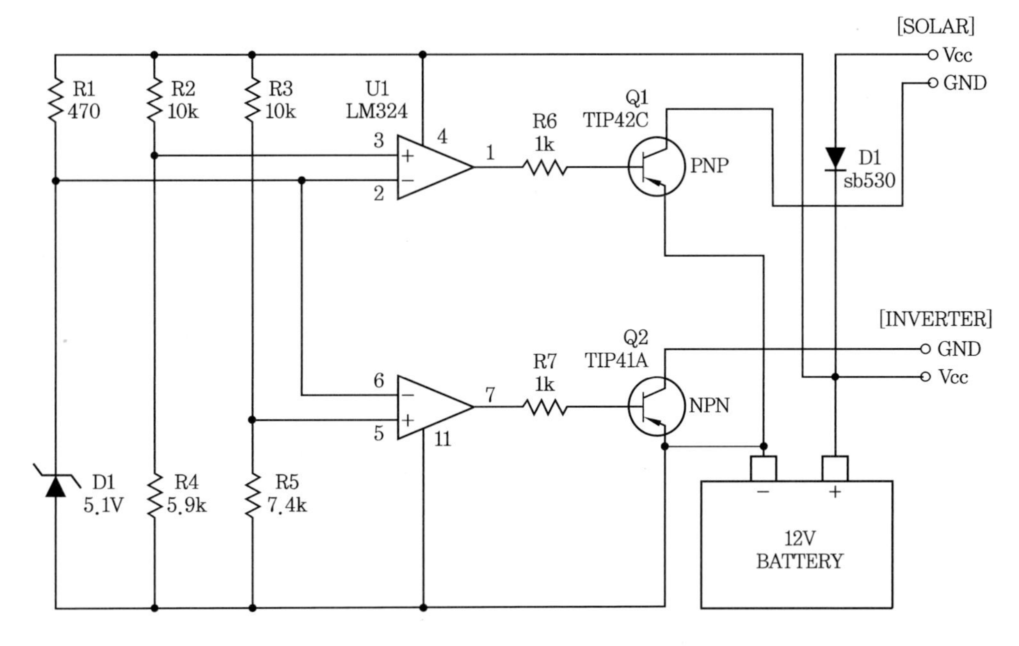

그림 2-67 **축전지 과충·방전 방지 회로**

① R4 : 5.9K / (5.9K+10K)=0.371이므로 0.371×13.7V 이상=5.1198V
D1(5.1V) 값보다 커지므로 1번 핀이 high가 되고 PNP형인
Q1의 C와 E는 OFF

② R5 : 7.4K / (7.4K+10K)=0.425이므로 0.425×12V 이하=5.1036V
D1(5.1V) 값보다 작아지므로 7번 핀이 low가 되고 NPN형인
Q2의 C와 E는 OFF

(4) 충전 컨트롤러의 축전지 사용량 표시 회로

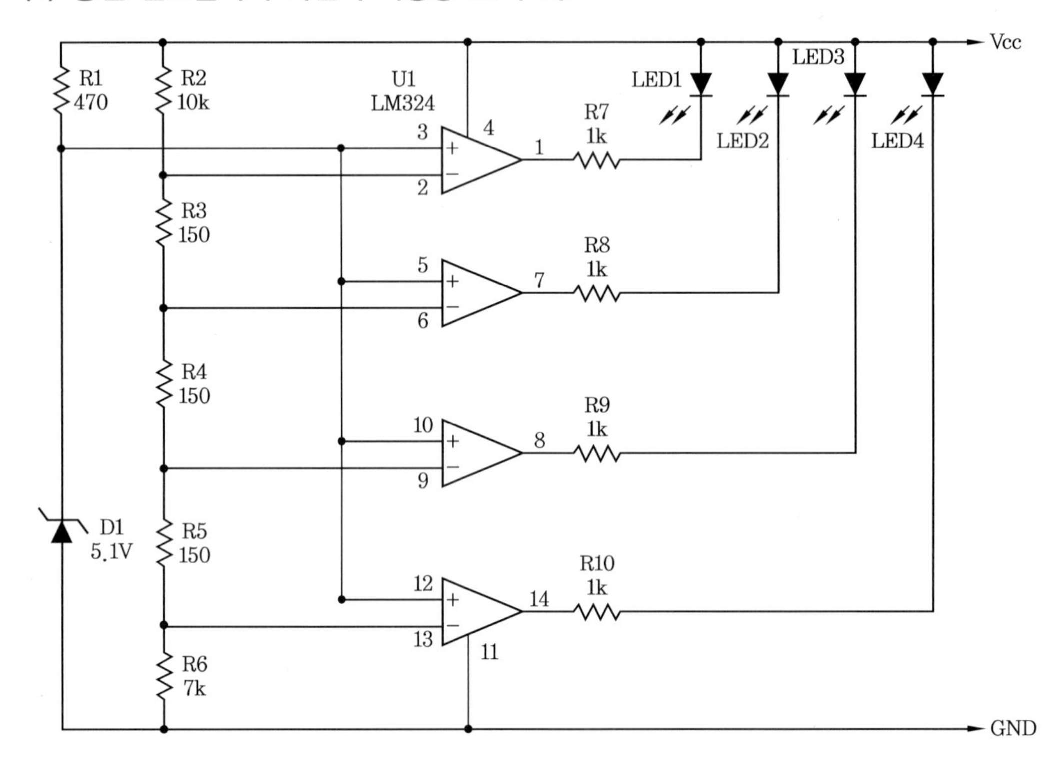

그림 2-68 **축전지 사용량 표시 회로**

① LED1 : 7.45K/(7K+150+150+150+10K)=0.42693
0.42693×12.0V 이상=5.1V 이상 → LED1 ON

② LED2 : 7.30K/(7K+150+150+150+10K)=0.41834
0.41834×12.2V 이상=5.1V 이상 → LED2 ON

③ LED3 : 7.15K/(7K+150+150+150+10K)=0.40974
0.40974×12.5V 이상=5.1V 이상 → LED3 ON

④ LED4 : 7K/(7K+150+150+150+10K)=0.401146
0.401146×12.8V 이상=5.1V 이상 → LED4 ON

2 실습 방법

❶ 그림 2-67의 축전지 과충·방전 방지 회로도를 보고 그림 2-69의 브레이드 보드에 IC LM324를 꽂은 후 전원을 연결한다.

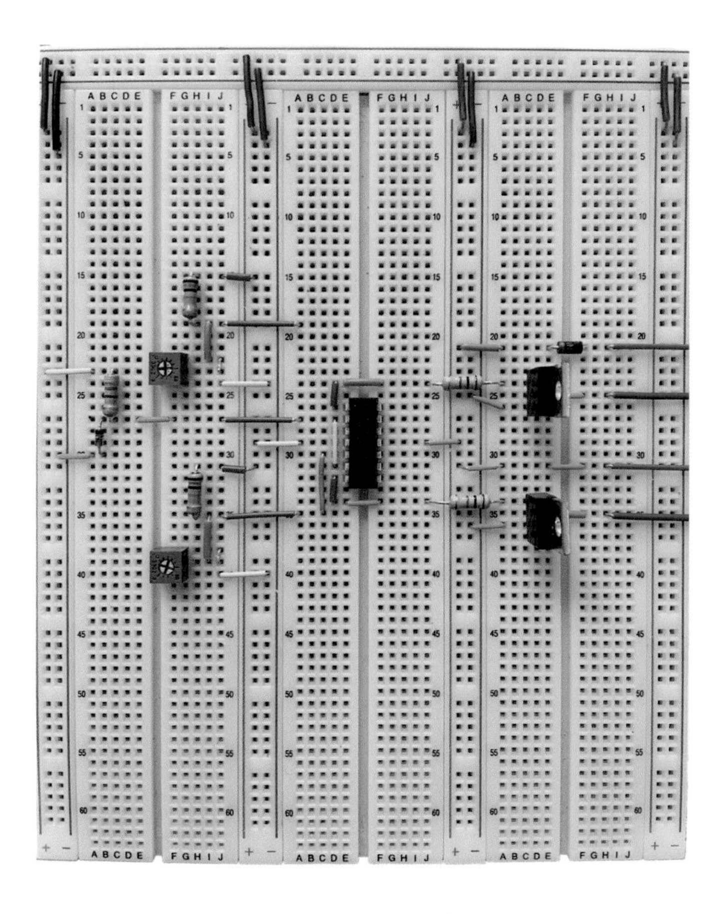

그림 2-69 **실무 결선도**

❷ 회로도를 보고 각각의 저항을 삽입한 후 점퍼선을 이용하여 회로를 결선한다.

❸ 각각의 가변 저항을 5.9kΩ과 7.4kΩ으로 돌려서 저항값을 변경하고, LM324 IC의 3번과 5번 핀에 연결한다.

❹ LM 324 IC의 1번과 7번 핀을 저항과 연결하고 트랜지스터 Q1과 Q2에 결선 후 각각 배터리, 솔라 모듈, 인버터에 접속 후 측정을 한다.

❺ 그림 2-68의 축전지 사용량 표시 회로도를 보고 ❶과 같이 그림 2-69의 브레이드 보드에 IC LM324를 꽂은 후 전원(4핀 Vcc와 11핀 GND)을 연결한다.

❻ 저항 470Ω과 정전압 다이오드(ZD 5.1V)를 직렬로 연결하고, 저항 10kΩ과 150Ω, 7kΩ을 서로 직렬로 연결한 후 저항 470Ω과 정전압 다이오드와 병렬로 연결한다.

❼ R2와 R3의 사이를 LM324 IC의 2번 핀에 연결하고, R3와 R4 사이를 6번 핀에 연결, R4와 R5 사이를 9번 핀에 연결, R5와 R6의 사이를 13번 핀에 연결한다.

❽ LM324 IC의 출력인 1번, 7번, 8번, 14번 핀을 저항 1kΩ과 연결한 후 각각의 축전지 사용량 표시인 LED1, LED2, LED3, LED4에 연결한다.

❾ 축전지의 전원을 연결하기 전 회로 내의 +와 −가 합선이 되지 않도록 점검한 후 전원을 연결한다.

3 결과 및 고찰

1. 그림 2-67의 축전지 과충·방전 방지 회로를 보고 다음의 결과를 각 단계별로 측정하여 표 2-19에 기록하시오.

표 2-19 **축전지 과충·방전 방지 회로 특성**

측정값	V_{R4}	V_{R5}	$V_{1번핀}$	$V_{7번핀}$
V[V]				

2. 축전지 과충·방전 방지 회로의 인버터에 연결되는 Q1과 Q2의 트랜지스터가 ON, OFF되는지 확인하시오.

3. 그림 2-68의 축전지 사용량 표시 회로를 보고 다음의 결과를 각 단계별로 측정하여 표 2-20에 기록하시오.

표 2-20 **축전지 사용량 표시 회로 특성**

사용량 표시	LED1	LED2	LED3	LED4
ON/OFF				
축전지(ON)일 때 V[V]				

4. 그림 2-68의 축전지 사용량 표시 회로에서 LM 324 IC의 1번, 7번, 8번, 14핀의 출력이 high와 low 상태가 되는 것을 확인하시오.

2-16 태양광 발전 구형파 인버터 회로 구성

실습 목적	태양광 발전 인버터의 원리를 이해하고 배터리와의 결선을 통해 입력과 출력의 특성을 측정한다.
사용 기기	• 오실로스코프 • 직류 전원 공급 장치 • 브레이드 보드 • IC NE555 • 가변 저항 50kΩ • 저항 10kΩ 1개, 100kΩ 1개, 100Ω 1개 • 트랜지스터 41A, 42C 각 1개 • 콘덴서 0.1uF 2개, 0.01uF 1개, 2700uF 1개 • 코일 1uH 1개, 트랜스 1개
안전 및 유의 사항	1. 광원으로 사용되는 할로겐램프는 점등 시 보호 케이스 및 강화 유리 부분에 고온이 되므로 화상과 강한 빛을 발생하므로 쳐다 볼 경우 눈에 손상이 갈 수 있으니 주의한다. 2. 올바른 동작을 확실하게 하려면 모든 전자적 모듈 구성 요소를 정확한 극성으로 연결한다. 3. 할로겐램프의 광량과 빛의 주파수 대역 차이에 따라 이론적인 결과와 차이가 있을 수 있다. 또한, 야외 실습 시 환경 조건에 따라 실습 결과의 차이를 가져올 수 있다. 4. 실습이 끝난 태양광 모듈도 표면 온도가 상승되어 있으므로 만지지 않으며, 화상에 주의한다.
실습 회로도	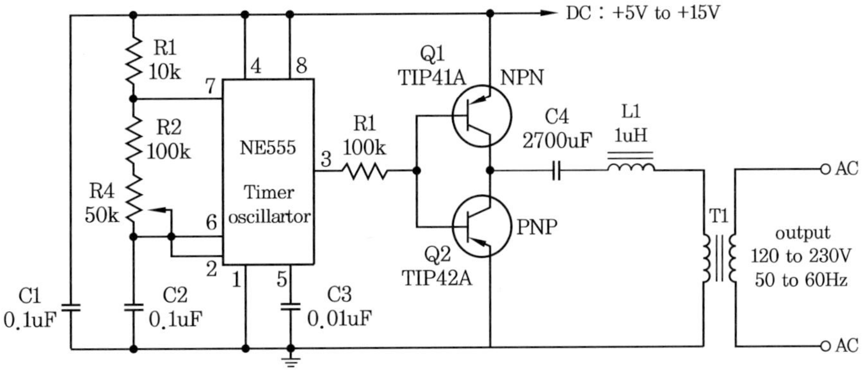 DC : +5V to +15V R1 10k, R2 100k, R4 50k, C1 0.1uF, C2 0.1uF, C3 0.01uF NE555 Timer oscillartor (4, 8, 7, 6, 2, 1, 5, 3) R1 100k Q1 TIP41A NPN, Q2 TIP42A PNP C4 2700uF, L1 1uH, T1 AC, output 120 to 230V 50 to 60Hz, AC

1 관련 이론

(1) 인버터의 개요

인버터란 직류를 교류로 변환하는 전력 변환 장치로서 DC 전력을 AC 전력으로 변환하여 교류 부하에 공급하고 용도에 따라 계통형 인버터와 독립형 인버터로 나눌 수 있다. 대략적으로 살펴보면 계통형 인버터는 grid-tie형이라고 하며 인버터에서 발생한 전기를 전력회사의 전력 계통에 연결하여 사용할 수 있도록 된 것으로 태양광 발전으로 전기를 공급받지 못할 경우 기존의 전력 계통으로부터 공급 받을 수 있으며, 남는 전기는 전력회사의 전력 계통에 공급할 수 있다. 그렇기 때문에 계통형 인버터를 사용하는 시스템의 경우 태양 전지로부터 직접 전력 변환을 하기에 배터리가 필요하지 않다.

독립형 인버터는 전력회사의 전력 계통에 연결하지 않고 독립적으로 사용할 수 있도록 된 것으로 태양 전지로부터 배터리에 충전을 하고 그 직류 전원을 전력 변환하여 교류 부하에 사용할 수 있도록 되어 있다.

(2) 독립형(stand alone) 인버터

① 독립형 인버터의 개요

PV 독립형 시스템에서는 직류를 사용하는 많은 부하 작동과 배터리에 의해 저장이 이루어진다. 기존 220V AC 부하를 사용하기 위해 DC 그리드에서 독립형 인버터가 사용되고, 일부 인버터는 통합식 충전 조절기가 통합되어 있기도 한다. 독립형 인버터의 목적은 넓은 범위의 부하를 사용할 수 있도록 만드는 것이다. 이 범위는 가전 기기 등의 제작 도구에서부터 통신 기술 산업에서의 민감한 전자 장치에 이르기까지 다양하다.

② 독립형 인버터의 필수 요건

독립형 인버터는 다음과 같은 필수 요건을 갖는다. 우선, 안정적인 전압과 주파수를 갖는 교류와 부분 부하 범위에서도 매우 우수한 변환 효율이 있어야 한다. 또한 스위치-온 및 시동 시퀀스에서의 높은 과부하 용량과 배터리 전압 변동에 대한 허용 오차, 자동 부하 감지와 경제적인 스탠바이(standby) 상태를 필요로 한다. 그리고 출력 측 쇼트-회로 손상으로부터의 보호가 있어야 하며, 높은 전자 환경 적합성과 낮은 하모닉 콘텐츠가 필수적으로 필요하다. 그리고 서지 전압이 보호되어야 하며, 양방향 작동, 즉 필요 시 배터리를 AC 제너레이터 쪽에서 충전할 수 있도록 AC와 DC의 변환이 가능해야 한다.

③ 출력 파형에 따른 분류

㈎ 순수 사인파 인버터

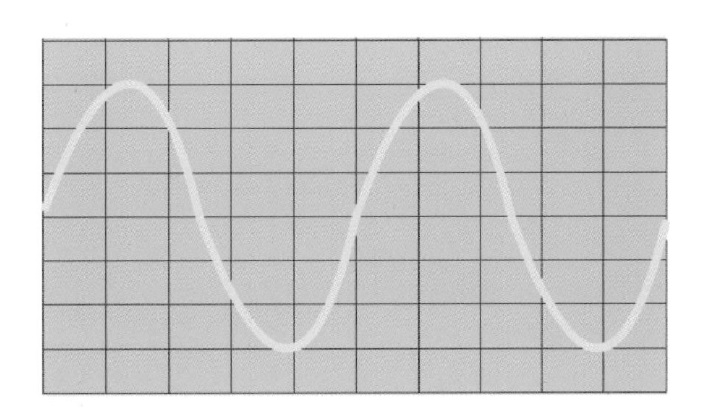

그림 2-70 **순수 정현파 출력 파형**

사인파라 불리는 순수 정현파 인버터는 출력 파형이 일반 가정에 공급되어 있는 상용 전원 파형과 같으며 사용하는 부하 기기에 제한이 없다. 독립형 발전용 전원 시스템이나, 정밀한 정현파(사인파) 형태를 필요로 하는 측정 기기, 의료 기기, 통신 장비, 음향 기기 등에 사용하며, 이 장치는 펄스폭 변조(PWM : Pulse Width Modulation)의 원리로 작동한다.

그렇기 때문에 민감한 전자 장비를 작동시킬 때 사용하기에 적합하다. 사인파 인버터는 회로가 훨씬 더 복잡하기 때문에 구형파 인버터보다 가격이 비싼 편이다.

㈏ 유사 정현파 인버터

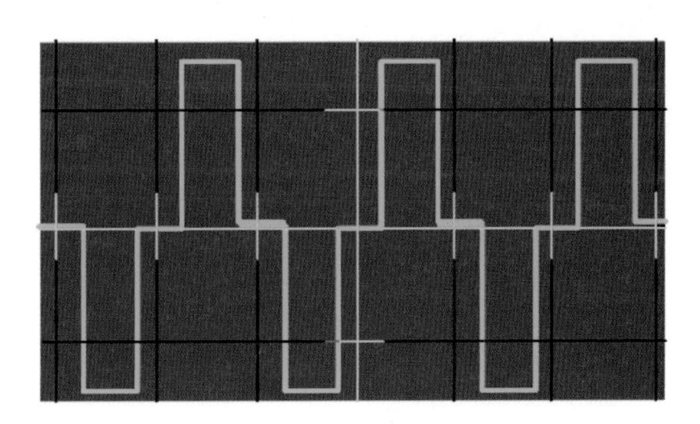

그림 2-71 **유사 정현파 출력 파형**

유사 정현파 인버터는 사인파 인버터의 요건을 거의 대부분 충족시키지만 전부를 충족시키는 것은 아니다. 사인파 인버터에 요구되는 복잡한 전자 공학 분야가 많이 발전되고 있기 때문에 대다수의 제조업체들은 사인파 인버터로 교체하고 있는 실정이다.

유사 사인파 인버터를 사용하는 경우에는 애플리케이션이 인버터 매뉴얼에 명시되어 있지 않는 한, 제조업체의 특정 애플리케이션에 대한 적합성을 확인해야 한다.

㈐ 구형파 인버터

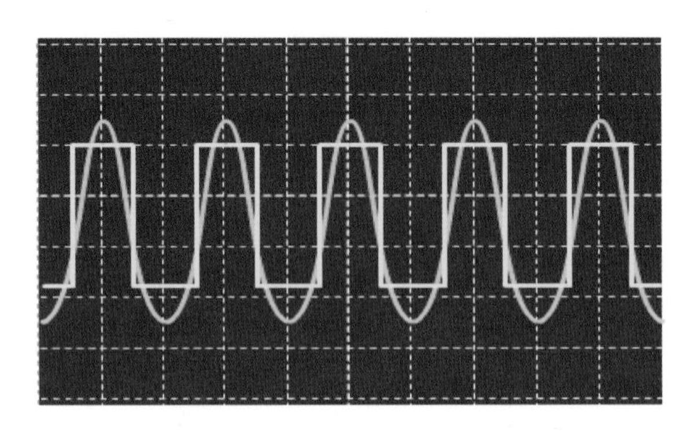

그림 2-72 **구형파 출력 파형**

구형파 인버터는 매우 일반적으로 사용되며 가격 또한 저렴하다. 구형파 특성으로 직류가 60Hz의 교류로 전환되며 변압기를 통해 220V의 전압까지 높아진다. 이 인버터는 효율이 매우 낮으며 별로 권장되지 않는데 그 이유는 민감한 장비의 경우에는 손상을 입을 수도 있기 때문이다.

2 실습 방법

❶ 그림 2-73의 구형파 인버터 회로도를 보고 그림 2-74의 브레이드 보드에 타이머 IC NE555를 꽂은 후 전원을 연결한다.

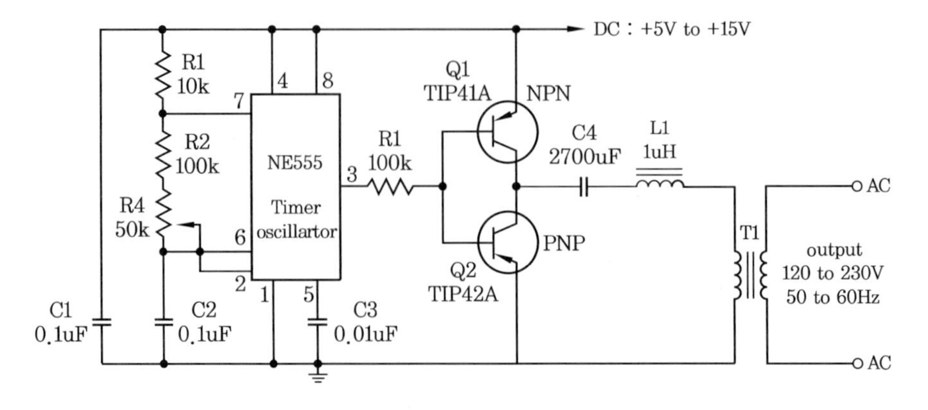

그림 2-73 **구형파 인버터 회로**

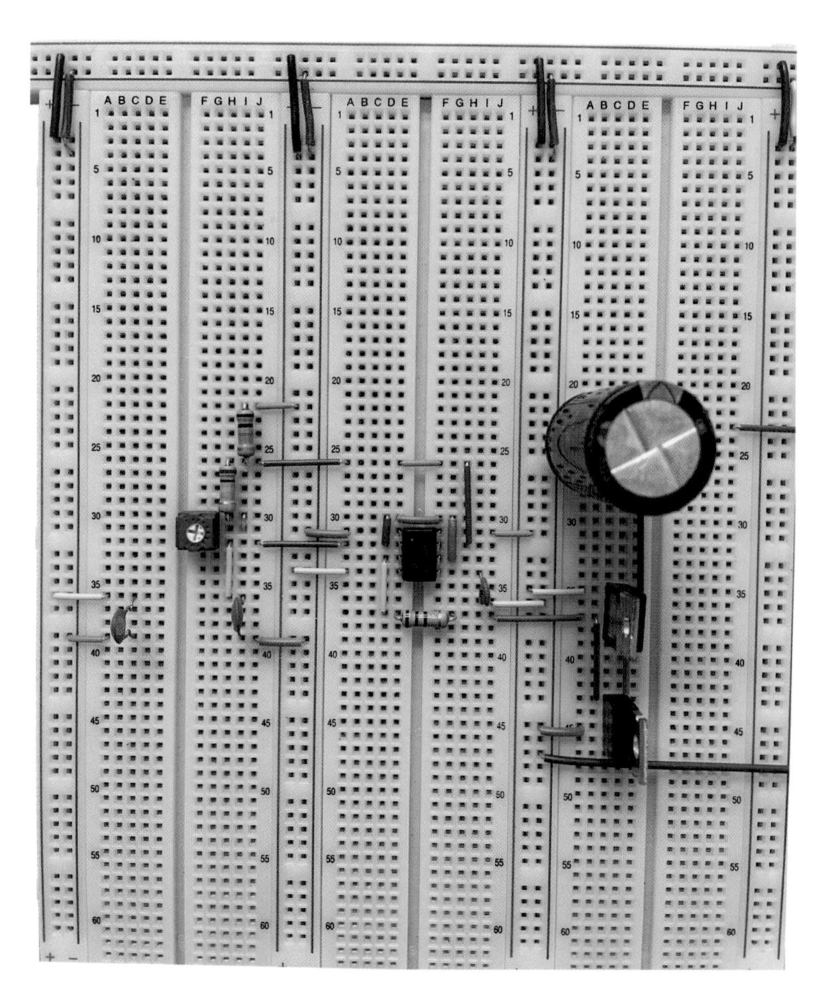

그림 2-74 **실무 결선도**

❷ 회로도를 보고 각각의 저항을 삽입한 후 점퍼선을 이용하여 회로를 결선한다.

❸ 가변 저항을 50kΩ과 10kΩ, 100kΩ, 0.1uF을 직렬로 연결하고, 타이머 IC의 7번 핀, 6번 핀, 2번 핀에 연결한다.

❹ 타이머 IC의 출력인 3번 핀에 오실로스코프를 설치한 후 측정 단자를 대고 출력 파형을 측정한다.

❺ 트랜지스터 Q1과 Q2를 연결하고 콘덴서 2700uF과 코일 1uH를 직렬로 연결한 후 트랜스(변압기)와 연결하여 출력 단자를 교류 전압계를 가지고 측정한다.

❻ 입력 Vcc와 GND에 직류 전원 공급기를 연결하고, AC 단자에 220V가 출력되는지 확인한다.

3 결과 및 고찰

1. 그림 2-73의 구형파 인버터 회로를 보고 타이머 IC의 3번 핀에서 구형파가 나오는지 오실로스코프로 확인하고, 출력 파형이 60Hz가 되도록 가변 저항 50k를 조절하여 맞춘 후 표 2-21에 그리시오.

표 2-21 **인버터의 입출력 파형**

상태	입력	출력
파형		

2. 그림 2-73의 구형파 인버터 회로에서 AC 출력 부분에 교류 전압계를 연결한 후 입력의 직류 전원 공급기의 DC 전압을 5~30V까지 변화함에 따라 변화되는 교류 전압을 측정하여 표 2-22에 기록하시오.

표 2-22 **트랜스 출력 전압(AC)**

직류 전압	5	10	15	20
교류 전압 (V)				

2-17 독립형 인버터 무부하 특성

실습 목적	인버터의 원리를 이해하고 배터리와의 결선을 통해 입력과 출력의 특성을 측정한다. 독립형 태양광 발전 시스템을 구성하여 결선할 수 있고 입출력에 따른 특성을 측정할 수 있다.
사용 기기	• 태양 전지 모듈 – B (M02) • 할로겐 광원 모듈 (M03) • 충전 컨트롤러 모듈 (M05) • 배터리 모듈 (M06) • 독립형 인버터 모듈 (M07) • 직류 전압계 모듈 (M18) • 직류 전류계 모듈 (M19) • 교류 전압계 모듈 (M20) • 교류 입력 터미널 모듈 (M22)
안전 및 유의 사항	1. 광원으로 사용되는 할로겐램프는 점등 시 보호 케이스 및 강화 유리 부분에 고온이 되므로 화상과 강한 빛을 발생하므로 쳐다 볼 경우 눈에 손상이 갈 수 있으니 주의한다. 2. 올바른 동작을 확실하게 하려면 모든 전자적 모듈 구성 요소를 정확한 극성으로 연결한다. 3. 할로겐램프의 광량과 빛의 주파수 대역 차이에 따라 이론적인 결과와 차이가 있을 수 있다. 또한, 야외 실습 시 환경 조건에 따라 실습 결과의 차이를 가져올 수 있다. 4. 실습이 끝난 태양광 모듈도 표면 온도가 상승되어 있으므로 만지지 않으며, 화상에 주의한다.
실습 회로도	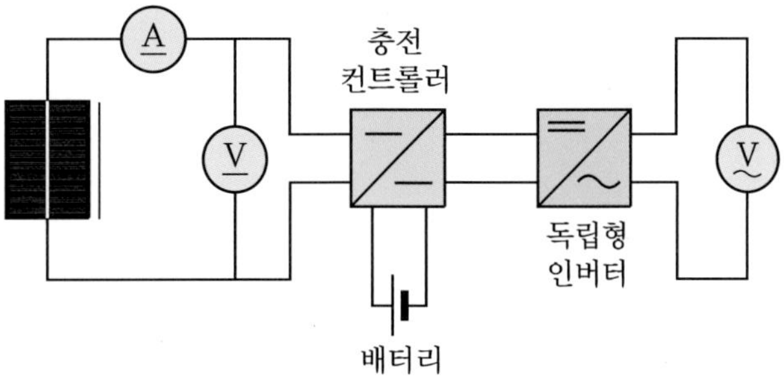 A V 충전 컨트롤러 독립형 인버터 배터리 V

1 관련 이론

PV 독립형 시스템에서는 직류를 사용하는 많은 부하 작동과 배터리에 의해 저장이 이루어진다. 기존 220V AC 부하를 사용하기 위해 DC 그리드에서 독립형 인버터가 사용된다. 일부 인버터는 통합식 충전 조절기가 통합되어 있기도 한다.

독립형 인버터의 목적은 넓은 범위의 부하를 사용할 수 있도록 만드는 것이다. 이 범위는 가전 기기 등의 제작 도구에서부터 통신 기술 산업에서의 민감한 전자 장치에 이르기까지 다양하다.

독립형 인버터에는 다음과 같은 요건이 필요하다.

① 안정적인 전압과 주파수를 갖는 교류

② 매우 우수한 변환 효율, 부분 부하 범위

③ 스위치-온 및 시동 시퀀스에서의 높은 과부하 용량

④ 배터리 전압 변동에 대한 허용 오차

⑤ 자동 부하 감지와 경제적인 스탠바이(stand by) 상태

⑥ 출력 쪽 쇼트-회로 손상으로부터의 보호

⑦ 높은 전자 환경 적합성(EMI)

⑧ 낮은 하모닉 콘텐츠(harmonic content)

⑨ 서지 전압 보호

⑩ 양방향 작동(필요 시 배터리를 AC 제너레이터 쪽에서 충전할 수 있도록 AC와 DC의 변환이 가능)

2 실습 방법

❶ 할로겐 광원 모듈(M03)과 태양 전지 모듈 B(M02)를 그림 2-75와 같이 모듈 장착 테이블에 약 30 cm 거리를 두고 수평으로 마주보도록 장착한다.

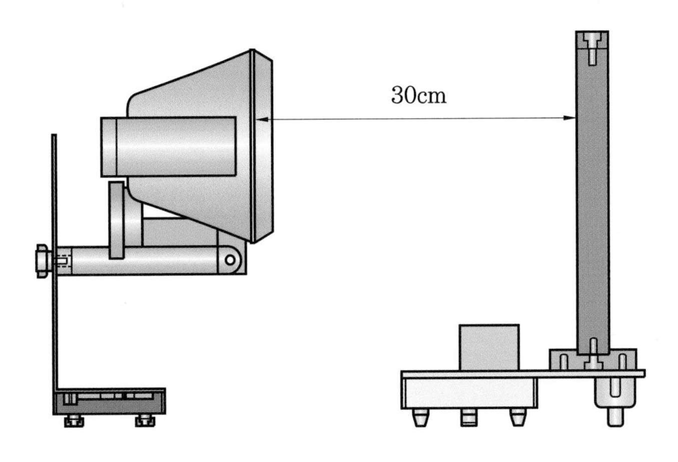

그림 2-75 **광원과 PV cell 배치**

❷ 교류 입력 터미널 모듈(M22)의 AC INPUT 단자에 power cable을 연결하고 AC 220V 콘센트에 연결한다.

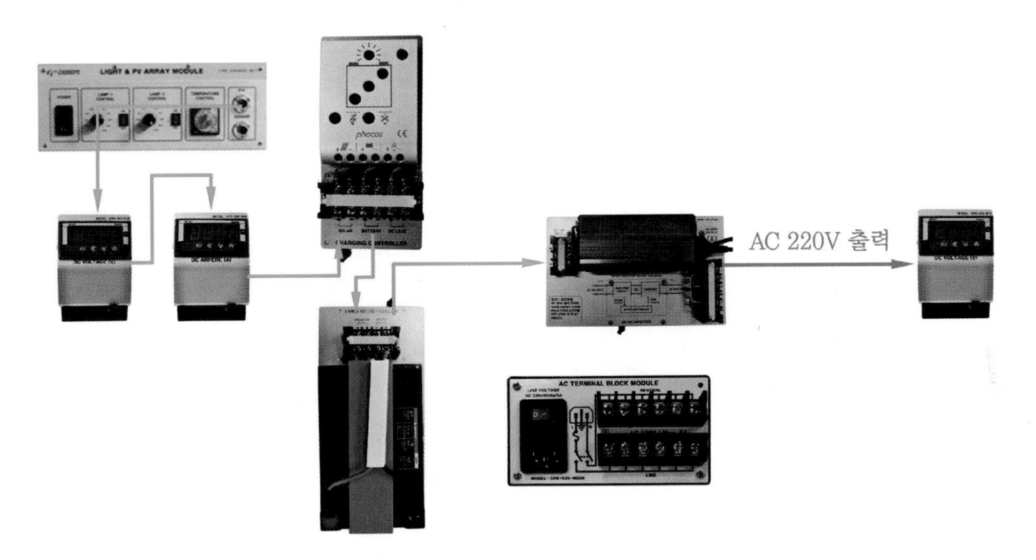

그림 2-76 **실무 배치도**

❸ 할로겐 광원 모듈(M03)의 케이블을 교류 입력 터미널 모듈(M22)의 L과 N 단자에 각각 1개씩 결선한다. 또한, 직류 전압계 모듈(M18), 직류 전류계 모듈(M19), 교류 전압계 모듈(M20)의 단자대의 전원 부분과 교류 입력 터미널 모듈(M22)의 L과 N 단자에 각각 1개씩 결선한다.

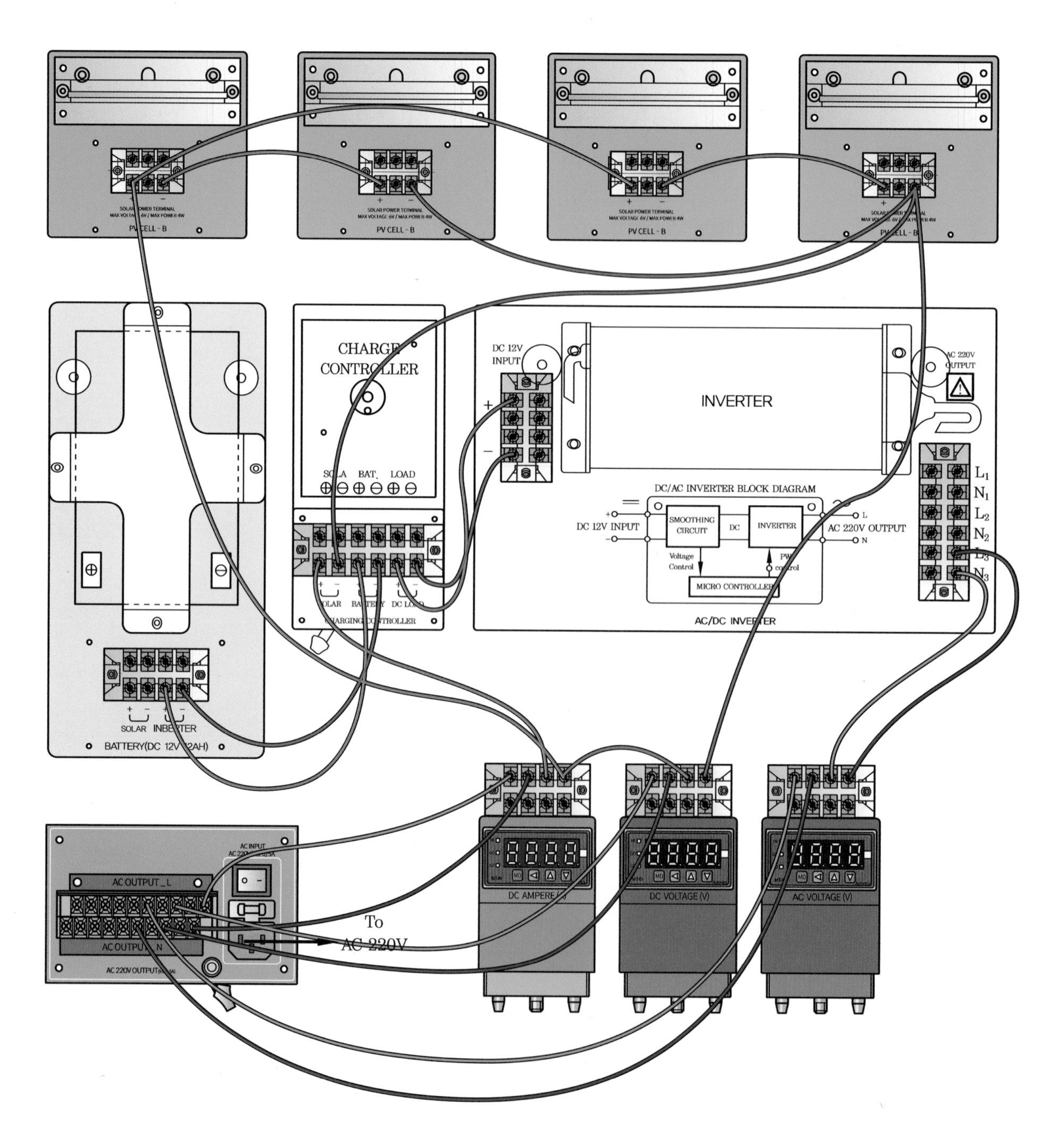

그림 2-77 **실무 결선도**

❹ 태양 전지 모듈 B(M02)의 터미널 단자는 2-직렬, 2-병렬로 연결하고, 직류 전압계 모듈(M18)과 직류 전류계 모듈(M19)의 측정 터미널 단자에 극성에 맞게 연결한다.

❺ 충전 제어 모듈(M05)의 solar 단자에 태양 전지 모듈 B(M02), battery 단자에 축전지 모듈(M06), DC load 단자에 독립형 인버터 모듈(M07)을 각각 연결한다.

주의 배터리 단자에 연결 시 충전 제어 모듈(M05)을 먼저 연결 후 배터리 단자에 연결한다.

❻ 독립형 인버터 모듈(M07)의 출력 단자에 교류 전압계 모듈(M20)을 연결한다.

❼ 교류 입력 터미널 모듈(M22)의 전원 스위치를 ON으로 하면 직류 전압계 모듈(M18), 직류 전류계 모듈(M19), 교류 전압계 모듈(M20)에 전원이 켜진다. 또한, 할로겐 광원 모듈(M03)의 스위치를 ON시켜 태양 전지 모듈에 빛을 가한다.

❽ 충전 컨트롤러 모듈(M05)의 표시 창을 확인하여 현재 상태가 어떤지 확인한다.

❾ 직류 전압계 모듈(M18)과 직류 전류계 모듈(M19)에 측정된 전압과 전류의 값을 기록한다. (전력=전압×전류)

전압 : [V], 전류 : [A], 전력 : [W]

❿ 교류 전압계 모듈(M20)에 측정된 전압(인버터 출력 전압)을 기록한다.

전압 : [V]

⓫ 오실로스코프를 이용하여 독립형 인버터 모듈(M07)의 입력 전압과 출력 전압의 파형을 확인한다.

⓬ 실습이 끝나면 모든 스위치를 OFF에 위치시키고 케이블 등을 정리한다.

3 결과 및 고찰

1. 위 [실습 방법]의 ⓫번 실습 결과를 표 2-23에 작성하시오.

표 2-23 **인버터의 입출력 파형**

상태	입력	출력
파형		

2. 표 2-23의 결과로 입력 파형과 출력 파형에 대해 기술하시오.

3. 표 2-23의 결과로 인버터가 하는 역할을 기술하시오.

4 관련 용어

■ **단결정**(single crystal, monocrystal)

결정 재료 전체를 구성하는 원자의 배열이 규칙성을 가지고 있어 단일 결정축을 정할 수 있는 결정 물질의 일반적인 호칭이다.

■ **다결정**(polycrystal (multicrystal))

임의의 결정 방위를 가진 다수의 작은 단결정 입자(grain)가 집합되어 있는 결정이다.

■ **비정질 또는 비결정**(amorphous)

원자 배열의 넓은 범위에 걸치는 질서가 존재하지 않는 고체의 준안정 상태이다.

■ **기판**(substrate)

태양 전지 제조의 기본 재료이다. 결정질 규소 태양 전지의 경우에는 규소 웨이퍼를 가리키며, 이 위에 접합과 전극을 형성하여 태양 전지를 제조한다. 박막 태양 전지의 경우에는 박막을 성장시키는 지지체를 말하며 유리, 스테인리스 스틸(stainless steel) 등이 사용된다. 태양광 발전 모듈에서는 모듈의 기계적 강도를 유지하기 위한 판재를 가리킨다.

■ **태양광 발전 소모듈 또는 태양 전지 소모듈**
(photovoltaic submodule, solar cell submodule)

분할할 수 없는 하나의 기판에 집적되어 있으며, 여러 개의 단위 태양 전지로 이루어져 있는 군(group)의 최소 단위이다.

■ **건재 일체형 태양광 발전 모듈 또는 건재 일체형 태양 전지 모듈**
(building integrated photovoltaic(BIPV) module)

지붕재, 벽재 등의 건축용 부재에 집적하여 일체화한 태양광 발전 모듈이다.

2-18 독립형 인버터 부하 특성

실습 목적	인버터의 원리를 이해하고 배터리와의 결선을 통해 입력과 출력의 특성을 측정한다. 독립형 태양광 발전 시스템에 교류 부하를 연결하여 부하에 따른 인버터의 특성을 확인할 수 있다.
사용 기기	• 태양 전지 모듈 – B (M02) • 할로겐 광원 모듈 (M03) • 배터리 모듈 (M06) • AC 램프 모듈 (M08) • AC 모터 모듈 (M09) • AC 버저 모듈 (M10) • 직류 전압계 모듈 (M18) • 직류 전류계 모듈 (M19) • 교류 전압계 모듈 (M20) • 교류 전류계 모듈 (M21) • 교류 입력 터미널 모듈 (M22)
안전 및 유의 사항	1. 광원으로 사용되는 할로겐램프는 점등 시 보호 케이스 및 강화 유리 부분에 고온이 되므로 화상과 강한 빛을 발생하므로 쳐다 볼 경우 눈에 손상이 갈 수 있으니 주의한다. 2. 올바른 동작을 확실하게 하려면 모든 전자적 모듈 구성 요소를 정확한 극성으로 연결한다. 3. 할로겐램프의 광량과 빛의 주파수 대역 차이에 따라 이론적인 결과와 차이가 있을 수 있다. 또한, 야외 실습 시 환경 조건에 따라 실습 결과의 차이를 가져올 수 있다. 4. 실습이 끝난 태양광 모듈도 표면 온도가 상승되어 있으므로 만지지 않으며, 화상에 주의한다.
실습 회로도	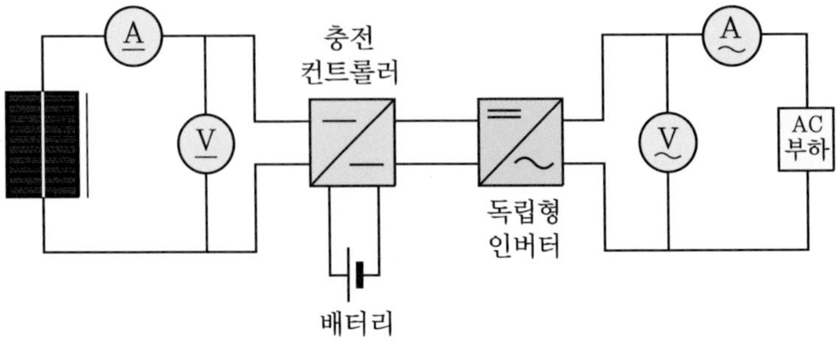 충전 컨트롤러 독립형 인버터 배터리 AC 부하

1 관련 이론

인버터 출력 파형의 종류로는 사인파(sine-wave), 유사 사인파(modified sine-wave), 그리고 구형파(square-wave) 세 가지 종류의 인버터 타입이 지배적이다.

(1) 순수 정현파 인버터

위에 나와 있는 요건들은 사인파 인버터에서 가장 잘 충족된다. 이 장치는 펄스폭 변조(PWM : Pulse Width Modulation)의 원리로 작동한다. 이는 민감한 전자 장비를 작동시킬 때 사용하기에도 적합하다.

사인파 인버터는 회로가 훨씬 더 복잡하기 때문에 구형파 인버터보다 가격이 비싼 편이다.

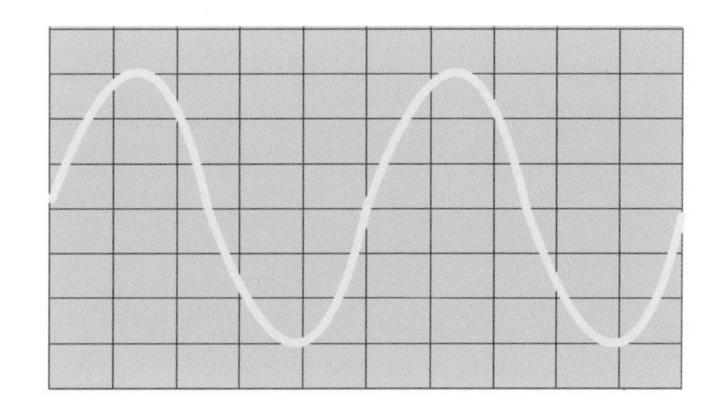

그림 2-78 **사인파**

(2) 유사 사인파 인버터

유사 사인파 인버터는 위 요건을 거의 대부분 충족시키지만, 전부를 충족시키는 것은 아니다. 사인파 인버터에 요구되는 복잡한 전자 공학 분야가 많이 발전되어 있기 때문에 대다수의 제조업체들은 이를 단계적으로 폐지하고 사인파 인버터로 교체하고 있는 중이다.

유사 사인파 인버터를 사용하는 경우에는 애플리케이션이 인버터 매뉴얼에 명시되어 있지 않는 한 제조업체의 특정 애플리케이션에 대한 적합성을 확인해야 한다.

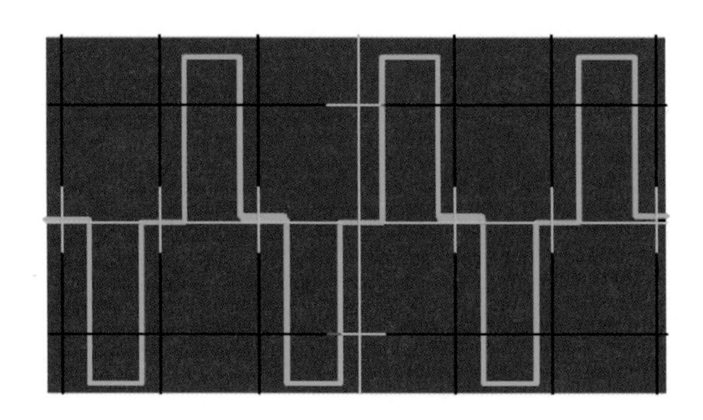

그림 2-79 **유사 사인파**

(3) 구형파 인버터

구형파 인버터는 매우 일반적으로 사용되며 가격 또한 저렴하다. 구형파 특성으로 직류가 60Hz의 교류로 전환되며 변압기를 통해 220V의 전압까지 높아진다.

이 인버터는 효율이 매우 낮으며 별로 권장되지 않는다. 민감한 장비의 경우에는 손상을 입을 수도 있다.

2 실습 방법

❶ 할로겐 광원 모듈(M03)과 태양 전지 모듈 B(M02)를 그림 2-80과 같이 모듈 장착 테이블에 약 30 cm 거리를 두고 수평으로 마주보도록 장착한다.

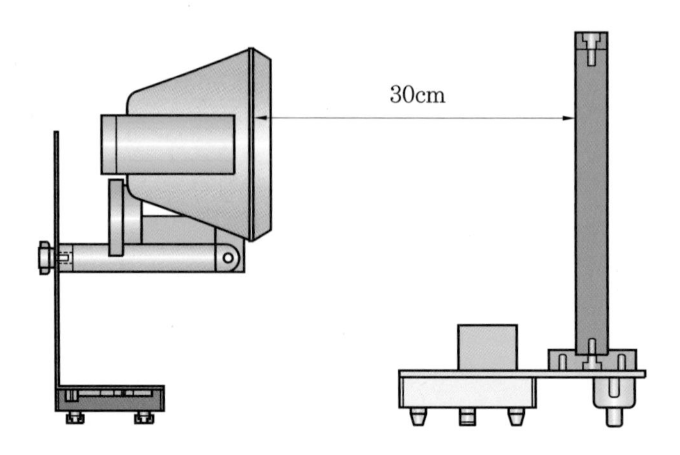

그림 2-80 **광원과 PV cell 배치**

❷ 교류 입력 터미널 모듈(M22)의 AC INPUT 단자에 power cable을 연결하고 AC 220V 콘센트에 연결한다.

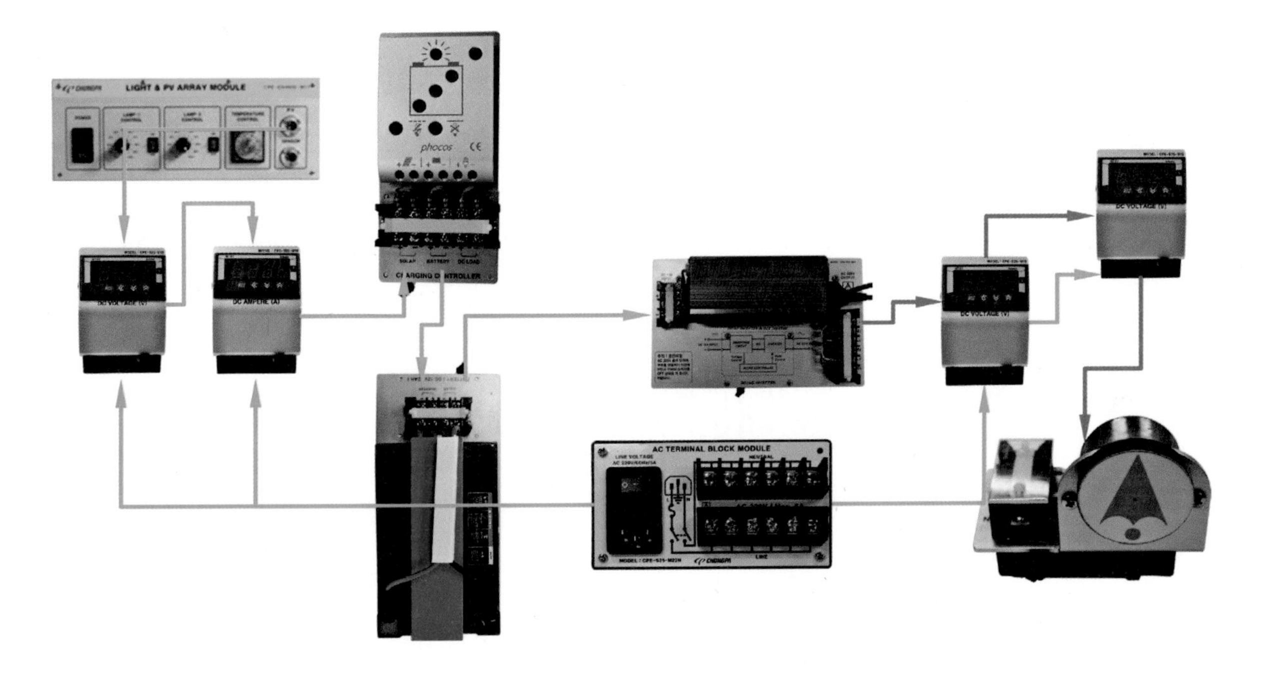

그림 2-81 **독립형 인버터 부하 실습 배치도**

❸ 할로겐 광원 모듈(M03)의 케이블을 교류 입력 터미널 모듈(M22)의 L과 N 단자에 각각 1개씩 결선한다. 또한, 직류 전압계 모듈(M18), 직류 전류계 모듈(M19), 교류 전압계 모듈(M20)의 단자대의 전원 부분과 교류 입력 터미널 모듈(M22)의 L과 N 단자에 각각 1개씩 결선한다.

❹ 태양 전지 모듈 B(M02)의 터미널 단자는 2-직렬, 2-병렬로 연결하고, 직류 전압계 모듈(M18)과 직류 전류계 모듈(M19)의 측정 터미널 단자에 극성에 맞게 연결한다.

❺ 충전 제어 모듈(M05)의 solar 단자에 태양 전지 모듈 B(M02), battery 단자에 축전지 모듈(M06), DC load 단자에 독립형 인버터 모듈(M07)을 각각 연결한다.

주의 배터리 단자에 연결 시 충전 제어 모듈(M05)을 먼저 연결한 후 배터리 단자에 연결한다.

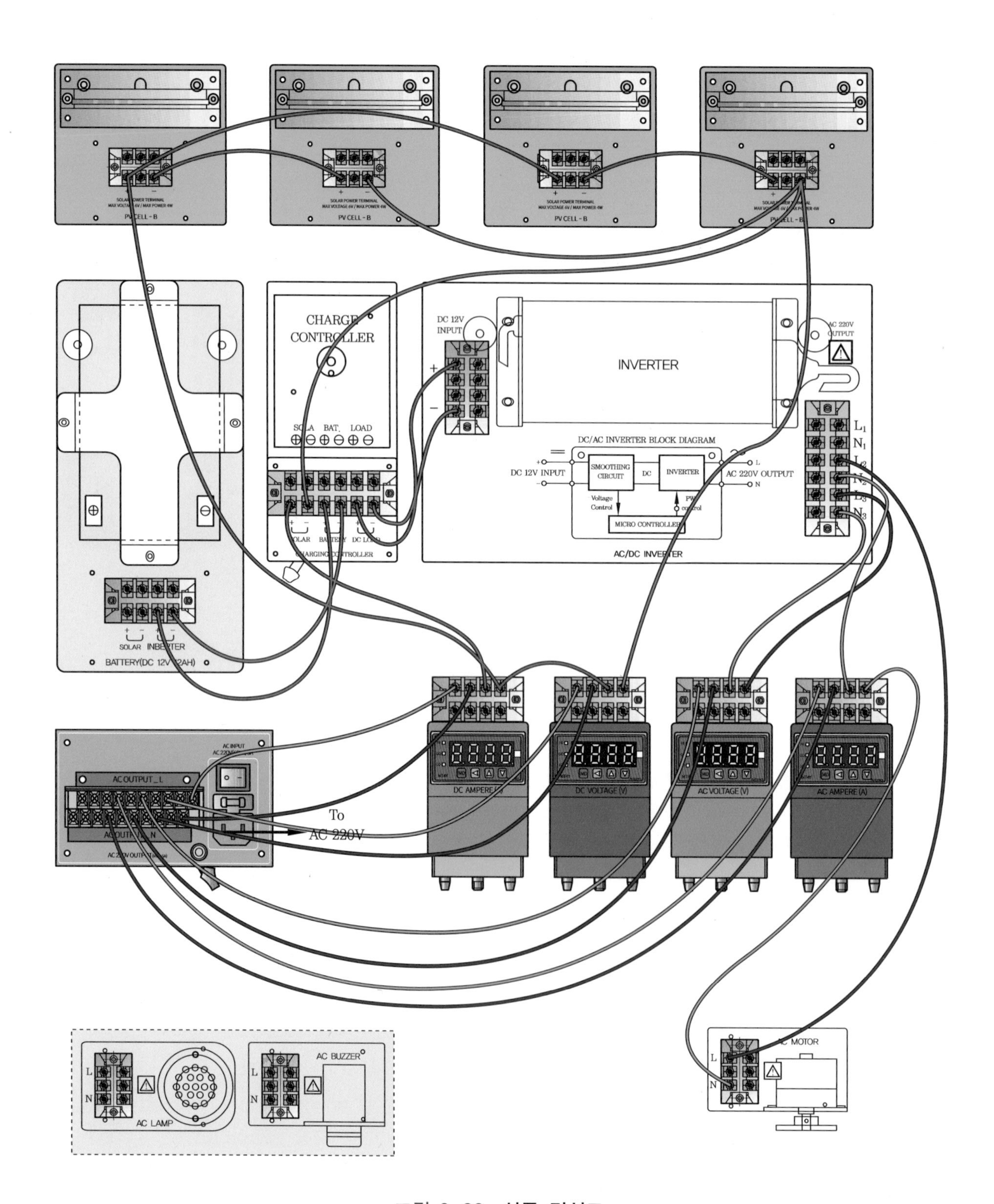
PV CELL - B
PV CELL - B
PV CELL - B
CHARGE CONTROLLER
SOLA BAT. LOAD
SOLAR BATTERY DC LOAD
CHARGING CONTROLLER
DC 12V INPUT
INVERTER
AC 220V OUTPUT
DC/AC INVERTER BLOCK DIAGRAM
DC 12V INPUT
SMOOTHING CIRCUIT
DC
INVERTER
AC 220V OUTPUT
Voltage Control
PWM control
MICRO CONTROLLER
AC/DC INVERTER
SOLAR INVERTER
BATTERY(DC 12V 12AH)
AC INPUT
AC OUTPUT_L
AC OUTPUT_N
To
AC 220V
DC AMPERE (A)
DC VOLTAGE (V)
AC VOLTAGE (V)
AC AMPERE (A)
AC LAMP
AC BUZZER
AC MOTOR

그림 2-82 **실무 결선도**

❻ 독립형 인버터 모듈(M07)의 출력 단자에 교류 전압계 모듈(M20), AC 모터 모듈(M09)을 연결한다.

❼ 교류 입력 터미널 모듈(M22)의 전원 스위치를 ON으로 하면 직류 전압계 모듈(M18), 직류 전류계 모듈(M19), 교류 전압계 모듈(M20)에 전원이 켜진다. 또한, 할로겐 광원 모듈(M03)의 스위치를 ON시켜 태양 전지 모듈에 빛을 가한다.

❽ 충전 컨트롤러 모듈(M05)의 표시 창을 확인하여 현재 상태가 어떤지 확인한다.

❾ 직류 전압계 모듈(M18)과 직류 전류계 모듈(M19)에 측정된 전압과 전류의 값을 기록한다. (전력 = 전압×전류)

전압 : [V], 전류 : [A], 전력 : [W]

❿ 독립형 인버터 모듈(M07)의 전원을 ON시켜 부하를 구동한다.

⓫ 교류 전압계 모듈(M20)과 교류 전류계 모듈(M21)에 측정된 값을 기록하시오.

전압 : [V], 전류 : [A], 전력 : [W]

⓬ 실습이 끝나면 모든 스위치를 OFF에 위치시키고 케이블 등을 정리한다.

3 결과 및 고찰

1. AC 모터 모듈(M09)을 AC 램프 모듈(M08)과 AC 버저 모듈(M10)로 교체하여 실습해 보고 그 결과를 표 2-24에 기록하시오. (두 개 이상의 부하 연결은 병렬로 하시오.)

표 2-24 **인버터의 입출력 파형**

상태	AC 램프	AC 버저	램프+버저	모터+램프+버저
V[V]				
I[mA]				
P[W]				

2. 표 2-24의 결과로 소비 전력이 가장 높은 부하는 무엇인가?

3. 부하를 연결한 상태에서 배터리 모듈(M06)과 충전 컨트롤러 모듈(M05)을 분리시키면 독립형 인버터 모듈(M07)의 출력은 어떻게 되는가? 또한, 충전 컨트롤러 모듈(M05)의 상태는 어떻게 변화하는가?

4. 독립형 태양광 발전에서 배터리의 역할은 무엇인지 기술하시오.

4 관련 용어

■ **자려식** (self commutation type)

전력 스위치가 트랜지스터 등으로 구성되어 자체적으로 스위치를 차단할 수 있는 방식이다.

■ **타려식** (line commutation type)

전력 스위치가 사이리스터 등으로 구성되어 자체적으로 스위치를 차단할 수 없는 방식이다.

■ **전압형** (voltage source type 또는 voltage stiff type)

직류 회로가 전압원의 특성을 가진 직·교 변환 장치 방식이다.

■ **전류형** (current source type 또는 current stiff type)

직류 회로가 전류원의 특성을 가진 직·교 변환 장치 방식이다.

■ **전압 제어형** (voltage control type)

펄스폭 변조(PWM : Pulse Width Modulation) 제어 등으로 출력 전압을 정해진 진폭과 위상 및 주파수를 가진 정현파(sine wave)가 되도록 제어하는 방식이다.

■ **전류 제어형** (current control type)

펄스폭 변조 제어 등으로 출력 전류를 정해진 진폭과 위상 및 주파수를 가진 정현파가 되도록 제어하는 방식이다.

■ **상용 주파수 절연 방식** (utility frequency link type)

직교 변환 장치의 출력 측과 부하 측, 계통 측을 상용 주파수 절연 변압기를 사용하여 전기적으로 절연하는 방식이다.

■ **고주파 절연 방식** (high frequency link type)

직·교 변환 장치의 입력 측과 출력 측 사이를 고주파 절연 변압기를 사용하여 전기적으로 절연하는 방식이다.

■ **변압기 없는 방식 또는 무변압기 방식** (transformerless type)

절연 변압기를 사용하지 않는 방식이다. 직·교 변환 장치의 직류 측과 교류 측(부하 측과 계통 측)은 비절연 상태가 된다.

2-19 계통 연계형 인버터 무부하 특성

실습 목적	인버터의 원리를 이해하고 결선을 통해 입력과 출력의 특성을 측정한다. 계통 연계형 태양광 발전 시스템을 구성하여 결선할 수 있고 입출력에 따른 특성을 측정할 수 있다.
사용 기기	• 태양 전지 모듈 – B (M02) • 할로겐 광원 모듈 (M03) • 계통 연계형 인버터 모듈 (M12) • 직류 전압계 모듈 (M18) • 직류 전류계 모듈 (M19) • 교류 전압계 모듈 (M20) • 교류 입력 터미널 모듈 (M22)
안전 및 유의 사항	1. 광원으로 사용되는 할로겐램프는 점등 시 보호 케이스 및 강화 유리 부분에 고온이 되므로 화상과 강한 빛을 발생하므로 쳐다 볼 경우 눈에 손상이 갈 수 있으니 주의한다. 2. 올바른 동작을 확실하게 하려면 모든 전자적 모듈 구성 요소를 정확한 극성으로 연결한다. 3. 할로겐램프의 광량과 빛의 주파수 대역 차이에 따라 이론적인 결과와 차이가 있을 수 있다. 또한, 야외 실습 시 환경 조건에 따라 실습 결과의 차이를 가져올 수 있다. 4. 실습이 끝난 태양광 모듈도 표면 온도가 상승되어 있으므로 만지지 않으며, 화상에 주의한다.
실습 회로도	A V 계통 계통 연계형 인버터 V

1 실습 방법

❶ 할로겐 광원 모듈(M03)과 태양 전지 모듈 B(M02)를 그림 2-83과 같이 모듈 장착 테이블에 약 30 cm 거리를 두고 수평으로 마주보도록 장착한다.

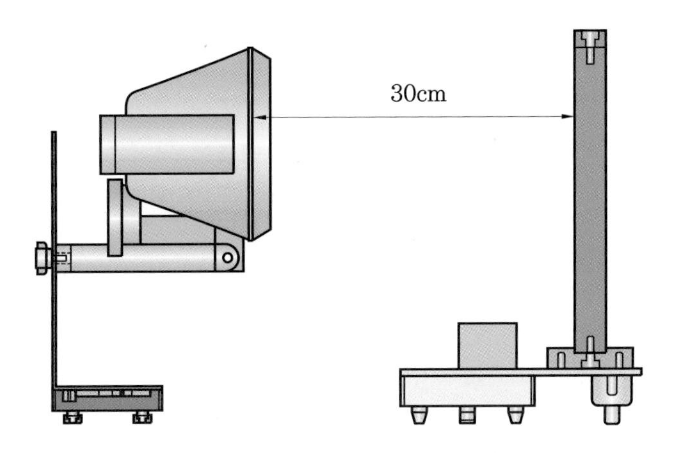

그림 2-83 **광원과 PV cell 배치**

❷ 교류 입력 터미널 모듈(M22)의 AC INPUT 단자에 power cable을 연결하고 AC 220V 콘센트에 연결한다.

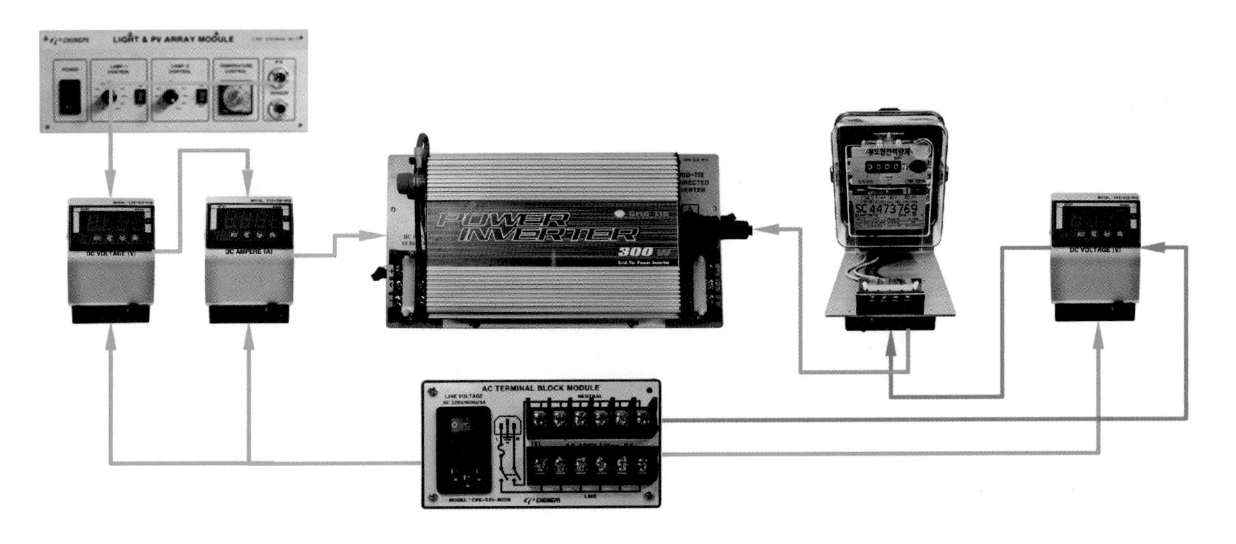

그림 2-84 **계통형 인버터 무부하 실습 배치도**

❸ 할로겐 광원 모듈(M03)의 케이블을 교류 입력 터미널 모듈(M22)의 L과 N 단자에 각각 1개씩 결선한다. 또한, 직류 전압계 모듈(M18), 직류 전류계 모듈(M19), 교류 전압계 모듈(M20)의 단자대의 전원 부분과 교류 입력 터미널 모듈(M22)의 L과 N 단자에 각각 1개씩 결선한다.

❹ 태양 전지 모듈 B(M02)의 터미널 단자는 2-직렬, 2-병렬로 연결하고, 직류 전압계 모듈(M18)과 직류 전류계 모듈(M19)의 측정 터미널 단자에 극성에 맞게 연결한다.

❺ 계통 연계형 인버터 모듈(M12)의 DC 입력 단자에 태양 전지 모듈 B(M02)의 출력 단자를 극성에 맞게 연결한다.

❻ 계통 연계형 인버터 모듈(M12)의 출력 단자에서 교류 입력 터미널 모듈(M22)의 출력 단자에 연결한다.

참고 계통 연계형 인버터는 계통과 연결이 되어야 구동이 된다.

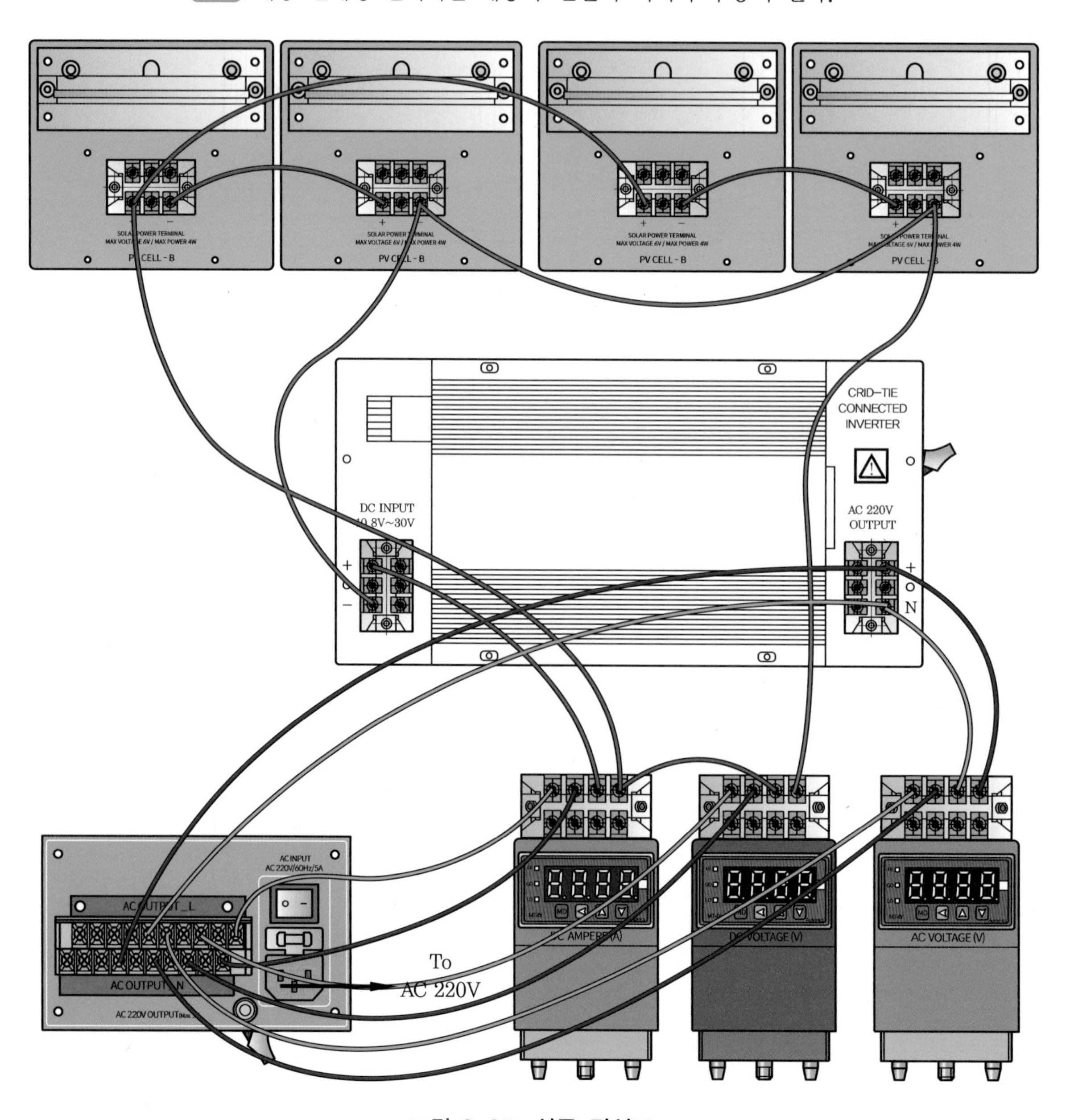

그림 2-85 **실무 결선도**

❼ 계통 연계형 인버터 모듈(M12)의 출력 단자에서 교류 전류계 모듈(M21)을 연결하고, 적산 전력계 모듈(M13)의 입력부에 연결한다.

❽ 적산 전력계 모듈(M13)의 출력 단자를 AC 모터 모듈(M09)에 연결한다.

❾ 교류 입력 터미널 모듈(M22)의 전원 스위치를 ON으로 하면 직류 전압계 모듈(M18), 직류 전류계 모듈(M19), 교류 전압계 모듈(M20)에 전원이 켜진다. 또한, 할로겐 광원 모듈(M03)의 스위치를 ON시켜 태양 전지 모듈에 빛을 가한다.

참고 계통 연계형 인버터는 약 1~2분 정도의 시간이 지난 후 출력이 된다.

❿ 직류 전압계 모듈(M18)과 직류 전류계 모듈(M19)에 측정된 전압과 전류의 값을 기록한다. (전력 = 전압×전류)

전압 : [V], 전류 : [A], 전력 : [W]

⓫ 교류 전압계 모듈(M20)에 측정된 전압(인버터 출력 전압)을 기록한다.

전압 : [V]

⓬ 오실로스코프를 이용하여 독립형 인버터 모듈(M07)의 입력 전압과 출력 전압의 파형을 확인한다.

⓭ 실습이 끝나면 모든 스위치를 OFF에 위치시키고 케이블 등을 정리한다.

2 결과 및 고찰

1. 위 [실습 방법]의 ⓬번 실습 결과를 표 2-25에 작성하시오.

표 2-25 **인버터의 입출력 파형**

상태	입력	출력
파형		

2. 표 2-25의 결과로 입력 파형과 출력 파형에 대해 기술하시오.

3. 표 2-25의 결과와 독립형 인버터의 무부하 특성 실습 시 입출력 파형을 비교하고 설명하시오.

3 관련 용어

■ **자려 전환 또는 자기 전환**(self commutation)

전환 전압이 직교 변환 장치의 구성 요소에서 공급되는 전환 방식이다(소자 전환을 포함한다).

■ **타려 전환 또는 전원 전환, 외부 전환**(line commutation 또는 external commutation)

전환 전압이 직교 변환 장치의 외부에서 공급되는 전환 방식이다.

■ **펄스폭 변조 제어**(pulse width modulation control)

출력 기본 주파수의 한 주기 안에서 고차의 주파수로 펄스폭을 변조하여 제어하는 방식이다.

■ **정격 전류**(IR, rated current)

규정된 동작 조건에서 정격 전압의 태양광 발전 장치로부터 출력되도록 규정된 전류이다. (단위 : A)

■ **정격 출력**(PR, rated power)

규정된 동작 조건에서 정격 전압의 태양광 발전 장치로부터 출력되도록 규정된 전력이다. (단위 : W)

■ **최대 허용 입력 전압**(maximum input voltage)

허용되는 최대 직류 입력 전압이다. (단위 : V)

■ **정격 전압**(VR, rated voltage)

규정된 동작 조건에서 최대 출력에 가까운 출력을 낼 수 있게 설계한 태양광 발전 장치에서 출력되도록 규정된 전압 값이다. (단위 : V)

■ **입력 운전 전압 범위**(input voltage operating range)

출력 전압과 주파수 등의 모든 정격을 만족하고, 안정되게 운전할 수 있는 직류 입력 전압의 범위이다. (단위 : V)

2-20 계통 연계형 인버터 부하 특성

실습 목적	인버터의 원리를 이해하고 결선을 통해 입력과 출력의 특성을 측정한다. 계통 연계형 태양광 발전 시스템을 구성하여 결선할 수 있고, 계통 연계형 인버터의 부하 특성과 전력량계 사용법을 습득할 수 있다.
사용 기기	• 태양 전지 모듈 – B (M02) • 할로겐 광원 모듈 (M03) • AC 램프 모듈 (M08) • AC 모터 모듈 (M09) • AC 버저 모듈 (M10) • 계통 연계형 인버터 모듈 (M12) • 적산 전력계 모듈 (M13) • 직류 전압계 모듈 (M18) • 직류 전류계 모듈 (M19) • 교류 전압계 모듈 (M20) • 교류 전류계 모듈 (M21) • 교류 입력 터미널 모듈 (M22)
안전 및 유의 사항	1. 광원으로 사용되는 할로겐램프는 점등 시 보호 케이스 및 강화 유리 부분에 고온이 되므로 화상과 강한 빛을 발생하므로 쳐다 볼 경우 눈에 손상이 갈 수 있으니 주의한다. 2. 올바른 동작을 확실하게 하려면 모든 전자적 모듈 구성 요소를 정확한 극성으로 연결한다. 3. 할로겐램프의 광량과 빛의 주파수 대역 차이에 따라 이론적인 결과와 차이가 있을 수 있다. 또한, 야외 실습 시 환경 조건에 따라 실습 결과의 차이를 가져올 수 있다. 4. 실습이 끝난 태양광 모듈도 표면 온도가 상승되어 있으므로 만지지 않으며, 화상에 주의한다.
실습 회로도	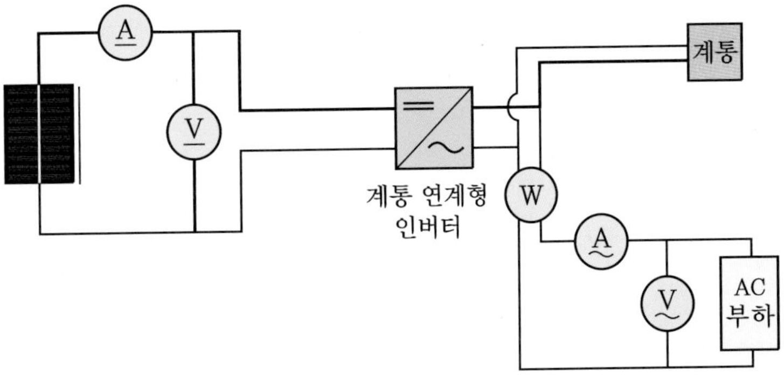 A V 계통 계통 연계형 인버터 W A V AC 부하

1 관련 이론

(1) MPPT 제어

계통 연계형 인버터가 태양광 발전 어레이의 최대 전력점(MPP)에서 작동해야만 최대 전력을 전원 계통으로 공급하게 된다. 일조강도 의존성과 온도의 특성에서와 같이 기후 조건에 따라 태양광 발전 어레이의 최대 전력점(MPP)이 변한다.

계통 연계형 인버터에서 최대 전력점(MPP) 추적기는 계통 연계형 인버터를 최대 전력점(MPP)에 맞게 조정해야 한다. 기상 조건에 따라 모듈 전압과 전류가 대단히 크게 변하므로, 계통 연계형 인버터는 최적의 작동을 위해 작동점을 이동할 필요가 있다. 이를 위해 전압을 조정하는 전자 회로가 사용되는데, 이 회로는 태양광 발전 어레이가 그 최대 전력(MPP)을 얻는 지점에서 계통 연계형 인버터가 작동하도록 한다.

가능한 최대의 전력이 전원 전기 계통으로 공급되도록 하는 것이 이 최대 전력점(MPP) 추적기이다. 본질적으로 최대 전력점(MPP) 추적기는 전자 제어식 DC 컨버터로 구성된다.

계통 연계형 인버터는 다음의 기능을 수행한다.

① 태양광 발전 모듈에서 생성된 직류를 교류로 변환하는 기능
② 계통 연계형 인버터의 작동점을 태양광 발전 모듈의 최대 전력점(MPP)에 맞게 조정하는 기능(최대 전력점(MPP) 추적)
③ 작동 데이터와 신호를 기록하는 기능
(예 디스플레이, 데이터 저장 및 데이터 전송 등)
④ 직류(DC)와 교류(AC) 보호 장치를 설정하는 기능
(예 부정확한 극성 보호, 과전압 및 과부하 보호, 국제 법규 및 규정을 지키기 위한 보호 및 감시 장비)

(2) 계통 연계형 인버터 종류

계통 연계형 인버터는 작동 원리에 따라 계통 연계형(grid-controlled) 인버터와 자려식(self-commutated) 인버터로 나뉜다.

① **계통 연계형(grid-controlled) 인버터**

계통 연계형 인버터는 전원 전압(main voltage)을 사용해서 전력 전자 개폐 장치에 대한 스위치-온 및 스위치-오프 펄스를 결정한다. 브리지 회로에서 각각의 사이리스터 쌍은 직류 전력을 먼저 한 방향으로 스위칭한 다음, 60Hz의 속도로 나머지 방향으로 스위칭한다. (그림 2-86)

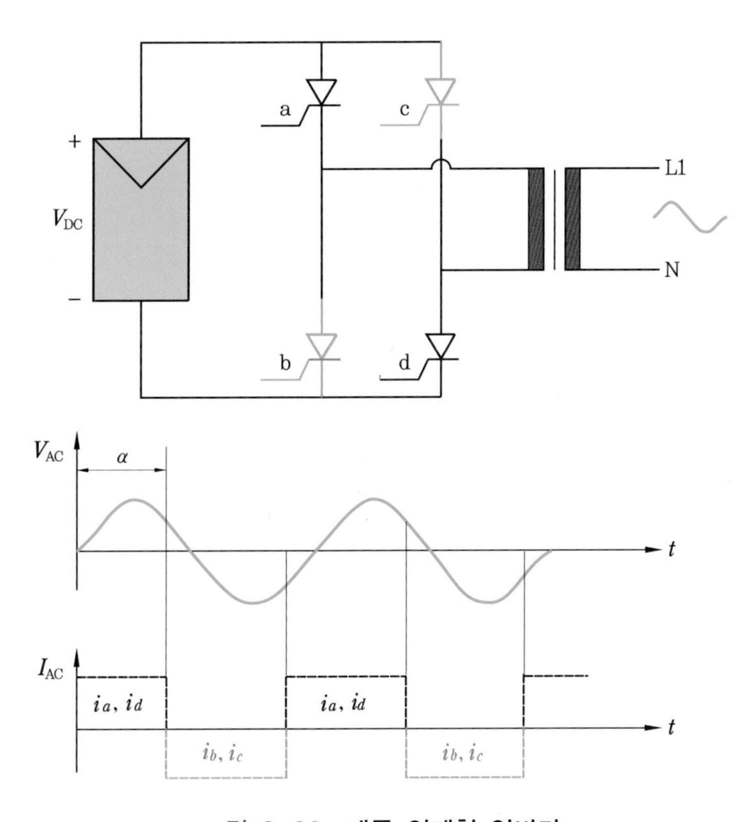

그림 2-86 **계통 연계형 인버터**

스위칭하는 순간 에너지는 직류 입력과 병렬로 연결된 전해 콘덴서에 저장된다.

사이리스터는 전류를 스위치를 켤 수만 있을 뿐 이를 다시 스위치를 끌 수 없기 때문에, 전원 전압은 사이리스터를 스위칭 오프해야 한다. 이런 이유로 해서 이 인버터가 계통 연계형이라고 불린다.

출력이 구형파 전류(square-wave currents)가 생성되므로, 이 인버터는 구형파 인버터라고 불린다. 사이리스터 장치에서 마이크로프로세서에 의해 트리거 펄스가 형성된다. 트리거 펄스를 지연(지연-각 제어)시킴으로써 최대 전력점(MPP) 추적이 가능하다.

② **자려식(self-commutated) 인버터**

자려식 인버터(self-commutated inverters)에서 켜고 끌 수 있는 반도체 요소가 브리지 회로에 사용된다. 다음의 반도체 요소가 시스템의 성능과 전압의 수준에 따라 사용된다. (그림 2-87)

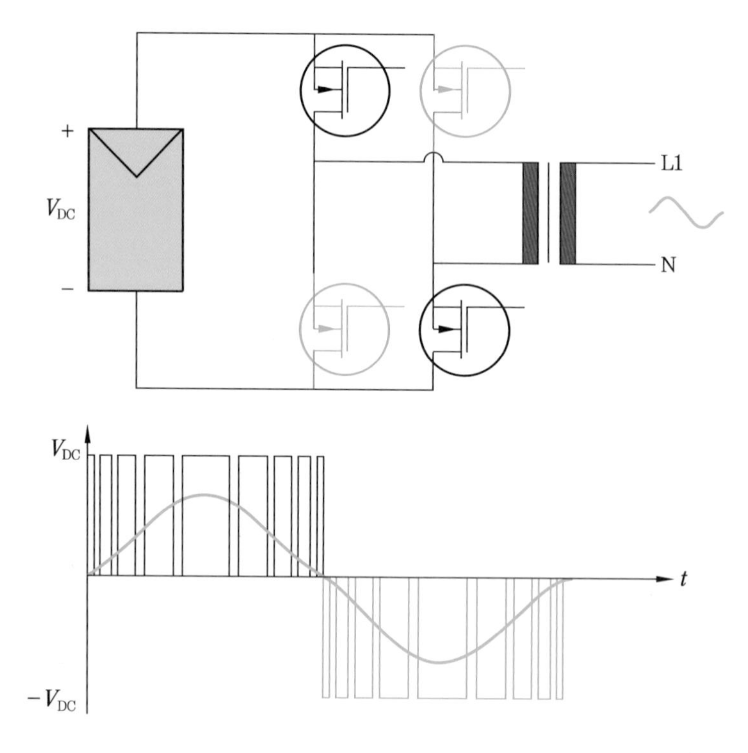

그림 2-87 **자려식 인버터**

- 산화 금속 반도체 전계 효과 트랜지스터(MOS FETs)
- 양극성 트랜지스터(Bi-Polar transistor)
- 게이트 턴 오프(GTOs) 사이리스터(1kHz까지)
- 절연 게이트 양극성 트랜지스터 (IGBTs)

펄스폭 변조(PWM : Pulse Width Modulation)의 원리를 사용하는 이 전원-스위치 장치들이 우수한 정현파(sinusoidal) 재생을 가능케 한다.

10kHz에서 100kHz 범위의 주파수에서 전원 개폐 장치를 빠르게 스위칭을 켰다 꼈다 하면, 펄스가 형성되는데 사인파에 해당하는 형태를 갖는 지속 시간과 간격을 갖게 된다. 따라서 공급 전력과 계통의 사인파 사이에서 우수한 조화가 이루어지는 것은 하향 저역 통과 필터(lowpass filter)로 평탄화한 후이다. 공급되는 전력은 이런 이유로 적은 양의 저주파수 고조파 성분만 갖는다.

(가) 저주파 변압기(LF)가 있는 자려형 인버터

60Hz의 저주파 변압기가 자려형과 계통 소호형 인버터의 전압을 계통에 구성하는 데 사용된다. 직류 회로와 교류 회로를 변압기의 자기장이 분리(전기적으로 절연)시킨다. 저주파 변압기가 있는 전형적인 자려형 인버터는 다음의 필수 회로로 구성된다.

- 스위칭 제어기(감압 컨버터)
- 풀 브리지
- 계통 변압기
- 최대 전력점 추적기(MPPT)
- ENS(전원 감시 또는 MDS로 할당된 개폐 장치가 있음) 계통 모니터링이 있는 감시 회로

(나) 고주파 변압기(HF)가 있는 자려형 인버터

고주파 변압기는 10kHz에서 50kHz의 주파수를 갖는다. 저주파 변압기에 비해 이 변압기는 전력 손실이 적고 크기가 작으며 무게와 비용도 작다. 그러나 고주파 변압기는 인버터의 회로가 더 복잡하다.

(다) 무변압기 인버터

전력 범위가 낮은 경우 변압기가 없는(transformerless) 인버터가 사용된다. 변압기를 제거함으로써 인버터의 손실이 감소된다. 변압기의 제거로 크기, 무게, 비용도 줄어든다.

태양광 발전기 전압은 계통 전압의 최댓값보다 눈에 띄게 높아야 하거나 인버터의 DC-DC 승압 컨버터를 사용하여 변환되어야 한다. DC-DC 컨버터를 사용하면 추가 손실이 발생하며, 전기적 안전에 대한 개념이 크게 필요한 이유는 무변압기 인버터는 DC와 AC 전력 회로 사이의 전기적 절연이 약하기 때문이다.

2 실습 방법

❶ 할로겐 광원 모듈(M03)과 태양 전지 모듈 B(M02)를 그림 2-88과 같이 모듈 장착 테이블에 약 30 cm 거리를 두고 수평으로 마주보도록 장착한다.

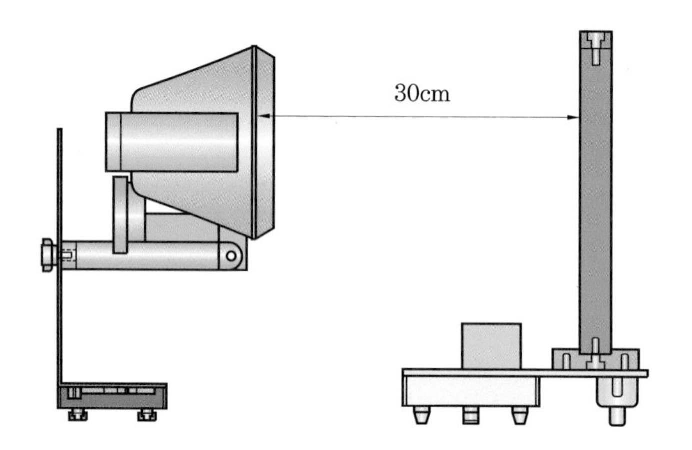

그림 2-88 **광원과 PV cell 배치**

❷ 교류 입력 터미널 모듈(M22)의 AC INPUT 단자에 power cable을 연결하고 AC 220V 콘센트에 연결한다.

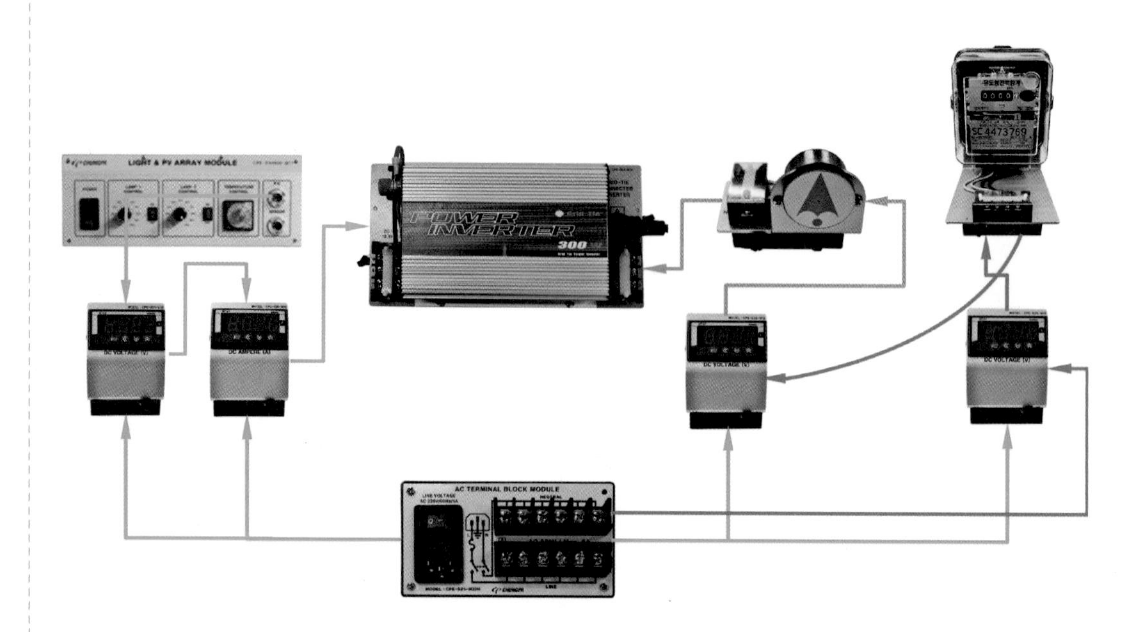

그림 2-89 **계통형 인버터 부하 실습 배치도**

❸ 할로겐 광원 모듈(M03)의 케이블을 교류 입력 터미널 모듈(M22)의 L과 N 단자에 각각 1개씩 결선한다. 또한, 직류 전압계 모듈(M18), 직류 전류계 모듈(M19), 교류 전압계 모듈(M20)의 단자대의 전원 부분과 교류 입력 터미널 모듈(M22)의 L과 N 단자에 각각 1개씩 결선한다.

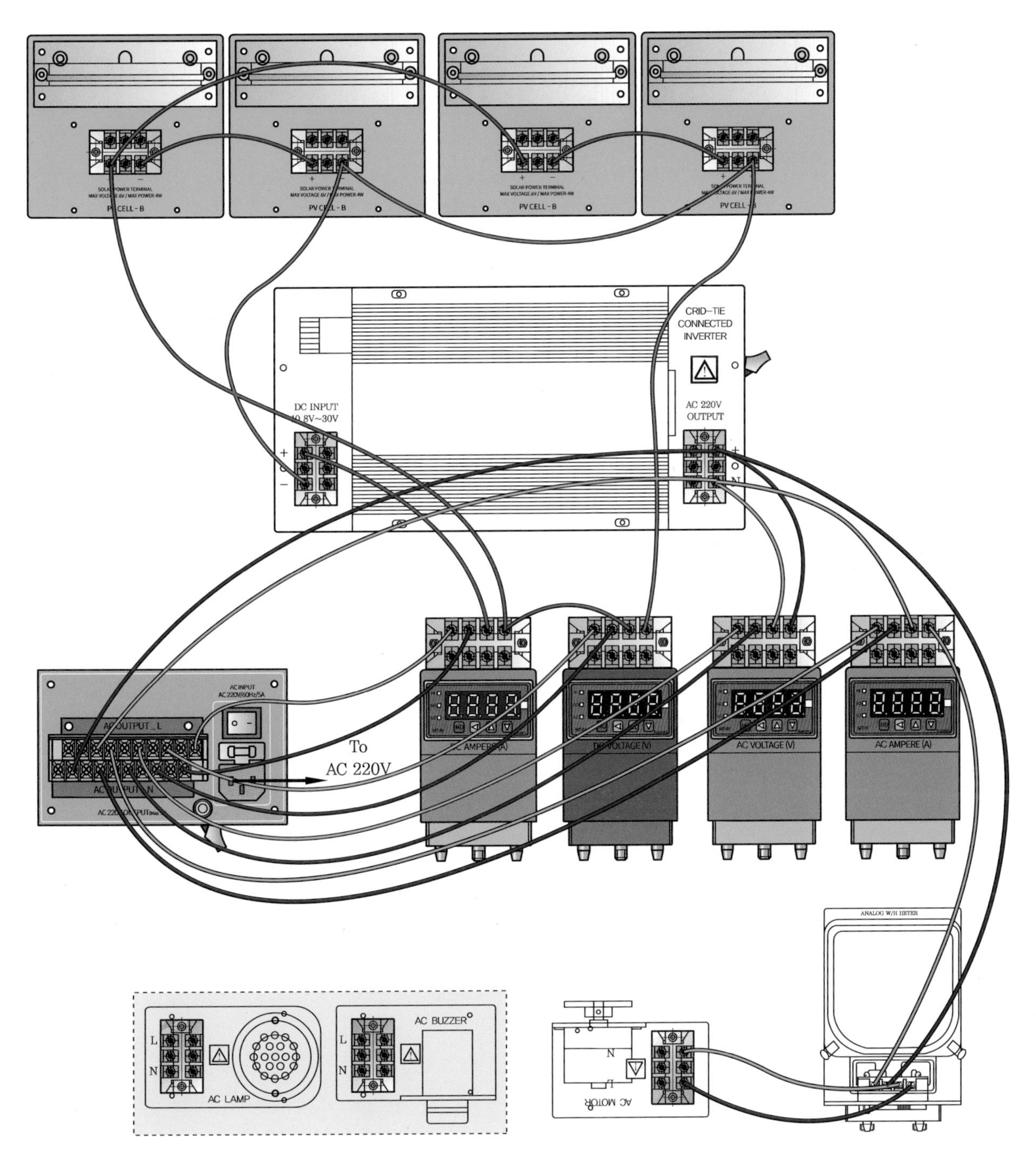

그림 2-90 **실무 결선도**

❹ 태양 전지 모듈 B(M02)의 터미널 단자는 2-직렬, 2-병렬로 연결하고, 직류 전압계 모듈(M18)과 직류 전류계 모듈(M19)의 측정 터미널 단자에 극성에 맞게 연결한다.

❺ 계통 연계형 인버터 모듈(M12)의 DC 입력 단자에 태양 전지 모듈 B(M02)의 출력 단자를 극성에 맞게 연결한다.

❻ 계통 연계형 인버터 모듈(M12)의 출력 단자에서 교류 입력 터미널 모듈(M22)의 출력 단자와 교류 전압계 모듈(M20)을 연결한다.

참고 계통 연계형 인버터는 계통과 연결이 되어야 구동이 된다.

❼ 교류 입력 터미널 모듈(M22)의 전원 스위치를 ON으로 하면 직류 전압계 모듈(M18), 직류 전류계 모듈(M19), 교류 전압계 모듈(M20)에 전원이 켜진다. 또한, 할로겐 광원 모듈(M03)의 스위치를 ON시켜 태양 전지 모듈에 빛을 가한다.

❽ 직류 전압계 모듈(M18)과 직류 전류계 모듈(M19)에 측정된 전압과 전류의 값을 기록한다. (전력 = 전압×전류)

전압 : [V], 전류 : [A], 전력 : [W]

❾ 교류 전압계 모듈(M20)에 측정된 전압(인버터 출력 전압)을 기록한다.

전압 : [V]

❿ 적산 전력계의 전력량을 기록한다.

⓫ 실습이 끝나면 모든 스위치를 OFF에 위치시키고 케이블 등을 정리한다.

3 결과 및 고찰

1. AC 모터 모듈(M09)을 AC 램프 모듈(M08)과 AC 버저 모듈(M10)로 교체하여 실습해 보고 그 결과를 표 2-26에 기록하시오. (두 개 이상의 부하 연결은 병렬로 하시오.)

표 2-26 **인버터의 입출력 파형**

상태	AC 램프	AC 버저	램프+버저	모터+램프+버저
V[V]				
I[mA]				
P[W]				

2. 위 **1**번 결과를 실습할 때, 각각의 부하별로 적산 전력계 모듈(M13)의 회전 속도를 확인하고 속도가 빠른 순으로 번호를 기입하시오.

표 2-27 **적산 전력계 회전 속도**

상태	AC 램프	AC 모터	AC 버저	램프+버저	모터+램프+버저
적산 전력계 회전 속도					

3. 부하를 할로겐램프 1개만 연결한 상태에서 적산 전력계 모듈(M13)의 회전 속도를 확인하시오.

4. 부하에 따라서 적산 전력계 모듈(M13)의 회전 속도가 차이나는 이유를 설명하시오.

4 관련 용어

■ **태양광 발전 시스템** (photovoltaic (power) (generating) system)

광기전력 효과를 이용한 태양 전지를 사용하여 태양 에너지를 전기 에너지로 변환하고, 부하에 적합한 전력을 공급하기 위하여 구성된 장치 및 이들에 부속되는 장치의 총체이다.

■ **독립형 태양광 발전 시스템** (stand-alone photovoltaic system)

상용 전력 계통으로부터 독립되어 독자적으로 전력을 공급하는 태양광 발전 시스템이다.

※ 부하의 요구를 충족시키기 위하여 다른 발전 장치에 전력을 공급하는 경우도 있다.

■ **계통 연계형 태양광 발전 시스템**

(grid-connected photovoltaic system, utility connected photovoltaic system, utility interactive photovoltaic system)

상용 전력 계통과 병렬로 접속되어 발전된 전력을 계통으로 내보내거나 계통으로부터 전력을 공급 받는 태양광 발전 시스템. 계통 병렬연결 시스템이라고 부르는 경우도 있다.

■ **전환형 태양광 발전 시스템**

(grid backed-up photovoltaic system, utility backed-up photovoltaic system)

태양광 발전 전력이 부족한 경우에 접속된 부하는 태양광 발전 시스템에서 분리하여 상용 전력 계통 측으로 전환할 수 있는 시스템이다. 다음의 두 가지 방식으로 분류할 수 있다.

① **직류 측 전환 태양광 발전 시스템** (DC side switch-over photovoltaic system) : 전력 계통으로부터 교류를 공급받아 정류 회로에서 직류로 변환하여 태양광 발전 시스템의 직류 측으로 공급하도록 전환할 수 있는 시스템이다.

② **교류 측 전환 태양광 발전 시스템** (AC side switch-over photovoltaic system) : 태양광 발전 시스템의 직·교 변환 장치 출력(교류 출력) 측에서 전력 계통 쪽으로 전환할 수 있는 시스템이다.

2-21 태양광 발전의 설계 I

실습 목적	독립형 태양광 발전 시스템의 설계 방법을 익히고, 실제 계산을 함으로써 실무에서 태양광 발전 시스템의 설계 방법을 알 수 있다. 또한, 이를 장비를 이용하여 설계한 것을 확인할 수 있다.

1 관련 이론

(1) 태양광 발전 설계 순서

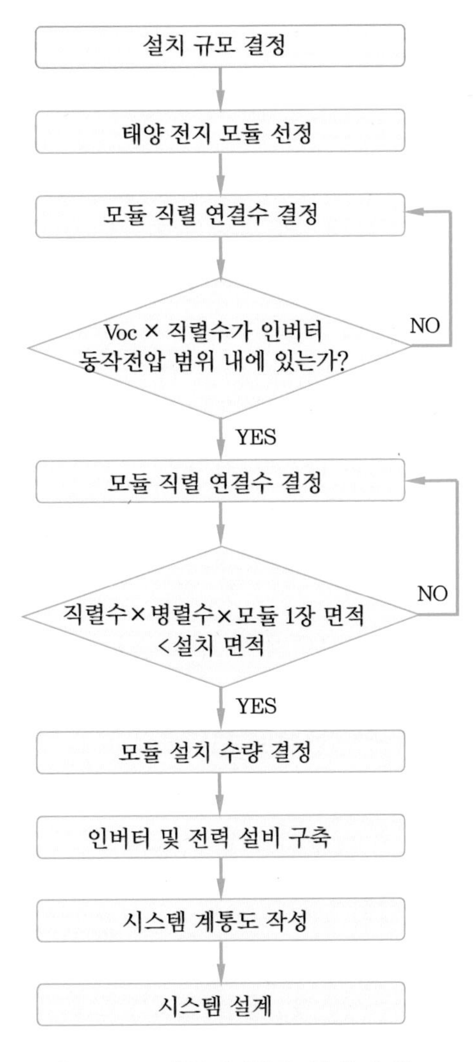

그림 2-91 **태양광 발전 설계 순서**

① 접속하는 제품의 소비 전류 계산

독립형 태양광 발전 시스템의 설계를 위해서는 우선 접속하는 전기 제품이 무엇인지를 선정하여 그 제품의 소비 전류를 계산한다. 방수 대책이 필요한 장소에 설치할 때에는 방수 타입의 기기를 선택한다. 소비 전력, 정격 전압 등은 전기 제품 본체 또는 취급 설명서에 기재되어 있다.

② 1일에 필요한 발전 전류량 계산

태양 전지의 1일에 필요한 발전 전류량을 계산한다. 설치 조건은 항상 최적이라고 할 수 없기 때문에 이론적인 1일의 소비 전류량(Ah/일)을 보정 계수에 나눈다. 보정 계수는 통상적으로 다음과 같이 사용된다.

- 출력 보정 계수(태양 전지의 온도 특성, 효율, 기상 등) : 0.85
- 배터리 방전 보정 계수 : 0.8
- 인버터 효율 : 제조사별로 차이가 있으므로 제조사의 기술 자료 참고

③ 태양 전지의 설치

태양 전지의 출력은 태양과 직각이 되게 설치한 경우에 최대가 된다. 남쪽에 수평면부터의 각도가 연간을 통하여 가장 효율적이게 발전하는 각도로 설치한다. 설치 장소의 조건으로서 1년 중에 일조 시간이 최단의 날(동지 쯤)의 (낮 동안) 일 중(오전 9시부터 오후 3시)에 태양 전지에 그림자가 없는 장소로 설치하는 것이 최적이다. 가능하다면 여름철과 겨울철에 태양 전지의 각도를 변경이 가능한 받침대에 설치하는 것이 바람직하다.

④ 태양 전지의 최대 출력 동작 전압

태양 전지의 최대 출력 동작 전압은 다음의 계산식으로 구한다.

다이오드는 태양 전지의 발전이 없을 때, battery부터의 역류를 막기 위해서 사용한다.

태양 전지의 최대 출력 동작 전압(V) = 배터리 공급 전압×배터리의 만 충전 계수 + 다이오드 전압 강하

- 여기서는 계산상 배터리 전압을 12V로 선정한다.
- 배터리의 만 충전 계수(연축전지의 경우는 1.24)
- 다이오드 전압 강하(실리콘은 순방향 시 0.7V의 전압 강하가 발생)

⑤ 태양 전지의 선정

태양 전지의 필요 전류 및 최대 동작 전압이 정해지면, 태양 전지의 사양을 참고로 적당한 것을 선정한다. 태양 전지는 조도(빛의 질김)에 의해 출력이 크게 변동한다. 태양 전지의 설치 장소(방위, 각도)에 의해서는 충분한 전력을 얻어지지 않는

일이 있기 때문에 선정에는 여유를 가지고 하는 것도 중요하다.

⑥ 태양 전지의 직·병렬접속

㈎ 직렬접속

태양 전지의 한 쌍의 플러스(+)와 마이너스(-)를 접속하는 것에 의해 최대 출력 전류를 변화시키는 일 없이, 최대 출력 전압은 2배의 값을 얻는 것이 가능하다(직렬접속=전압 2배, 전류 일정).

㈏ 병렬접속

태양 전지의 플러스(+)끼리, 또 마이너스(-)끼리를 접속하는 것에 의해 최대 출력 전압을 변화시키는 일 없이, 최대 출력 전류는 2배의 값을 얻는 것이 가능하다(병렬접속=전압 일정, 전류 2배).

⑦ 배터리의 용량 계산(독립형일 경우)

배터리의 용량은 다음과 같이 계산한다.

$$\text{배터리의 용량(Ah)} = \frac{\text{1일의 소비 전류량(Ah/일)} \times \text{무일사(태양광 없는 날)}}{\text{배터리 보수율}}$$

• 배터리의 보수율 : 0.8(연축전지의 경우)

여기서, 배터리의 보수율이란 충·방전 시의 손실(발열 등)을 보정하기 위해 사용한다.

⑧ 배터리의 선정(독립형일 경우)

태양 전지와 배터리를 설치해 사용하는 경우에는 배터리의 정확한 선정과 관리가 필요하다. 부하 용량의 파악, 배터리의 방전 심도, 설치 환경, 가격, 수명 등을 고려해 선정할 필요가 있다. 또, 시스템은 계속해서 사용하지 않으면 배터리에 과·충전이 되고, 배터리의 전해액을 소비하여 손상의 원인이 된다. 배터리의 사용법을 잘못 알고 사용하게 되면 배터리의 수명을 단축시킬 수 있다.

표 2-28 **제조사별 배터리**

구분	연축전지	알칼리 축전지
기대 수명	3～15년 (기종에 의해 다르다.)	12～20년 (기종에 의해 다르다.)
중량	무겁다.	가볍다.
가격	저가	고가

태양광 발전 시스템으로 사용하는 배터리로서 적당한 것은 연축전지이다. 각 배터리 제조사별로 태양광 발전 용도로 사용하기 좋은 제품을 소개하고 있으니 상담 후 선정하여 구입하는 것이 좋다.

⑨ 충·반전 컨트롤러의 선정(독립형일 경우)

충·반전 컨트롤러에 필요한 사양(태양 전지 입력 전류, 부하 전류)을 구한다. 여기에서 설계에 여유를 두기 위하여 보수율을 0.85로 하고 있다.

$$\text{태양 전지 입력 전류(A)} = \frac{\text{태양 전지의 합선 전류(A)}}{\text{보수율}}$$

$$\text{부하 전류(A)} = \frac{\text{직류 기기의 최대 출력(W)}}{\text{시스템 전압(V)} \times \text{보수율}}$$

참고 충·방전 컨트롤러의 최대 입력 전압은 태양 전지의 개방 전압 이상이 필요하다.

⑩ 인버터의 선정

인버터의 종류는 정현파(사인파)와 유사 정현파(구형파)가 있다.

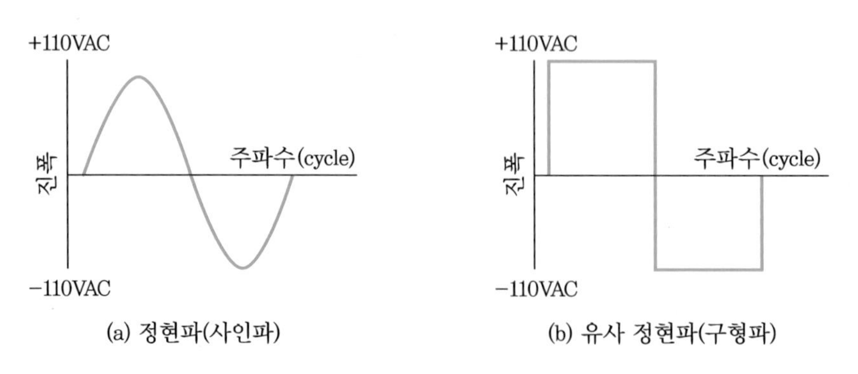

(a) 정현파(사인파) (b) 유사 정현파(구형파)

그림 2-92 **인버터의 종류**

출력 파형이 일반 가정에 공급되어 있는 상용 전원 파형과 같은 이유로, 사용할 수 있는 부하 기기에 제한은 없다. 독립형 발전용 전원 시스템이나 정밀한 정현파(사인파) 형태를 필요로 하는 측정 기기, 의료 기기, 통신 장비, 음향 기기 등에는 부하 기기를 선택하지 않는 정현파 인버터를 선택한다.

(2) 독립형 태양광 발전 설계 예

① 사용 부하의 용량 및 사용 시간 선정

㈎ 직류 기기 = 12V/60W 전구(1일 2시간 사용)

㈏ 교류 기기＝220V/440W 컴퓨터(1일 3시간 사용)
㈐ 우천 시나 야간에서의 사용을 고려하여 배터리 전원만으로 5일간 가동할 수 있을 것
㈑ 시스템 전압은 12V로 결정한다.

② 접속 부하의 소비 전류 계산

다음 식을 사용하여 소비 전류를 계산한다.

$$I = \frac{P}{V}[\text{A}]$$

- 직류 기기의 소비 전류＝ $\frac{60\text{W}}{12\text{V}} = 5\,[\text{A}]$
- 교류 기기의 소비 전류＝ $\frac{440\text{W}}{220\text{V}} = 2\,[\text{A}]$
- 직류 전류로 환산하면＝ $\frac{440\text{W}}{12\text{V}} = 36.7\,[\text{A}]$

③ 1일에 필요한 발전 전류 계산

$$1일\ 발전\ 전류량 = \frac{1일\ 소비\ 전류량(\text{Ah}/일)}{출력\ 보정\ 계수 \times 배터리\ 방전\ 보정\ 계수 \times 기타\ 보정\ 계수}$$

다음에 표시하는 보정 계수는 통상적으로 표시하는 수치이다.
- 출력 보정 계수(태양 전지의 온도 특성, 효율, 기상 등) : 0.85
- 배터리 방전 보정 계수 : 0.8
- 기타 보정 계수(DC-AC 인버터) : 인버터의 효율은 각 메이커마다 틀리며, 반드시 생산 메이커에서 제공하는 원본 TECHNICAL SPECIFICATIONS을 확인하여 설계한다. 단순 계산 방식으로 $\eta = \frac{P_{\text{OUT}}}{P_{\text{IN}}}$ 으로 계산할 수 있다.

④ 태양 전지 발전에 필요한 전류 계산

일반적인 지역에서의 1일 평균 일조 시간은 3～4시간(일사량 : 1000W/m^2에 환산한 경우)이다.

실제로 계산하면 중간인 3.5시간(1년간 평균 일조 시간을 사용한다.)

$$태양\ 전지가\ 필요한\ 전류(\text{A}) = \frac{1일\ 태양\ 전지가\ 발전할\ 전류량(\text{Ah}/일)}{1일\ 평균\ 일조\ 시간(\text{h}=3.5)}$$

보정 계수에서 전구는 직류 기기이기 때문에 1을 계산하고, 컴퓨터는 교류 기기이기 때문에 DC-AC 인버터의 변환 효율 90%(0.9)를 계산한다(인버터 제조사별 효

율이 다르기 때문에 제품별 사양을 참고하며, 이번 계산에서는 90%로 가정하여 계산한다).

- 태양 전지의 1일에 필요한 발전 전류량(Ah/일) 계산

$$\frac{5A \times 2h}{0.85 \times 0.8 \times 1} + \frac{36.7A \times 3h}{0.85 \times 0.8 \times 0.9} = 194.6A\,(Ah/\text{일})$$

- 태양 전지의 필요 전류량(A)

$$\frac{194.6\,(Ah/\text{일})}{3.5\,(Ah/\text{일})} = 55.6A$$

⑤ 태양 전지의 최대 출력 동작 전압

태양 전지의 최대 출력 동작 전압은 다음의 계산식으로 구한다.

다이오드는 태양 전지의 발전이 없을 때 배터리부터의 역류를 막기 위해서 사용한다.

태양 전지의 최대 출력 동작 전압(V) = 배터리 공급 전압×배터리의 만 충전 계수 + 다이오드 전압 강하

- 여기서는 계산상 배터리 전압을 12V로 선정한다.
- 배터리의 만 충전 계수(연축전지의 경우는 1.24)
- 다이오드 전압 강하(실리콘은 순방향 시 0.7V의 전압 강하가 발생. 요즘은 게르마늄을 사용하지 않는다.)

태양 전지의 최대 출력 동작 전압(V) = 12V×1.24 + 0.7V = 15.58V

⑥ 태양 전지의 선정

태양 전지의 필요 전류 및 최대 동작 전압이 정해지면 태양 전지의 사양을 참고로 적당한 것을 선정한다.

태양 전지는 조도에 의해 출력이 크게 변동한다. 태양 전지의 설치 장소(방위, 각도)에 의해서는 충분한 전력이 얻어지지 않는 일이 있기 때문에 선정에는 여유를 갖는 것도 중요하다.

⑦ 배터리의 용량 계산

마지막으로 필요한 배터리의 용량을 계산한다. 배터리의 보수율이란 충·방전 시 손실(발열 등)을 보정하기 위해 사용한다.

$$\text{배터리의 용량(Ah)} = \frac{\text{1일의 소비 전류량(Ah/일)} \times \text{무일사(태양광 없는 날)}}{\text{배터리 보수율}}$$

• 배터리의 보수율 : 0.8(연축전지의 경우)

보기

$$배터리의\ 용량(Ah) = 194.6A(Ah/일) \times \frac{5일(무일사)}{0.8(배터리\ 보수율)} = 1216.2A$$

• 위 계산에서의 배터리 용량은 필요한 최소한의 용량을 생각한다.
• 부하를 연속 사용하는 경우는 충분한 마진(방전 심도 : 50% 정도)을 고려해야 한다.
• 시스템의 전압이 변경되면 전류도 같이 변경된다.

⑧ Charge 컨트롤러(충·방전 컨트롤러)의 선정

charge 컨트롤러(충·반전 컨트롤러)에 필요한 사양(태양 전지 입력 전류, 부하 전류)을 구한다.

여기에서는 설계에 여유가 있도록 하기 위해서 보수율을 0.85로 한다.

$$태양\ 전지\ 입력\ 전류(A) = \frac{태양\ 전지의\ 합선\ 전류(A)}{보수율}$$

$$부하\ 전류(A) = \frac{직류\ 기기의\ 최대\ 출력(W)}{시스템\ 전압(V) \times 보수율}$$

보기

• **태양 전지 1매의 출력 특성**
최대 출력 : 65W 최대 출력 전압 : 17.7V 최대 출력 전류 : 3.69A
개방 전압 : 22.1V 합선 전류 : 3.99A

• **병렬접속하면**
최대 출력 : 130W 최대 출력 전압 : 17.7V 최대 출력 전류 : 7.38A
개방 전압 : 22.1V 합선 전류 : 7.98A

$$태양\ 전지\ 입력\ 전류(A) = \frac{7.98A}{0.85} = 9.39A$$

$$부하\ 전류(A) = \frac{60W}{12V \times 0.85} = 5.88A$$

참고

• charge 컨트롤러의 최대 입력 전압은 태양 전지의 개방 전압(앞에서 말한 경우 22.1V) 이상이 필요하다.
• 주택용 태양광 발전 시스템용의 태양 전지를 사용할 때에는 주의가 필요하다.

⑨ DC-AC 인버터의 선정

DC-AC 인버터의 종류로는 정현파(사인파)와 유사 정현파(직사각형파)가 있다. 정현파 타입은 출력 파형이 일반 가정에 공급되어 있는 상용 전원 파형과 같은 이유로, 사용할 수 있는 부하 기기에 제한은 없다.

독립형 발전용 전원 시스템이나 정밀한 정현파(사인파) 형태를 필요로 하는 측정 기기, 의료 기기, 통신 장비, 음향 기기 등에는 부하 기기를 선택하지 않는 정현파 인버터를 선택한다.

유사 정현파 타입은 전압의 실횻값이 상용 전원과 같은 교류 220V이며, 퍼스널 컴퓨터, 텔레비전, 전자레인지, 에어컨, 전동 공구 등은 대부분의 부하 기기를 접속해 사용할 수 있다. 그러나 파형에 특성으로 잡음과 화상 노이즈 등 발생이 생기는 문제로 정확한 파형에 의존하여 동작하는 부하 기기(인버터 방식 형광등, 마이크로 컴퓨터 제어 전기 제품, 의료 기기, 통신 장비, 방송 장비 등)는 문제가 발생할 수 있다.

참고

• 변환 효율이 90%의 DC-AC 인버터를 사용하는 경우

$$\text{인버터 출력 전류(A)} = \frac{\text{교류 출력(W)}}{\text{교류 전압(V)}}$$

$$\text{인버터 입력 전류(A)} = \text{인버터 출력 전류(A)} \times \frac{\text{교류 전압(V)}}{\text{시스템 전압(V)} \times \text{변환 효율}}$$

보기

배터리＝DC 12V, 부하 용량＝220V, 440W

인버터 출력 전류(A)＝440W/220V＝2A

$$\text{인버터(12V용) 입력 전류(A)} = 2\text{A} \times \frac{\text{AC } 220\text{V}}{\text{DC } 12\text{V} \times 0.9} = 40.74\text{A}$$

$$\text{인버터(24V용) 입력 전류(A)} = 2\text{A} \times \frac{\text{AC } 220\text{V}}{\text{DC } 24\text{V} \times 0.9} = 20.37\text{A}$$

(DC-AC 인버터의 입력 전류와 출력 전류는 다르다.)

이 계산을 잘못하면 DC-AC 인버터가 정상적으로 동작하기 어렵다.

입력에 공급되는 직류(DC) 전류는 대전류가 흐르기 때문에 배선 케이블의 굵기와 길이에 대한 선정에도 충분히 주의할 필요가 있다.

AC 220V 기기는 전원 투입 직후에 정격 전력 이상의 전력을 소비하기 때문에 charge 컨트롤러와 접속한 경우 대전류에 의해 컨트롤러를 파손하는 경우가 있기 때문에 원칙적으로 DC-AC 인버터는 배터리와 직결한다.

2 실습 방법

❶ AC LAMP(M08) 모듈을 하루 5시간 사용 시 요구되는 태양광 모듈, 충전 컨트롤러, 배터리, 인버터의 최소 용량을 계산한다.
(단, 출력 보정 계수 : 0.85, 배터리 방전 보정 계수 : 0.8, 1일 평균 일조 시간 : 4시간, 배터리 만 충전 계수 : 1.24, 배터리 보수율 : 0.8, 충전 컨트롤러 보수율 : 0.85로 계산한다.)

(1) 태양 전지 모듈 용량 :

(2) 충전 컨트롤러 용량 :

(3) 배터리 용량 :

(4) 인버터 용량 :

❷ AC LAMP(M08) 모듈을 하루 5시간 사용, AC BUZZER(M10) 모듈을 하루 3시간 사용 시 요구되는 태양광 모듈, 충전 컨트롤러, 배터리, 인버터의 최소 용량을 계산한다.
(단, 출력 보정 계수 : 0.85, 배터리 방전 보정 계수 : 0.8, 1일 평균 일조 시간 : 4시간, 배터리 만 충전 계수 : 1.24, 배터리 보수율 : 0.8, 충전 컨트롤러 보수율 : 0.85로 계산한다.)

(1) 태양 전지 모듈 용량 :

(2) 충전 컨트롤러 용량 :

(3) 배터리 용량 :

(4) 인버터 용량 :

❸ AC LAMP(M08) 모듈을 하루 5시간 사용, AC MOTOR(M09) 모듈을 하루 4시간 사용, AC BUZZER(M10) 모듈을 하루 3시간 사용 시 요구되는 태양광 모듈, 충전 컨트롤러, 배터리, 인버터의 최소 용량을 계산한다.
(단, 출력 보정 계수 : 0.85, 배터리 방전 보정 계수 : 0.8, 1일 평균 일조 시간 : 4시간, 배터리 만 충전 계수 : 1.24, 배터리 보수율 : 0.8, 충전 컨트롤러 보수율 : 0.85로 계산한다.)

(1) 태양 전지 모듈 용량 :

(2) 충전 컨트롤러 용량 :

(3) 배터리 용량 :

(4) 인버터 용량 :

❹ 1일 4시간의 일조 시간을 갖고, 하루 3개 부하를 모두 5시간씩 사용한다.

3 관련 용어

■ **복합 태양광 발전 시스템**(hybrid photovoltaic system)

태양광 발전 시스템에 디젤 발전이나 풍력 발전 시스템을 조합하여 보조 전원으로 이용하는 시스템이다.

■ **전용 부하 태양광 발전 시스템**(photovoltaic system for specific load)

이미 알고 있는 특정 부하의 요구에 전용으로 맞춰 설계하고 구성한 시스템이다.

■ **일반 부하 태양광 발전 시스템**(photovoltaic system for common load)

어떤 범위의 불특정 부하를 대상으로 설계하고 구성한 범용의 시스템이다.

■ **구내 부하 전용 태양광 발전 시스템**(photovoltaic system for onsite load)

태양광 발전 시스템이 설치되어 있는 구내에 설치된 부하에만 발전된 전력을 공급하도록 설계하고 구성한 시스템이다. 온사이트(onsite) 시스템이라고 부르는 경우도 있다.

■ **분산 부하 태양광 발전 시스템**(photovoltaic system for distributed multi-load)

소규모의 배전선을 설치하여 태양광 발전 시스템이 설치된 구내 이외의 여러 곳에 분산되어 있는 부하에도 발전 전력을 공급하도록 설계하고 구성한 시스템이다.

■ **집중 배치 태양광 발전 시스템**(centralized photovoltaic system)

태양광 발전 시스템을 한 곳에 집중 설치하는 시스템이다.

2-22 태양광 발전의 설계 Ⅱ

1 실습 방법

❶ 앞 시스템 계통의 용량으로 보아 AC LAMP(M08) 모듈을 하루 평균 3시간 사용한다면, 태양광이 없을 시 몇 시간 동안 사용 가능한지 기술한다.
(단, 출력 보정 계수 : 0.85, 배터리 방전 보정 계수 : 0.8, 1일 평균 일조 시간 : 4시간, 배터리 만 충전 계수 : 1.24, 배터리 보수율 : 0.8, 충전 컨트롤러 보수율 : 0.85로 계산한다.)

❷ 앞 시스템 계통의 용량으로 보아 AC LAMP(M08), AC MOTOR(M09) 모듈을 하루 평균 3시간 사용한다면, 태양광이 없을 시 몇 시간 동안 사용 가능한지 기술한다.
(단, 출력 보정 계수 : 0.85, 배터리 방전 보정 계수 : 0.8, 1일 평균 일조 시간 : 4시간, 배터리 만 충전 계수 : 1.24, 배터리 보수율 : 0.8, 충전 컨트롤러 보수율 : 0.85로 계산한다.)

❸ AC LAMP(M08) 모듈을 하루 5시간 사용, AC MOTOR(M09) 모듈을 하루 4시간 사용, AC BUZZER(M10) 모듈을 하루 3시간 사용 시 요구되는 태양광 모듈, 충전 컨트롤러, 배터리, 인버터의 최소 용량을 계산한다.
(단, 출력 보정 계수 : 0.85, 배터리 방전 보정 계수 : 0.8, 1일 평균 일조 시간 : 4시간, 배터리 만 충전 계수 : 1.24, 배터리 보수율 : 0.8, 충전 컨트롤러 보수율 : 0.85로 계산한다.)

(1) 태양 전지 모듈 용량 :

(2) 충전 컨트롤러 용량 :

(3) 배터리 용량 :

(4) 인버터 용량 :

2 관련 용어

■ **분산 배치 태양광 발전 시스템**(dispersed photovoltaic system)

분산 배치한 복수의 중 · 소규모 태양광 발전 시스템이나 태양 전지 어레이를 마치 하나의 발전소와 같이 운전하는 시스템이다. 다음의 2가지 방식으로 분류한다.

① **병렬 운전 분산 배치 태양광 발전 시스템**(multi-photovoltaic system) : 분산 배치한 복수의 태양광 발전 시스템을 공통 시스템 제어를 기초로 하여 배전선을 통하여 병렬 운전하는 시스템이다.

② **어레이 분산 배치 태양광 발전 시스템**(dispersed photovoltaic array system) : 분산 배치한 복수의 태양광 발전 어레이(태양 전지 어레이)를 병렬로 접속하여 직·교 변환 장치를 집중 배치한 시스템이다.

■ **자립 운전 또는 자율 운전**(autonomy)

독립형 태양광 발전 시스템에서 자립 운전은 햇빛을 받지 않는 상태에서 시스템이 정상적으로 동작하는 것을 말하며, 자립 운전 기간은 태양 에너지 투입 없이 시스템이 정규 부하에 전력을 공급할 수 있는 총시간으로 정의한다. 독립형 태양광 발전 시스템의 자립 운전은 일정한 일일(daily) 부하 조건에서 축전지의 방전 심도와 시스템에 포함된 축전지의 수량에 의해서 결정된다. 축전지가 매일 충전되는 양의 일부분만 방전한다면, 대부분의 충전량을 방전하는 축전지보다 동작 기간이 길다. 자립 운전이라는 용어 대신에 자율 운전 또는 자율 가동이라는 말도 자주 사용된다.

■ **계통 연계 운전**(grid-connected operation, utility connected operation)

자가 발전 설비를 상용 전력 계통에 병렬로 접속하여 운전하고 있는 상태이다.

참고 연계되는 상용 전력 계통의 전압 등급과 형태에 따라 저압 연계, 고압 연계, 특별 고압 연계, 소규모 병렬 수전 선로망(spot network, 우리나라에서는 쓰이지 않는 방식으로 주로 일본에서 쓰임) 연계 등으로 구분하기도 한다.

2-23 태양광 발전의 설계 Ⅲ

1 실습 방법

❶ 앞과 같은 시스템으로 AC LAMP(M08) 모듈을 하루 5시간 사용 시 요구되는 충전 컨트롤러, 배터리, 인버터의 최소 용량을 계산한다.
(단, 출력 보정 계수 : 0.85, 배터리 방전 보정 계수 : 0.8, 1일 평균 일조 시간 : 4시간, 배터리 만 충전 계수 : 1.24, 배터리 보수율 : 0.8, 충전 컨트롤러 보수율 : 0.85로 계산한다.)

(1) 충전 컨트롤러 용량 :

(2) 배터리 용량 :

(3) 인버터 용량 :

❷ 앞과 같은 시스템으로 AC LAMP(M08) 모듈을 하루 5시간 사용, AC BUZZER(M10) 모듈을 하루 3시간 사용 시 요구되는 충전 컨트롤러, 배터리, 인버터의 최소 용량을 계산한다.
(단, 출력 보정 계수 : 0.85, 배터리 방전 보정 계수 : 0.8, 1일 평균 일조 시간 : 4시간, 배터리 만 충전 계수 : 1.24, 배터리 보수율 : 0.8, 충전 컨트롤러 보수율 : 0.85로 계산한다.)

(1) 충전 컨트롤러 용량 :

(2) 배터리 용량 :

(3) 인버터 용량 :

❸ 1일 4시간의 일조 시간을 갖고, 하루 3개 부하를 모두 5시간씩 사용한다고 가정하면 앞과 같은 시스템으로 안정된 전원 공급이 가능하도록 한다.

❹ PV CELL–A(M01) 모듈 1개만으로 앞과 같은 시스템을 구성하고, 1일 4시간의 일조 시간을 갖고, 하루 3개 부하를 모두 5시간씩 사용한다고 가정하면 안정된 전원 공급이 가능하도록 한다.

2 관련 용어

■ **출력 조절기 또는 전력 조절기**(PCS : Power Conditioning System)

태양광 발전 어레이의 전기적 출력 사용에 적합한 형태의 전력으로 변환하는 데 사용하는 장치이다. 태양광 발전 시스템의 중심이 되는 장치로서, 감시·제어 장치, 직류 조절기, 직류-교류 변환 장치, 직류/직류 접속 장치, 교류/교류 접속 장치, 계통 연계 보호 장치 등의 일부 또는 모두로 구성되며, 태양 전지 어레이의 출력을 원하는 형태의 전력으로 변환하는 기능을 가지고 있다.

■ **주 감시 제어 장치**(MCM(Master Control and Monitoring) system)

태양광 발전 시스템 및 직교 변환 장치(인버터)의 기동 · 정지 제어, 축전지의 충 · 방전 제어, 계통/부하의 전력 제어, 자동 · 수동 전환, 어레이의 태양 추적, 자료 수집 및 데이터 통신, 표시 등의 일부 또는 모두를 포함하는 시스템 전체의 제어, 감시 기능을 가진 장치이다.

■ **시스템 감시 및 제어용 하위 시스템**(monitor and control subsystem)

모든 하위 시스템(subsystem)들의 상호 작용을 조절하고 시스템의 전체적인 운영을 감시하는 논리 및 제어 회로이다.

■ **직류/직류 접속 장치**(DC/DC interface)

직류 조절기의 출력 측과 직류 부하 접속 장치이다. 개폐기, 보조 직류 전원 접속 여파기(filter) 등으로 구성된다.

■ **교류/교류 접속 장치**(AC/AC interface)

직·교 변환 장치의 출력 측과 교류 부하 접속 장치이다. 교류/교류 전압 변환부, 보조 교류 전원 접속부, 여파기 등으로 구성된다.

■ **교류 계통 접속 장치**(utility interface)

직·교 변환 장치의 출력 측과 전력 계통 접속 장치이다. 계통과 병렬로 교류/교류 전압 변환부, 필터, 계통 연계 보호 장치 등으로 구성된다.

■ **계통 연계 보호 장치**(utility interactive protection unit)

계통 연계형 태양광 발전 시스템에서 출력을 직접 전력 계통으로 보내는 데 필요한 보호 장치이다.

2-24 태양광 가로등(전자식 보안등) 제어 회로의 특성

실습 목적	독립형 인버터나 계통형 인버터를 사용하여 가로등이나 다른 부하를 정해진 시간에 ON/OFF를 할 수 있도록 하고 특성을 측정할 수 있다.
사용 기기	• 태양 전지 모듈 – B (M02) • 할로겐 광원 모듈 (M03) • 충전 컨트롤러 모듈 (M05) • 배터리 모듈 (M06) • 독립형 인버터 모듈 (M07) • 직류 전압계 모듈 (M18) • 직류 전류계 모듈 (M19) • 교류 전압계 모듈 (M20) • 교류 입력 터미널 모듈 (M22)
안전 및 유의 사항	1. 광원으로 사용되는 할로겐램프는 점등 시 보호 케이스 및 강화 유리 부분에 고온이 되므로 화상과 강한 빛을 발생하므로 쳐다 볼 경우 눈에 손상이 갈 수 있으니 주의한다. 2. 올바른 동작을 확실하게 하려면 모든 전자적 모듈 구성 요소를 정확한 극성으로 연결한다. 3. 할로겐램프의 광량과 빛의 주파수 대역 차이에 따라 이론적인 결과와 차이가 있을 수 있다. 또한, 야외 실습 시 환경 조건에 따라 실습 결과의 차이를 가져올 수 있다. 4. 실습이 끝난 태양광 모듈도 표면 온도가 상승되어 있으므로 만지지 않으며, 화상에 주의한다.
실습 회로도	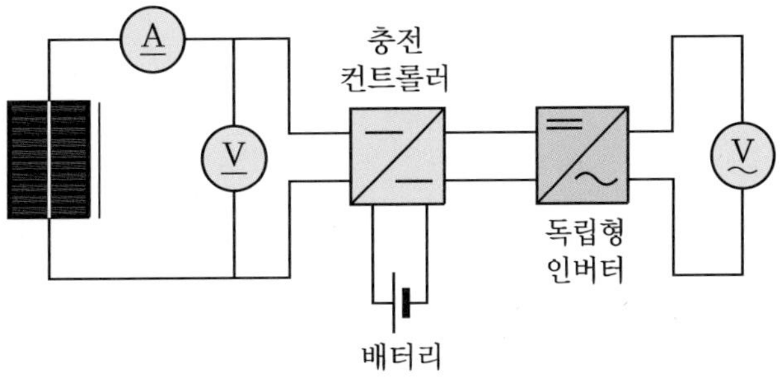 A V 충전 컨트롤러 독립형 인버터 V 배터리

1 관련 이론

(1) 태양광 가로등 제어의 개요

태양광 가로등은 독립형 태양광 발전 시스템으로 주간에는 PV 모듈에 의해 발생된 전기 에너지를 배터리에 저장하고, 야간에는 축척된 배터리의 직류를 사용하거나 독립형 인버터를 사용하여 AC로 변환한 다음 램프를 점등시킨다.

(2) 설치 목적

① 설치 에너지인 태양광을 전기 에너지로 변환, 야간 조명인 공원 등의 전원으로 공급하여 심각한 전력 수급 문제 해소와 안전한 설치 및 유지 보수의 편리함을 제공한다.

② 자연 재해 우려 지역이나 사람이 접근 곤란한 공해 지역에 본 시스템을 설치 및 운영함으로써 재난이나 공해 발생 시 안정적 조명을 제공한다.

③ 공원 및 산책로 주택가, 골목길, 아파트 단지, 주차장 및 관공서 등에 설치 운영함으로써 국가적으로 추진하는 보급 계획을 선도하며 무궁무진한 청정에너지를 신재생 에너지로 활용한다.

(3) 설치 효과

① 정전에 관계없이 점등이 가능하며, 220V를 사용하는 일반 공원 등과 달리 화재 및 사고의 위험이 없다(LED 경우).

② 장소 선정이 자유롭고 공사 및 설치가 편리하고 반영구적이다.

(4) 동작 원리

태양 전지를 이용하여 발전된 전기 에너지는 축전지에 저장되고 전력 제어기를 통하여 램프를 자동 점등 및 소등한다.

(5) 시스템 구성

태양 전지판, 자동 충전 컨트롤러, 인버터, 배터리, 전자식 보안등 점멸기

(6) 구성도

① 직류를 사용하는 경우

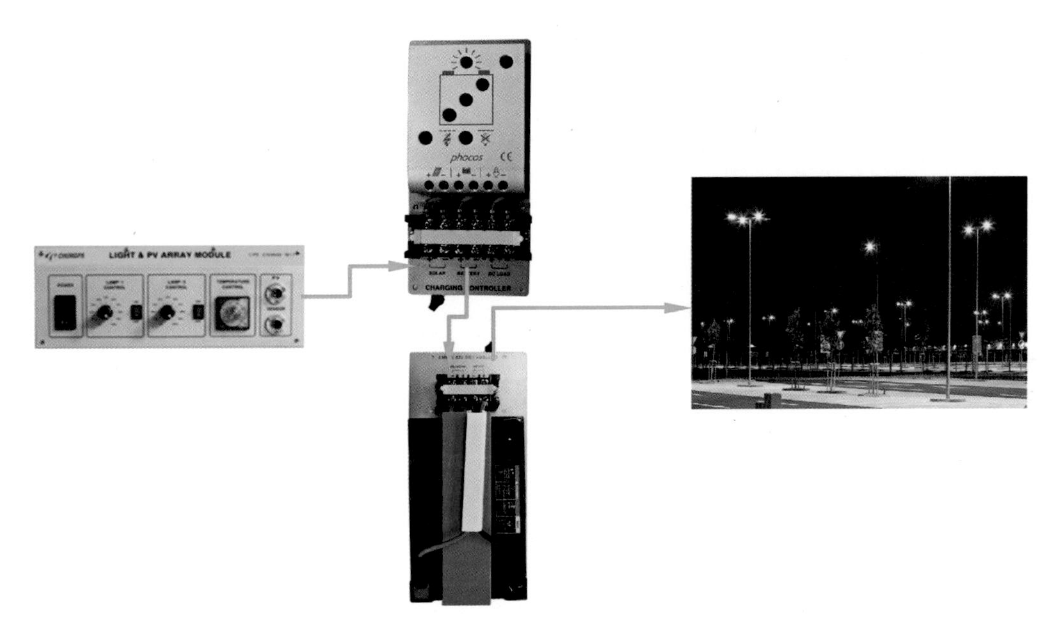

그림 2-93 **직류용 태양광 가로등 구성도**

② 교류를 사용하는 경우

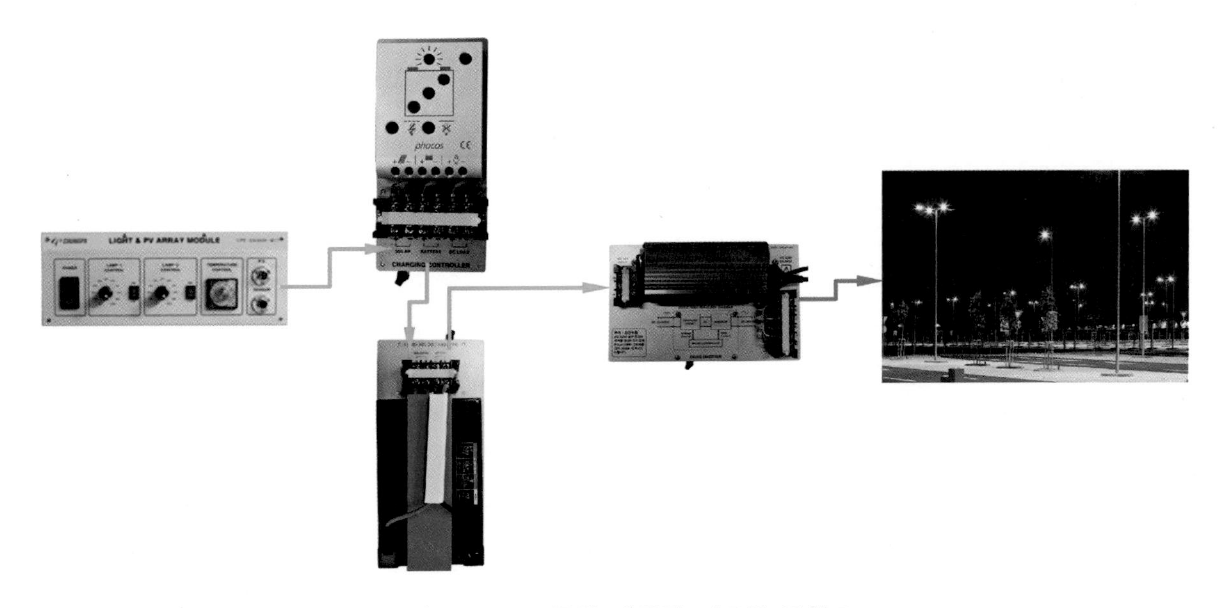

그림 2-94 **교류용 태양광 가로등 구성도**

2 실습 방법

❶ 할로겐 광원 모듈(M03)과 태양 전지 모듈 B(M02)를 그림 2-95와 같이 모듈 장착 테이블에 약 30 cm 거리를 두고 수평으로 마주보도록 장착한다.

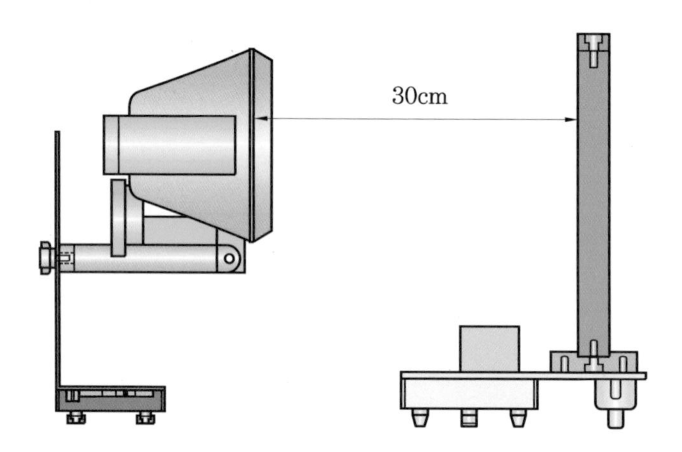

그림 2-95 **광원과 PV cell 배치**

❷ 교류 입력 터미널 모듈(M22)의 AC INPUT 단자에 power cable을 연결하고 AC 220V 콘센트에 연결한다.

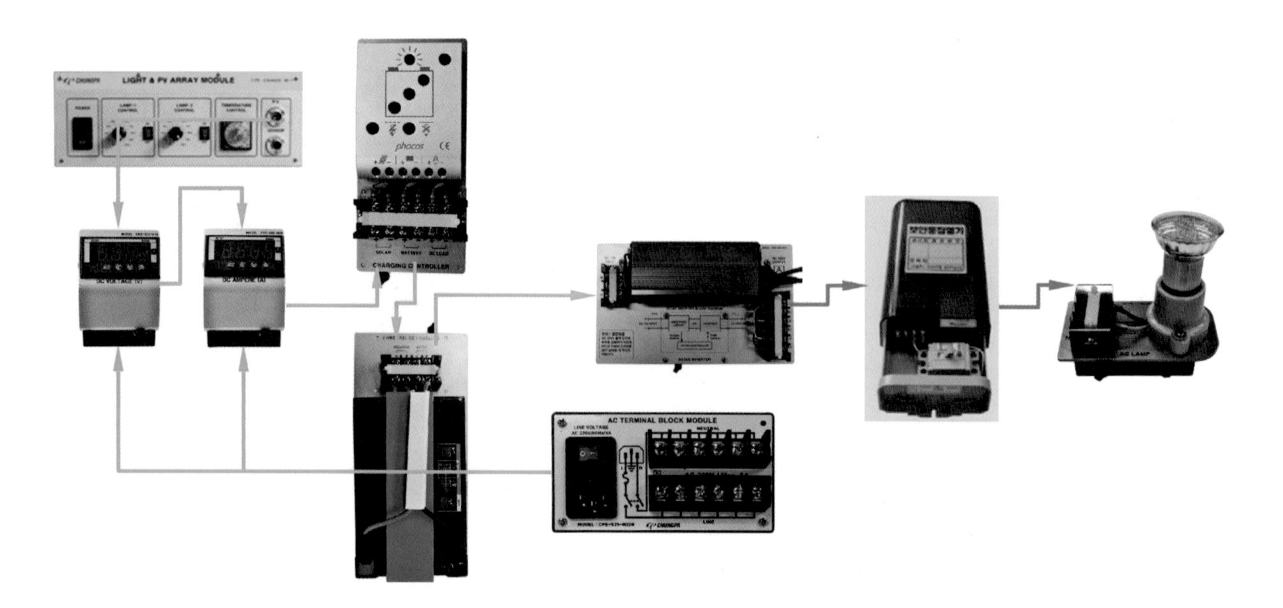

그림 2-96 **가로등 자동 제어 배치도**

❸ 할로겐 광원 모듈(M03)의 케이블을 교류 입력 터미널 모듈(M22)의 L과 N 단자에 각각 1개씩 결선한다. 또한, 직류 전압계 모듈(M18), 직류 전류계 모듈(M19), 교류 전압계 모듈(M20)의 단자대의 전원 부분과 교류 입력 터미널 모듈(M22)의 L과 N 단자에 각각 1개씩 결선한다.

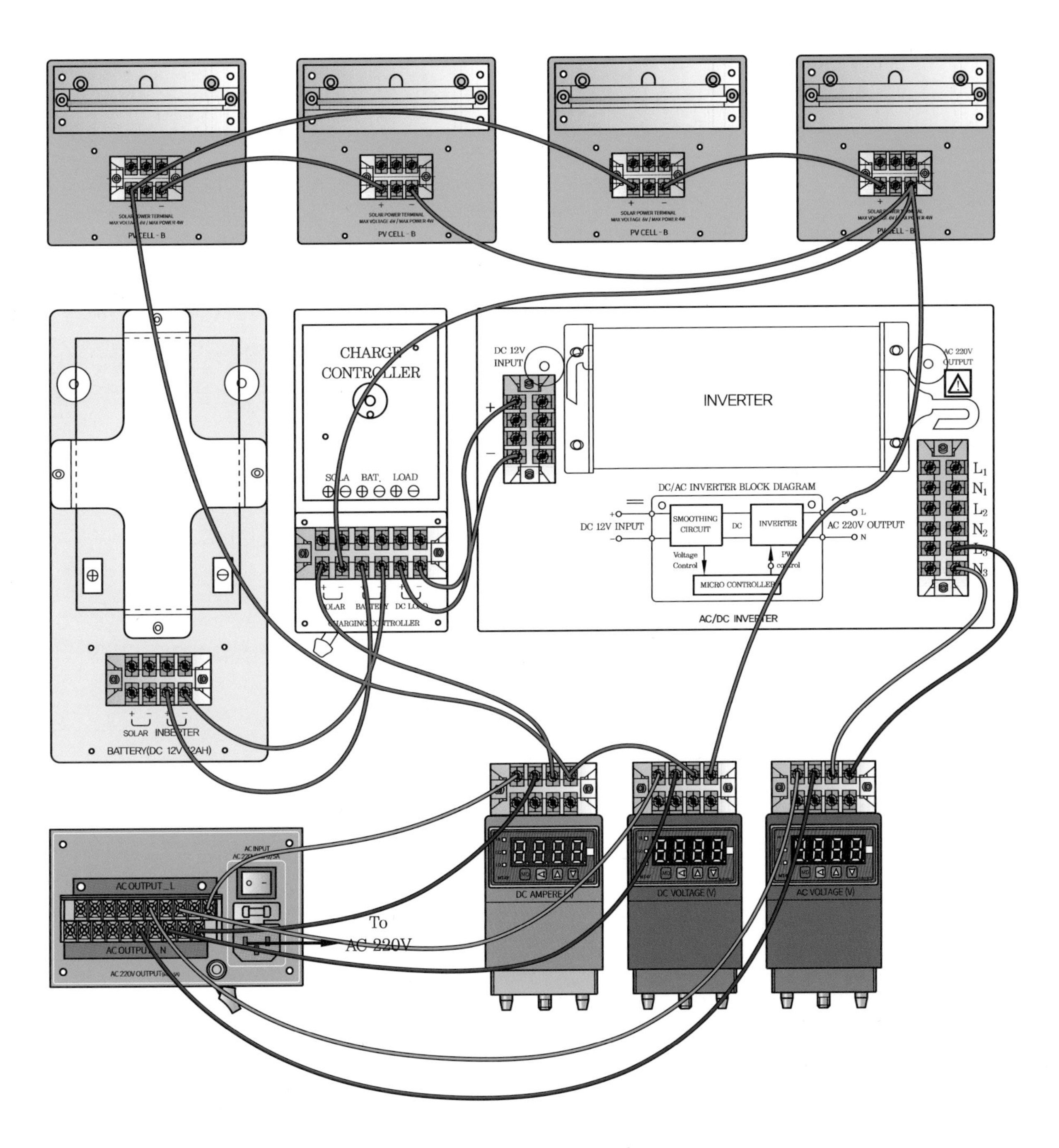

그림 2-97 **실무 결선도**

❹ 태양 전지 모듈 B(M02)의 터미널 단자는 2-직렬, 2-병렬로 연결하고, 직류 전압계 모듈(M18)과 직류 전류계 모듈(M19)의 측정 터미널 단자에 극성에 맞게 연결한다.

❺ 충전 제어 모듈(M05)의 solar 단자에 태양 전지 모듈 B(M02), battery 단자에 축전지 모듈(M06), DC load 단자에 독립형 인버터 모듈(M07)을 각각 연결한다.

주의 배터리 단자에 연결 시 충전 제어 모듈(M05)을 먼저 연결한 후 배터리 단자에 연결한다.

❻ 독립형 인버터 모듈(M07)의 출력 단자에 교류 전압계 모듈(M20)을 연결한다.

❼ 교류 입력 터미널 모듈(M22)의 전원 스위치를 **ON**으로 하면 직류 전압계 모듈(M18), 직류 전류계 모듈(M19), 교류 전압계 모듈(M20)에 전원이 켜진다. 또한, 할로겐 광원 모듈(M03)의 스위치를 **ON**시켜 태양 전지 모듈에 빛을 가한다.

❽ 충전 컨트롤러 모듈(M05)의 표시 창을 확인하여 현재 상태가 어떤지 확인한다.

❾ 직류 전압계 모듈(M18)과 직류 전류계 모듈(M19)에 측정된 전압과 전류의 값을 기록한다. (전력 = 전압×전류)

전압 : [V], 전류 : [A], 전력 : [W]

❿ 전자식 보안등 자동 점멸기의 시간을 설정한다. 설정 시간을 현재 시간으로 설정하고, 시간 제어 모듈의 OUTPUT에 10W 전구를 연결한다.

⓫ 독립형 인버터 모듈(M07)의 스위치를 ON하고, 5분 후에 10W의 전구가 ON되는지를 확인한다. 점등 후 5분 후에 10W의 전구가 OFF되는지를 확인한다.

⓬ 실습이 끝나면 모든 스위치를 OFF에 위치시키고 케이블 등을 정리한다.

3 결과 및 고찰

1. 위 [실습 방법]의 ⑩~⑪번 결과를 표 2-29에 작성하시오.

표 2-29 **가로등 상태 표시**

<table>
<tr><th rowspan="2">구분</th><th>태양 전지 모듈</th><th>충전 컨트롤러 모듈</th><th colspan="2">독립형 인버터 모듈</th><th rowspan="2">가로등 상태 표시</th></tr>
<tr><th>DC V/A</th><th>DC V/A</th><th>DC V/A</th><th>AC V/A</th></tr>
<tr><td rowspan="2">10W 전구 ON</td><td>V</td><td>V</td><td>V</td><td>V</td><td rowspan="2"></td></tr>
<tr><td></td><td>mA</td><td>mA</td><td>mA</td></tr>
</table>

2. 격등을 짧은 시간 동안 설정하여 동작시키도록 하시오.

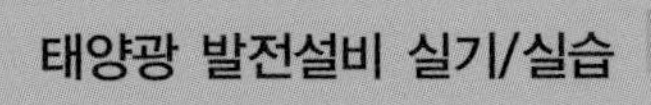

CHAPTER 03

태양광 발전 장치의 구성 및 기능

3-1 태양광 발전 장치

1 장치의 개요

태양광 발전 장치는 태양광 발전 시스템의 이해를 도와주는 장치로 실내에서 태양광 발전 원리를 실무적으로 할 수 있도록 설계 제작된 실습 장치이다.

각종 전력 소자를 실제 태양광 발전 설비와 유사하게 모듈화로 제작하여 사용자가 학습하고 싶은 분야의 모듈만 선택하여 랙에 장착한 후, 실제 배선을 하고 측정 데이터를 기록함으로써 태양광 발전 원리의 기초를 학습할 수 있다.

각 모듈은 클램핑 방식으로 제작하여 원터치로 쉽게 랙에 탈부착이 가능하다. 인버터 모듈이 기본 구성으로 되어 있어 인버터의 출력을 부하 모듈과 연결하여 독립형 태양광 발전 시스템을 구성하고 실습함으로써 원리를 학습할 수 있다.

또한, 디지털 멀티미터를 이용하여 셀에서 발전되는 DC 전압이나 인버터 입력 전원, 충전 컨트롤러 전원 등 각 계통별 사용자가 원하는 지점의 측정이 가능하다. 이러한 데이터를 이용해 자료를 도식화하여 쉽게 태양광 발전의 원리를 습득할 수 있다.

2 장치의 구성

① 태양 전지 모듈 A-type : PV cell-A module (M01)

② 태양 전지 모듈 B-type : PV cell-B module (M02)

③ 할로겐 광원 모듈 A : light source module (M03)

④ 다이오드 모듈 : diode-A, B module (M04-A, B)

⑤ 충전 제어 모듈 : charging controller module (M05)

⑥ 축전지 모듈 : battery module (M06)

⑦ 독립형 인버터 모듈 : DC/AC inverter module (M07)

⑧ AC 램프 부하 모듈 : AC lamp module (M08)

⑨ AC 모터 부하 모듈 : AC motor module (M09)

⑩ AC 버저 부하 모듈 : AC buzzer module (M10)

⑪ 디지털 미터 모듈 : digital meter module (M11)

⑫ 계통 연계형 인버터 모듈 : grid connected inverter module (M12)

⑬ 적산 전력계 모듈 : electricity meter module (M13)

⑭ 퓨즈 모듈 : fuse module (M14)

⑮ 가변 저항 모듈 : variable register module (M15)

⑯ 션트 모듈 (1A/50mV) : shunt module (M16)

⑰ 션트 모듈 (5A/50mV) : shunt module (M17)

⑱ 직류 전압계 모듈 : DC voltage meter module (M18)

⑲ 직류 전류계 모듈 : DC ampere meter module (M19)

⑳ 교류 전압계 모듈 : AC voltage meter module (M20)

㉑ 교류 전류계 모듈 : AC ampere meter module (M21)

㉒ 교류 입력 터미널 모듈 : AC input terminal block module (M22)

3-2 각부의 명칭 및 기능

1 태양 전지 모듈 A-type : PV cell-A (M01)

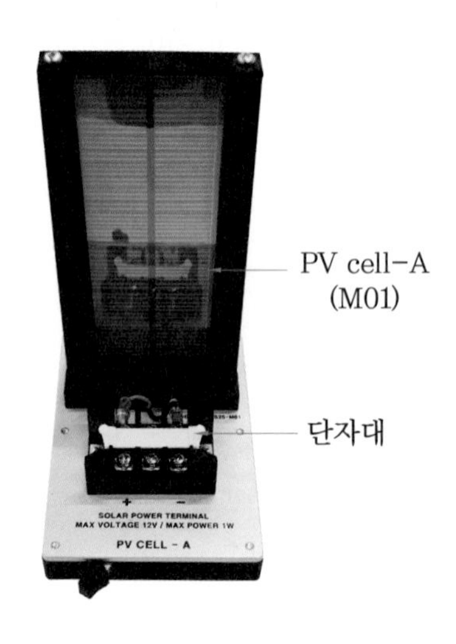

그림 3-1 PV cell-A module

(1) 특징 및 기능

할로겐램프 모듈(M03)과 마주보게 사용하여야 하며, 할로겐램프로부터 빛을 받아 최대 1W의 전력을 생산하는 solar module이다. 솔라 모듈의 기본 원리를 이해하기 위해 사용된다.

(2) 규격

① cell 크기 : 60(W)×150(H)

② PV module

㈎ 최대 출력(max. power : P_m) : 1 W

㈏ 최대 전압(max. power voltage : V_{mp}) : 12 V

㈐ 최대 전류(max. power current : I_{mp}) : 85 mA

(3) 각부 설명

① PV module

PV 모듈은 최대 전력 $P_{\max}=1$ W 정격으로 $V_{\max}=12$ V, $I_{\max}=85$ mA의 출력을 갖는다.

② 단자대

단자대를 통하여 발전된 전력을 연결한다. PV cell 출력을 단자대에 연결하고 Y 터미널 케이블을 이용하여 다른 모듈로 직접 배선 실습을 할 수 있다.

2 태양 전지 모듈 B-type : PV cell-B (M02)

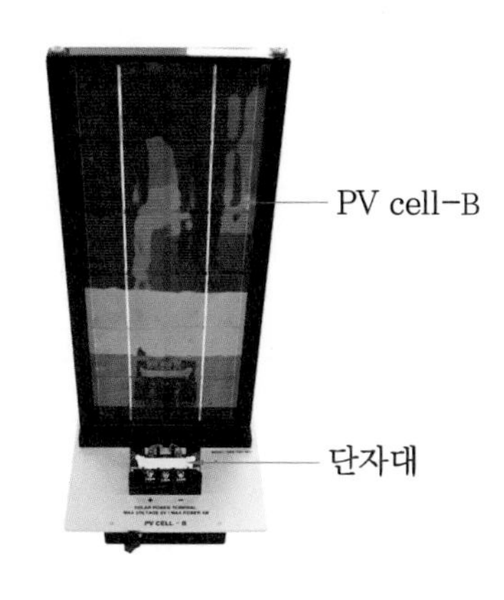

그림 3-2 PV cell-B module

(1) 특징 및 기능

할로겐램프 모듈(M03)과 마주보게 사용하여야 하며, 할로겐램프로부터 빛을 받아 최대 4W의 전력을 생산하는 solar module이다. 전체 4개의 모듈로 구성되어 있어 솔라 모듈의 직·병렬연결 및 기본 원리를 실습하는 데 사용된다.

(2) 규격

① cell 크기 : $120(W) \times 300(H)$

② PV module

㈎ 최대 출력 (max. power : P_m) : 4 W

㈏ 최대 전압 (max. power voltage : V_{mp}) : 6 V

㈐ 최대 전류 (max. power current : I_{mp}) : 660 mA

(3) 각부 설명

① PV Module

PV 모듈은 최대 전력 $P_{max} = 4$ W 정격으로 $V_{max} = 6$ V, $I_{max} = 660$ mA의 출력을 갖는다.

② **단자대**

단자대를 통하여 발전된 전력을 연결한다. PV cell 출력을 단자대에 연결하고 Y 터미널 케이블을 이용하여 다른 모듈로 직접 배선 실습을 할 수 있다.

3 할로겐 광원 모듈 : light source (M03)

그림 3-3 light source module

(1) 특징 및 기능

PV cell 또는 PV 모듈의 특성 실험을 하기 위해서 제작된 것으로 태양 광원을 대신하는 할로겐램프 광원 모듈로서 220V 300W의 규격을 가지며, 강한 광원을 위해 램프 뒤로 알루미늄 반사 갓이 있으며 전면에는 안전을 위해 강화 유리로 보호되어 있다. 램프의 각도를 상·하로 변경이 가능하여 각도에 따른 솔라 모듈의 특성 실습이 가능하다.

(2) 규격

① **출력** : 300 W
② **전원** : 220 V 50/60 Hz
③ 할로겐 직관 램프
④ 내열 유리 장착
⑤ 각도 조절 기능

4 다이오드 모듈 : diode-A, B (M04)

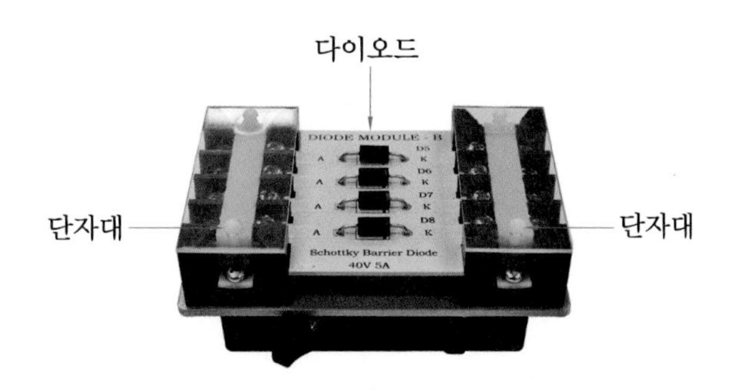

그림 3-4 diode module

(1) 특징 및 기능

솔라 모듈의 직·병렬연결 시 hot spot 현상 또는 shade 현상 등에 의한 솔라 모듈의 출력 감소를 방지하기 위한 바이패스용 또는 기타 회로의 역전류 방지를 위해 사용된다.

(2) 규격

① **크기** : 115(W)×75(H)

② **쇼트키 배리어 다이오드** : 8 EA

(가) 최대 전압 (max. power voltage : V_{mp}) : 40 V

(나) 최대 역전압 (max. power reverse voltage : V_{mp}) : 40 V

(다) 최대 전류 (max. power current : I_o) : 5 A

(3) 각부 설명

① SBD

쇼트키 장벽에 의한 정류 작용을 응용한 정류 소자를 말한다. 일반 다이오드는 P-N 접합을 이용하여 순방향 턴온 전압이 0.6~0.7V 정도에서 동작을 하는데 비해서, 쇼트키 다이오드는 쇼트키 배리어를 이용하여 순방향 전압을 0.2~0.3V 정도로 낮추어 전력 손실을 최소화하면서 고속 동작을 할 수 있게 만든 다이오드를 사용한다.

② **단자대**

단자대를 통하여 다이오드 소자와 연결한다. Y터미널 케이블을 이용하여 다른 모듈로 직접 배선 실습을 할 수 있다.

5 충전 제어 모듈 : charging controller (M05)

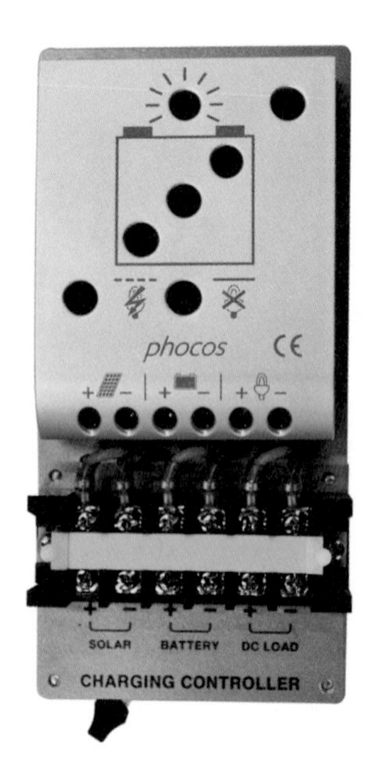

그림 3-5 charging controller

(1) 특징 및 기능

태양광 발전을 통해 생성된 전력을 solar 입력 단자를 통해 공급받아 charging controller가 일정량을 배터리 연결 단자를 통해 축전지 모듈(battery module(M06))에 전력을 공급하여 충전할 수 있도록 한다.

DC 출력 단자는 DC 부하 모듈(DC load module(M08))에 연결하여 DC 부하 실험을 할 수 있도록 하였고, 독립형 인버터 모듈(stand-alone inverter module(M07))에 연결하여 AC 출력 실습을 할 수 있도록 한다.

충전 상태 표시 창은 배터리에 충전되는 상태를 손쉽게 파악할 수 있도록 램프로 표시하도록 한다.

(2) 규격

① **크기** : 90(W)×185(H) mm

② charging controller

(가) normal voltage : 12 V

(나) boost voltage : 13.5 V (25℃), 2 h

(다) equalization voltage : 14.8 V (25℃), 2 h

(라) float voltage : 13.7 V (25℃)

(마) 저전압 차단 기능 (LVD) : 11.4~11.9 V (충전 상태에 의해 제어)
11.0 V (전압에 의해 제어)

(바) 부하 재연결 voltage : 12.8 V

(사) 온도 보상 : −4 mV/Cell · k

(아) 최대 입력 전류 (solar panel) : 5/8/10/15/20A

(자) 최대 부하 전류 (load) : 5/8/10/15/20A

(3) 각부 설명

① 충전 상태 표시 창

배터리에 충전되는 상태를 손쉽게 파악할 수 있도록 램프로 표시하도록 한다.

(가) solar charge LED "ON" : PV 모듈에서 전력 공급 시 점등

(나) solar charge LED "OFF" : PV 모듈에서 전력 미공급 시 소등

(다) charge < 25% : 충전 상태가 25% 이하일 경우 점등

(라) charge < 25~75% : 충전 상태가 25~75% 이하일 경우 점등

(마) charge > 75% : 충전 상태가 75% 이상일 경우 점등

(바) load status LED "OFF" : 정상 동작 시 소등

(사) load status LED "ON" : 저전압 또는 연결이 끊어진 경우 점등

(아) flash < 10% LED "Flashing" : 과부하 또는 부하 단락 시 깜빡거림

② PV 입력 단자

태양 전지 모듈 A(photovoltaic cell module(M01)) 또는 B(photovoltaic cell module(M02)의 출력을 입력하는 ϕ4mm 절연 단자로서 4mm 절연 케이블을 이용하여 연결한다.

③ 배터리 연결 단자

충전 컨트롤러를 통해 제어된 충전 전류를 축전지 모듈 (battery bank module (M06))에 연결하는 ϕ4mm 절연 단자로서 4mm 절연 케이블을 이용하여 연결한다.

④ DC 출력 단자

충전 컨트롤러를 통한 직류 전력을 독립형 인버터 모듈(stand-alone inverter module(M07))에 연결하는 ϕ4mm 절연 단자로서 4mm 절연 케이블을 이용하여 연결한다.

6 축전지 모듈 : battery (M06)

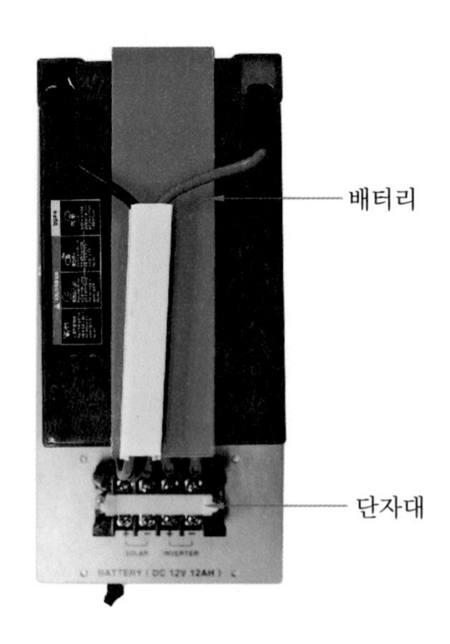

그림 3-6 battery module

(1) 특징 및 기능

태양 전지 모듈을 통해 발전된 전력이 충전 제어 모듈 (charging controller(M05))을 거쳐 충전되는 배터리 모듈로서 12V 12AH 배터리가 연결되어 있다.

이 축전지 모듈을 통해 DC 부하를 직접 사용하거나 독립형 인버터 모듈(stand-alone inverter module(M07))을 통해 AC로 변환되어 AC 부하를 작동시키게 되는데 많은 전력을 소모하게 된다. 여기에 부족한 전력을 공급하는 역할을 한다.

(2) 규격

① **크기** : $380(W) \times 309(H) \times 120(D)$ mm

② battery (12V, 12AH) : 1 EA

(3) 각부 설명

① **단자대**

충전 제어 모듈(charging controller module(M05))의 배터리 연결 단자에서 출력된 전력을 축전지에 충전하기 위해 연결하는 Y단자로서 Y터미널 케이블을 이용하여 연결한다.

7 독립형 인버터 모듈 : DC/AC inverter (M07)

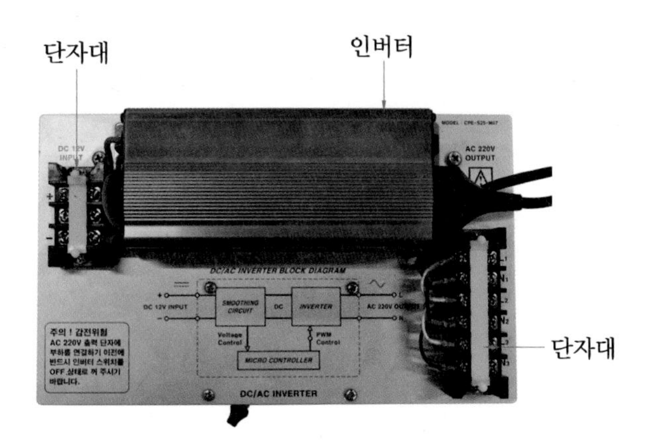

그림 3-7 DC/AC inverter

(1) 특징 및 기능

독립형 인버터 모듈(stand-alone inverter module(M07)) 태양광 발전을 통해 생성된 DC 전압을 충전 컨트롤러 모듈에서 직접 접속이 되거나 축전지 모듈을 통해 연결되어 AC 전압으로 변환하여 출력하는 모듈로서 DC/AC의 전압, 전류의 값을 측정할 수 있고, 출력단 단자대를 통하여 외부 부하를 동작시킬 수 있다.

인버터는 250W급으로 유사 정현파를 출력하며 과열이나 회로 단락, 과부하 등으로부터 보호될 수 있도록 설계되었다.

(2) 규격

① **크기** : 270(W)×160(H) mm

② inverter

㈎ 출력(AC) : 250W 유사 정현파

㈏ 주파수 : 60Hz

㈐ 보호 기능 : 과열, 회로 단락, 과부하

㈑ 경고 기능 : 배터리 저전압과 과열 시 경고음, 적색등

(3) 각부 설명

① **인버터 스위치 & 알람**

인버터를 동작시키기 위한 main 스위치로 ON하면 DC 입력을 받아 AC를 출력한다.

alarm은 인버터 작동 시 과부하나 단락으로부터 경보음을 내기 위한 것이다.

(가) yellow 점등 시 : 일반적인 상태

(나) red 점등 시 : inverter OFF

② DC 입력 단자

충전 제어 모듈(charging controller module(M05)) DC 출력 단자에서 인버터 연결 단자로부터 또는 축전지 모듈(battery module(M06))의 축전지 연결 단자를 통해 DC 입력되는 Y 터미널 단자로 Y 터미널 케이블을 이용하여 연결한다.

③ AC 220V 출력 단자

인버터로부터의 출력된 AC 전원을 AC 부하 모듈(AC load module(M08, 9, 10))에 연결하기 위한 Y 터미널 단자로 Y 터미널 케이블을 이용하여 연결한다.

8 AC 램프 부하 모듈 : AC lamp (M08)

그림 3-8 lamp module

(1) 특징 및 기능

배터리에서 출력되는 DC 전압이 독립형 인버터 모듈(stand-alone inverter module(M07))에 인가되면 AC 전원이 출력된다. 이 출력 전압을 이용하여 lamp를 동작시켜 전압과 전류의 변화를 측정할 수 있는 실습 모듈이다.

pilot lamp(적색, 청색)로서 AC 220V가 인가되면 램프가 점등되며 소모되는 전압 전류를 측정할 수 있다.

(2) 규격

① **크기(M08)** : 123(W)×69(H) mm

② AC lamp AC 220V, 1W : 1 EA

9 AC 모터 부하 모듈 : AC motor (M09)

그림 3-9 motor module

(1) 특징 및 기능

배터리에서 출력되는 DC 전압이 독립형 인버터 모듈(stand-alone inverter module(M07))에 인가되면 AC 전원이 출력된다. 이 출력 전압을 이용하여 motor를 동작시켜 전압과 전류의 변화를 측정할 수 있는 실습 모듈이다.

AC 220V, 1A, 5.3W의 정격을 가지며, 소모되는 전압 전류를 측정할 수 있다.

(2) 규격

① **크기 (M09)** : 115(W)×69(H) mm

② **AC motor AC 220V, 5.3W 회전원판 부착형** : 1 EA

③ **AC motor 전력 제어 (위상 제어) 가변 장치** : 1 EA

10 AC 버저 부하 모듈 : AC buzzer (M10)

그림 3-10 buzzer module

(1) 특징 및 기능

배터리에서 출력되는 DC 전압이 독립형 인버터 모듈 (stand-alone inverter module (M07))에 인가되면 AC 전원이 출력된다. 이 출력 전압을 이용하여 buzzer를 동작시켜 전압과 전류의 변화를 측정할 수 있는 실습 모듈이다.

AC 220V를 받아 동작하며 13.5W, 80dB의 출력으로 '삐~' 소리를 내며 소모되는 전압 전류를 측정할 수 있다.

(2) 장비 사양 및 규격

① **크기(M10)** : 115(W)×69(H) mm

② **buzzer AC 220V, 13.5W** : 1 EA

11 디지털 미터 : Meter (M11)

그림 3-11 meter module

(1) 특징 및 기능

모듈 하나로 직류 전압, 직류 전류, 교류 전압, 교류 전류, 저항 및 쇼트 진단 등을 측정할 수 있는 모듈이다. 중간의 로터리 스위치로 사용자가 원하는 기능으로 위치시키고 프로브를 사용하여 측정을 할 수 있다.

back light 기능이 있어 어두운 곳에서도 값의 확인이 가능하다.

(2) 규격

① 수동 조작

② 표시 창 : 0000~1999 표시

③ 백라이트 기능

④ 직류 전압 0~500 V ± (1.0% + 4dgt)

⑤ 교류 전압 0~500 V ± (2.5% + 8dgt)

⑥ 저항 0~2 MΩ ±(2%+5dgt)

⑦ diode 시험 전압 : 약 2.5 V

⑧ 직류 전류 20/200μA/2/20/200mA±(3%+5dgt) 10A±(4%+5dgt)

(3) 각부 설명

① 교류 전압 측정

0~500V 사이의 교류 전압 값을 측정할 수 있다. 측정하고자 하는 값을 모를 경우 높은 레인지에 맞춘 후 측정하도록 한다.

② 직류 전압 측정

200mV~500V까지의 직류 전압을 측정할 수 있다. 측정하고자 하는 값을 모를 경우 높은 레인지에 맞춘 후 측정하도록 한다.

③ 전류 측정

20uA~10A까지의 전류를 측정할 수 있다. 측정하고자 하는 값을 모를 경우 높은 레인지에 맞춘 후 측정하도록 한다.

④ 부하 측정

200Ω~2MΩ까지의 부하 저항을 측정할 수 있다. 측정하고자 하는 값을 모를 경우 높은 레인지에 맞춘 후 측정하도록 한다.

12 계통 연계형 인버터 모듈 : grid connected inverter module (M12)

그림 3-12 **계통 연계형 인버터 모듈**

(1) 특징 및 기능

계통 연계형 인버터 모듈은 태양광 발전을 통해 생성된 DC 전압을 AC 전압으로 출력하고, 이를 상용 전원으로 사용할 수 있다. 출력 단자대를 통하여 외부 계통 또는 부하로 AC 전원을 사용할 수 있다. 외부 계통 또는 부하로 가는 전력량의 측정은 적산 전력계 모듈을 통해 가능하다. 인버터는 300W급으로 순수 정현파를 출력하며 과열이나 회로 단락, 과부하 등으로 보호되도록 설계되어 있다.

(2) 규격

① **크기** : 270(W)×140(L)×90(H) mm

② inverter

(가) DC input voltage : 12V, 24V(10.8~30V DC)

(나) power output : 250W(peak power : 300W)

(다) 효율 : 92 %

(라) 역률 : 0.99

(마) 출력 파형 : 순수 사인파

(바) 주파수 : 46~65 Hz

(사) 출력 전압 : 190~260V AC

(아) MPPT 함수 : 내장

(자) 과전류, 과온 역전압 보호 회로 내장

13 적산 전력계 모듈 : electricity meter module (M13)

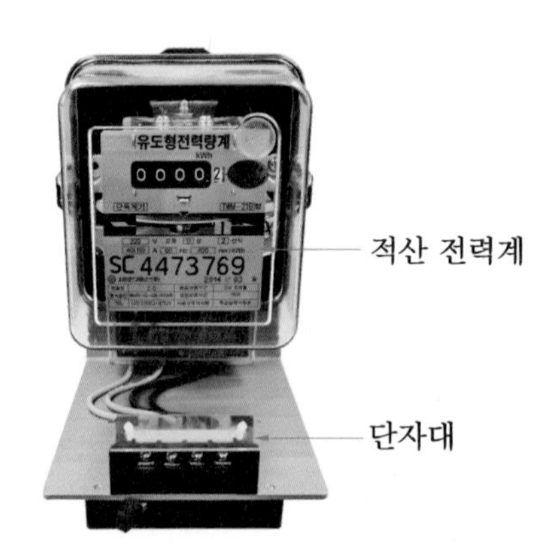

그림 3-13 **적산 전력계 모듈**

(1) 특징 및 기능

독립형 인버터 및 계통 연계형 인버터를 거쳐 출력되는 AC 전압을 통해 사용되는 부하의 사용 전력량이나 계통에서 사용하는 전력량을 측정할 때 사용된다. 1S, 2S 단자는 인버터 모듈에, 1L, 2L 단자는 부하 모듈에 연결하여 사용한다.

(2) 규격

① **크기** : 130(W)×130(L)×220(H) mm

② 단상 2선식(1P2W)

③ **전류** : 30(10)A

④ **전압** : 220V

⑤ **부착 방식** : 노출형

14 퓨즈 모듈 : fuse module (M13)

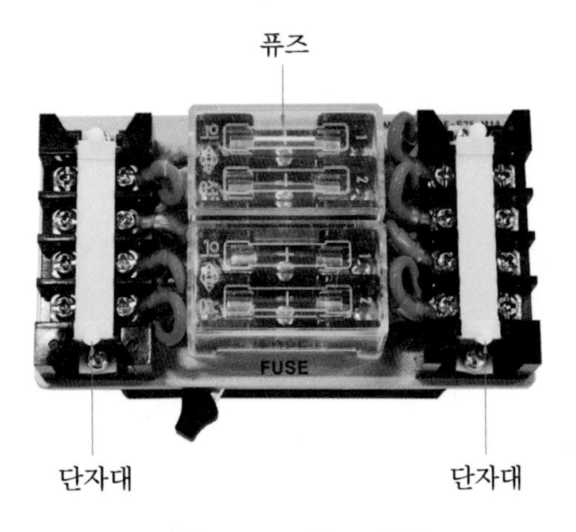

그림 3-14 **퓨즈 모듈**

(1) 특징 및 기능

회로의 보호를 위해 사용된다. 회로에 사용될 위치의 적정 전류 값을 미리 예측하고 그 이상이 되면 퓨즈의 단선으로 인해 기기 및 회로를 보호할 수 있다. F1, F2, F3, F4는 퓨즈 4개의 입력과 출력을 결선하기 위한 Y 터미널 단자로 Y 터미널 케이블을 이용하여 연결한다.

(2) 규격

① **퓨즈** : 4 EA

② **정격** : 250V 5A

15 가변 저항 모듈 : variable register module (M15)

그림 3-15 **가변 저항 모듈**

(1) 특징 및 기능

로터리 스위치를 사용하여 저항의 변화를 주면서 솔라 모듈의 특징 등을 관찰할 수 있다. 솔라 모듈의 $V-I$ 특성 곡선 등을 측정할 때 사용된다.

(2) 규격

① **저항 범위** : 0~50 Ω
② **최대 사용 전력** : 50 W
③ **단자대** : VR_1, VR_2, VR_3는 가변 저항 부하를 결선하기 위한 Y 터미널 단자로 Y 터미널 케이블을 이용하여 연결한다.

16 션트 모듈 : shunt module (M16)

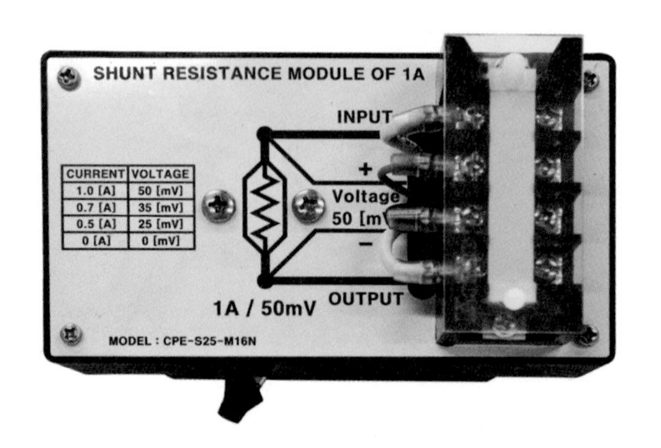

그림 3-16 **션트 모듈**

(1) 특징 및 기능

션트는 전류계의 측정 범위를 확장시켜주는 저항 소자이다. 사용 방법은 전류계와 병렬로 접속하여 분류기의 전류 흐름에 대한 전압 강하를 전류계가 검출하여 그 배율만큼 값을 지시하도록 한다.

(2) 규격

① **정격** : 1A/50mV

② **단자대**

㈎ IN OUT 단자

IN은 전원 측으로, OUT은 부하 측으로 결선하기 위한 Y 터미널 단자로 Y 터미널 케이블을 이용하여 연결한다.

㈏ 50mV +, − 단자

+단자는 패널미터 전류계(또는 전압계)의 +측으로, −단자는 패널미터 전류계(또는 전압계)의 −측으로 결선하기 위한 Y 터미널 단자로 Y 터미널 케이블을 이용하여 연결한다.

17 션트 모듈 : shunt module (M17)

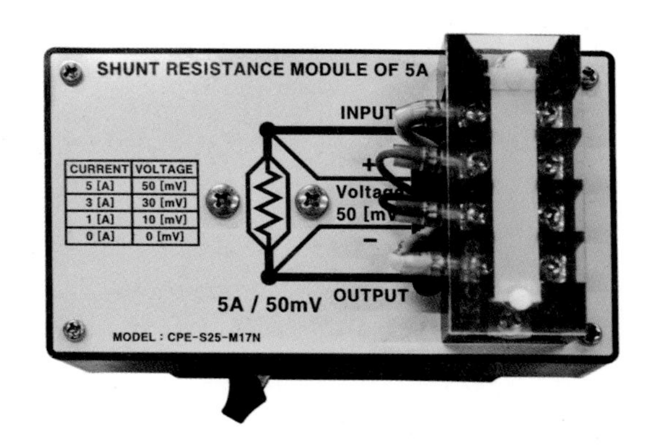

그림 3-17 **션트 모듈**

(1) 특징 및 기능

션트는 전류계의 측정 범위를 확장시켜주는 저항 소자이다. 사용 방법은 전류계와 병렬로 접속하여 분류기의 전류 흐름에 대한 전압 강하를 전류계가 검출하여 그 배율만큼 값을 지시하도록 한다.

(2) 규격

① **정격** : 5A/50mV

② **단자대**

(가) IN OUT 단자

IN은 전원 측으로, OUT은 부하 측으로 결선하기 위한 Y 터미널 단자로 Y 터미널 케이블을 이용하여 연결한다.

(나) 50mV +, - 단자

+단자는 패널미터 전류계(또는 전압계)의 +측으로, -단자는 패널미터 전류계(또는 전압계)의 -측으로 결선하기 위한 Y 터미널 단자로 Y 터미널 케이블을 이용하여 연결한다.

18 직류 전압계 모듈 : DC voltage meter module (M18)

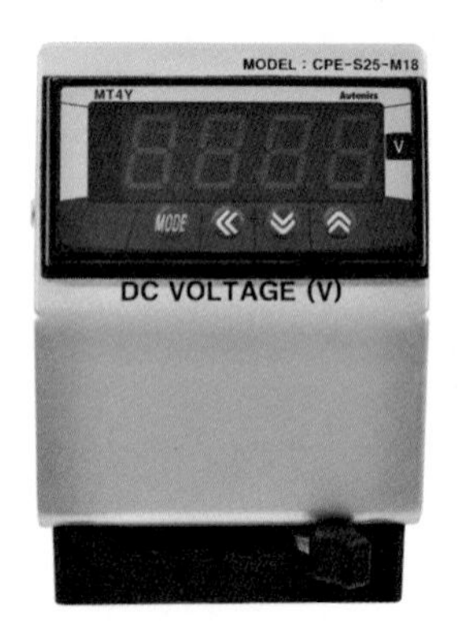

그림 3-18 **직류 전압계 모듈**

(1) 특징 및 기능

직류 전압을 측정하기 위한 4자리 수 디지털 계기이다. 이 패널미터는 후면 단자의 결선을 통해 측정값 범위를 바꿀 수 있다.

(2) 규격

① DC voltage meter

(가) 최대 측정 입력 사양 : DC 500V

(나) 최대 표시 범위 : -1999~9999

(다) 표시의 고기능화한 hi/low 스케일 기능

㈑ 통신 기능 : RS-485

② **단자대**

㈎ AC 220V power_L, N 단자

패널미터용 전원, 220V 결선을 위한 Y 터미널 단자로 Y 터미널 케이블을 이용하여 연결한다.

㈏ DC_V input_+, - 단자

측정하고자 하는 직류 전압을 결선하기 위한 Y 터미널 단자로 Y 터미널 케이블을 이용하여 연결한다.

19 직류 전류계 모듈 : DC ampere meter module (M13)

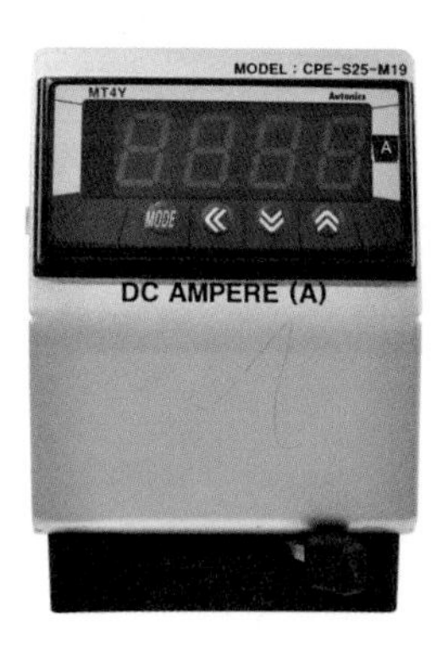

그림 3-19 **직류 전류계 모듈**

(1) 특징 및 기능

직류에 흐르는 전류 값을 확인할 때 사용된다. 디지털 방식으로 되어있어 사용자가 측정되는 전류 값을 쉽게 확인할 수 있다.

(2) 규격

① DC ampere meter

㈎ 최대 측정 입력 사양 : DC 5A, AC 5A

㈏ 최대 표시 범위 : -1999~9999

㈐ 표시의 고기능화한 hi/low 스케일 기능

㈑ 통신 기능 : RS-485

② **단자대**

㈎ AC 220V power_L, N 단자

패널미터용 전원, 220V 결선을 위한 Y 터미널 단자로 Y 터미널 케이블을 이용하여 연결한다.

(나) DC_A input_+, − 단자

측정하고자 하는 직류 전류를 결선하기 위한 Y 터미널 단자로 Y 터미널 케이블을 이용하여 연결한다.

20 교류 전압계 모듈 : AC voltage meter module (M20)

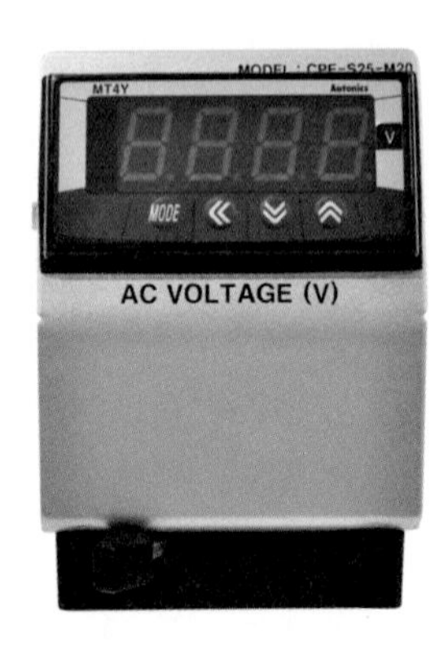

그림 3-20 **교류 전압계 모듈**

(1) 특징 및 기능

교류 전원에 흐르는 전압을 확인하기 위해 사용된다. 디지털 방식으로 사용자가 쉽게 전압 값을 확인할 수 있다.

(2) 규격

① AC voltage meter

(가) 최대 측정 입력 사양 : AC 500V

(나) 최대 표시 범위 : −1999~9999

(다) 표시의 고기능화한 hi/low 스케일 기능

(라) 통신 기능 : RS-485

② **단자대**

(가) AC 220V power_L, N 단자

패널미터용 전원, 220V 결선을 위한 Y 터미널 단자로 Y 터미널 케이블을 이용하여 연결한다.

(나) AC_V input_L, N 단자

측정하고자 하는 교류 전압을 결선하기 위한 Y 터미널 단자로 Y 터미널 케이블을 이용하여 연결한다.

21 교류 전류계 모듈 : AC ampere meter module (M21)

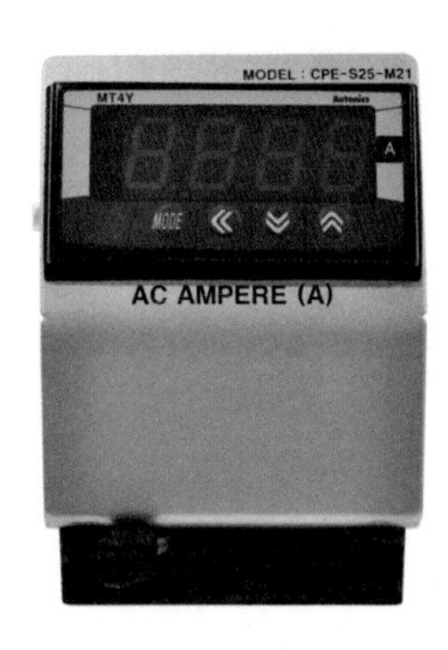

그림 3-21 **교류 전류계 모듈**

(1) 특징 및 기능

교류에 흐르는 전류 값을 확인할 때 사용된다. 디지털 방식으로 되어있어 사용자가 측정되는 전류 값을 쉽게 확인할 수 있다.

(2) 규격

① AC ampere meter

(가) 최대 측정 입력 사양 : AC 500V

(나) 최대 표시 범위 : -1999~9999

(다) 표시의 고기능화한 hi/low 스케일 기능

(라) 통신 기능 : RS-485

② 단자대

(가) AC 220V power_L, N 단자

패널미터용 전원, 220V 결선을 위한 Y 터미널 단자로 Y 터미널 케이블을 이용하여 연결한다.

(나) AC_A input_L, N 단자

측정하고자 하는 교류 전류를 결선하기 위한 Y 터미널 단자

22 교류 입력 터미널 모듈 : AC input terminal block module (M22)

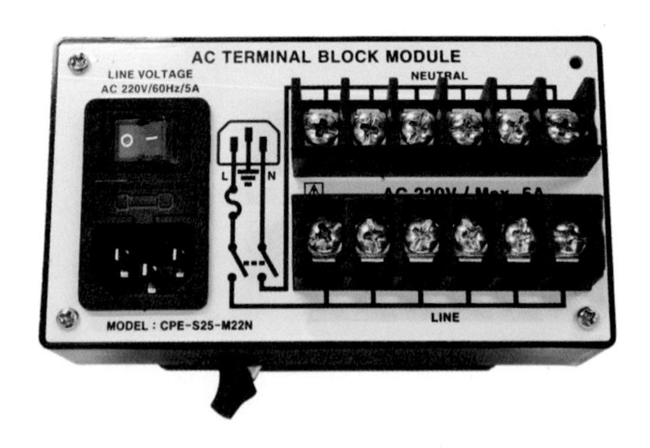

그림 3-22 **교류 입력 터미널 모듈**

(1) 특징 및 기능

외부로부터 입력되는 AC 220V 전원을 분배하는 터미널이다. AC, DC 계측기, 인버터, 광원 모듈 등에 사용되는 전원을 터미널을 통해서 연결할 수 있다.

(2) 규격

① AC 220V/5A

② AC output_L : 10 EA

③ AC output_N : 10 EA

APPENDIX 부록

1. SI 단위계
2. [결과 및 고찰] 해설 및 정답

부 록

1 SI 단위계

MK SA 단위계를 기초로 하여 7개의 기본 단위, 2개의 보조 단위, 다수의 유도 단위로 구성된 국제적인 통일 단위계

SI 기본 단위		
물리량	이름	기호
길이	미터	m
질량계	킬로그램	kg
시간	초	s
전류	암페어	A
온도	켈빈	K
물질량	몰	mol
광도	칸델라	cd

SI 차원 단위		
유도량	이름	기호
주파수	헤르츠	Hz
힘	뉴턴	N
압력, 응력	파스칼	Pa
에너지, 일, 열량	줄	J
일률, 전력, 동력	와트	W
전하량, 전기량	쿨롱	C
전위차, 기전력, 전압	볼트	V
전기 용량	패럿	F
전기 저항	옴	Ω
컨덕턴스	지멘스	S
자기 선속	웨버	Wb
자기 선속 밀도	테슬라	T
인덕턴스	헨리	H
섭씨온도	섭씨도	℃
광선속	루멘	lm
조도	룩스	lx
방사능	베크렐	Bq
흡수선량	그레이	Gy
선량당량	시버트	Sv
촉매활성도	캐탈	kat

SI 유도 단위		
유도량	이름	기호
넓이	제곱미터	m^2
부피	세제곱미터	m^3
속력, 속도	미터 퍼 초	m/s
가속도	미터 퍼 초 제곱	m/s^2
밀도	킬로그램 퍼 세제곱미터	kg/m^3
농도	몰 퍼 세제곱미터	mol/m^3
광휘도	칸델라 퍼 제곱미터	cd/m^2

SI와 함께 쓰이는 단위		
유도량	이름	기호
시간	분	min
시간	시간	h
시간	일	d
각도	도	°
각도	분	′
각도	초	″
부피	리터	L
질량	톤	t

비 SI 단위(SI 단위계와 함께 사용)		
유도량	이름	기호
에너지	전자 볼트	eV
질량	원자량 단위	u
길이	천문 단위	au
길이	해리	해리
속력	노트	kn
넓이	아르	a
넓이	헥타르	ha
압력	바	bar
길이	옹스트롬	Å
면적	바안	b

2 [결과 및 고찰] 해설 및 정답

2-1 태양광 모듈의 개방 전압, 단락 전류 측정 59쪽

2. 모듈의 크기가 크다고 해서 출력이 높은 것은 아니다. 태양광 발전 셀은 자체에서 빛을 전기로 바꾸어주기 때문에 셀을 만드는 재료인 실리콘의 순도 차이에 따라서 단결정과 다결정으로 나뉘는데 단결정이 다결정보다 효율이 조금 더 높다. 따라서 모듈의 출력은 셀의 재질, 셀의 직·병렬연결, 일사량, 온도 등 여러 가지 환경에 따라 달라 질 수 있다.

4. 실내에서는 인공조명인 할로겐램프를 사용하고, 실외에서는 자연조명을 사용하므로 각각의 복사 에너지량(일사량)의 차이가 있으므로 개방 전압과 단락 전류의 측정값은 차이가 있다. 실외에서 측정한 자연조명이 복사 에너지량(일사량)이 현저하게 많으므로 개방 전압과 단락 전류의 측정값이 큰 것을 알 수 있다. 일사량은 전압보다는 전류의 크기에 더 많은 영향을 미친다.

2-2 태양광 모듈의 거리에 따른 전기적 특성 65쪽

6. 최대 전력은 빛이 모듈의 표면에 90°의 각도로 투사할 때 태양 전지 모듈에 의해 공급된다. 태양빛의 거리는 하루 동안, 일 년 동안 변화하며 고정 설치된 태양 전지 모듈로는 이룰 수 없다. 광원에서 거리가 멀어질수록 태양 전지 모듈의 전류는 감소한다. 따라서 태양 전지 모듈의 광전류는 광원에서부터의 거리의 제곱에 반비례한다.

$$I = \frac{1}{d^2}$$

2-4 태양광의 복사 조도 변화에 따른 특성 77쪽

3. 전기적인 출력과 PV 모듈의 $V-I$ 특성 곡선의 커브는 온도와 복사 조도에 의해 좌우된다. 복사 조도는 온도에 비해 많은 변화를 주고 복사 조도의 변화는 모듈에 흐르는 전류에 악영향을 주며, 전류 또한 복사 조도에 직접적인 영향을 받는다. 복사 조도가 반으로 떨어지면 전력도 반으로 감소한다.

2-6 태양광 모듈의 직렬연결 특성 88쪽

4. 배터리는 화학(chemical) 에너지를 전기(electrical or galvanic) 에너지로 변환시켜 방출(방전)할 수 있으며, 역으로 방전된 상태에 전기 에너지를 공급(충전(充電))하면 이를 화학 에너지 형태로 다시 저장할 수 있는 전지, 즉 충전과 방전을 교대로 반복할 수 있는 전지를 말한다. 배터리(축전지)의 특성은 방전 시 물 분자로부터의 양성자가 (+) 전극에 저장되고 (−) 전극에서 이탈한다. 셀(cell) 전압은 충전 수준에 따라 1.25~1.35V이지만 정격 전압은 1.2V이다. 셀(cell) 전압이 낮아서 축전지 전압을 높이려면 많은 셀(cell)을 직렬연결해야 한다.

태양광 모듈의 직렬연결 특성은 PV 모듈에서 솔라 셀을 직렬로 연결하면 충분히 높은 전압을 생성한다. 솔라 셀을 직렬로 연결하여 전기적인 파라미터와 $I-V$ 특성 곡선의 변화를 보면, 셀 전압의 증가를 가져오지만 전류는 일정하다. 독립형 시스템은 표준 12V 배터리를 일반적으로 사용하고 모듈에 의하여 충전되므로 17V의 전압 레벨에 PV 모듈이 최적의 충전 시스템이다. 따라서 17V의 전압은 여러 개의 솔라 셀을 직렬로 연결하여 공급하게 된다.

2-7 태양광 모듈의 병렬연결 특성 95쪽

5. 태양광 모듈의 병렬연결 특성은 PV 모듈에서 솔라 셀을 병렬로 연결하면 충분히 높은 전류를 생성한다. 솔라 셀을 병렬로 연결하여 전기적인 파라미터와 $I-V$ 특성 곡선의 변화를 보면, 셀 전압은 일정하지만 전류는 증가한다. 따라서 높은 출력을 얻어내기 위해서는 여러 개의 솔라 셀을 병렬로 연결하여 공급하게 된다.

2-8 태양광 모듈의 직·병렬연결 특성 99쪽

4. 태양광 인버터의 경우 시작 전압(V), 최소 MPPT(V), 최대 MPPT(V), 최대 개방 전압(V) 값을 알 수 있다. 시작 전압은 인버터가 발전을 시작하는 전압, MPPT는 최대 출력점 추종 제어용에서 인버터가 일조 강도나 온도의 변화에 따라 변하는 모듈의 전압과 출력을 자동적으로 추적하여 인버터의 출력이 최대가 되게 하는 것이다. 즉 최소와 최대 MPPT 사이에 있어야 태양광 발전이 잘된다. 따라서 태양광 모듈의 직·병렬연결은 인버터가 최대 MPPT 사이에 존재하도록 하여 많은 태양광 발전을 할 수 있도록 하기 위한 것이다.

5. B(M02) 모듈의 사양은 V_{max}=6V, I_{max}=660mA, P_{max}=4W이므로 총 28개의 모듈이 필요하며, 4개의 직렬 모듈을 7개의 병렬로 접속을 해야만 20V, 100W의 DC 부하에 전기를 공급해 줄 수 있다.

- 4개의 직렬 모듈은 V_{max}=24V, I_{max}=660mA, P_{max}=15.84W이고
- 7개의 병렬 모듈은 V_{max}=24V, I_{max}=4.62A, P_{max}=110.88W이므로

총 28개의 모듈이 필요하다.

2-9 역전압 방지 다이오드 특성 106쪽

2. 역전압 방지 다이오드는 태양 전지 모듈과 배터리가 함께 설치되었을 경우, 모듈에서 생성된 전류만 모듈 밖으로 흐르게 하고 배터리에서 전류가 모듈 쪽으로 흐르는 것을 막는 역할을 한다. 이러한 블로킹 다이오드에 의해 야간이나 우천 시 배터리에서 모듈로 방전되는 것을 차단함으로써 배터리의 전력 소모를 방지하고 태양 전지 모듈을 보호하게 된다.

3. 정류(범용) 다이오드는 가장 기본적이고 범용적인 다이오드로서 한 쪽 방향으로만 전류가 흐를 수 있게 만들어서 정류 작용을 하거나 역전류를 방지해서 회로를 보호하는 역할을 하는 다이오드이다. 가정용 어댑터 등에 많이 쓰인다.

제너 다이오드(zener diode)는 주로 정전압 장치에 쓰이며, 전압을 일정하게 유지하는 역할을 하는 다이오드이다. 일반 다이오드와 다르게 역방향으로 전압을 걸어서 사용한다.

발광 다이오드(LED : Light-Emitting Diode)는 순방향으로 전류를 가하면 빛을 내는 특징을 가지는 다이오드이다. 각종 전자, 전기 장치의 표시 부분이나 조명용으로도 많이 사용한다.

포토다이오드는 발광 다이오드와는 반대로 빛 에너지를 전기 에너지로 바꿔주는 소자이다. 빛의 강도에 비례하는 전압을 만들어낸다. 그러므로 빛의 세기를 감지하는 센서로 사용이 가능하며 리모컨의 수신부, 화재경보기 등에 쓰인다.

쇼트키 다이오드는 일반 다이오드에 비해 마이크로파(고주파)에서의 특성이 좋고 매우 좁은 쇼트키 장벽 내에서 전류 제어 작용이 행해지기 때문에 고속 동작(고속 스위칭)에 적합하며, 마이크로파 수신 혼합기, 고속 논리용 다이오드 등에 사용된다.

2-10 태양광 모듈의 shading 특성 I 112쪽

5. 솔라 모듈 위에 일부분이 가려져 한 개의 셀 또는 여러 개의 셀에 그림자가 지면, 이 cell은 전류가 생성되지 않고 전기적으로 부하가 된다. 그러므로 이 셀은 다른 셀에서 생성된 전류가 흐르고 곧 전류 흐름은 열로 전환된다. 만약 이 셀로 흐르는 전류가 크다면 hot spot(흑점) 효과를 일으킬 수 있다.

2-11 태양광 모듈의 shading 특성 II 118쪽

3. 태양 전지 모듈의 일부 셀이 나뭇잎, 새 배설물 등으로 그늘(음영)이 발생하면 그 부분의 셀은 전기를 생산하지 못하고 저항이 증가하게 된다. 이때 그늘진 셀에는 직렬로 접속된 다른 셀들의 회로(string)의 모든 전압이 인가되어 그늘진 셀은 발열하게 된다. 이 발열된 부분을 핫 스폿이라고 하며, 셀이 고온이 되면 셀과 그 주변의 충진재가 변색되고 뒷면 커버의 팽창, 음영 셀의 파손 등을 일으킬 수 있다.

2-13 태양광 모듈의 바이패스 다이오드 특성 II 129쪽

2. 셀이 고온이 되면 셀과 그 주변의 충진재가 변색, 팽창, 음영 셀의 파손 등을 방지하기 위한 목적으로 고정하게 된 셀들과 병렬로 접속하여 음영된 셀에 흐르는 전류를 바이패스(by-pass)하도록 하는 것이다.

3. 바이패스 다이오드는 태양 전지 모듈 후면에 있는 출력 단자함에 설치되며, 일반적으로 모듈 1매의 바이패스 다이오드의 설치 개수는 모듈을 구성하는 셀의 개수에 따라 다르나, 보통 2~3(셀 18~20개마다 1개)개가 설치되고 있다. 바이패스 다이오드가 없을 경우 셀과 셀 그 주변의 충진재가 변색되고 뒷면 커버의 팽창, 음영 셀의 파손 등을 일으킬 수 있다.

2-14 충전 컨트롤러 및 축전지 특성 142쪽

6. 배터리의 전압이 일정 전압 이하로 떨어지면 다시 전류 흐름을 연결시켜 준다. 이것을 전압 조절(voltage regulating)이라고 하며, 모든 충전 컨트롤러의 기본적인 기능이다. 배터리와 부하의 연결 단자가 별도로 분리되어 있으며, 이렇게 방전 보호가 있는 경우가 여러 차례 배터리를 100% 방전하여도 배터리의 수명이 오래간다.

과방전 보호를 했을 경우와 미보호에 의한 100% 방전시의 배터리 수명을 그래프로 보여 준다.

(충 · 방전 횟수는 제작사와 종류에 따라 많은 차이가 나므로 다음의 예는 특정 배터리에 한한 것이다.)

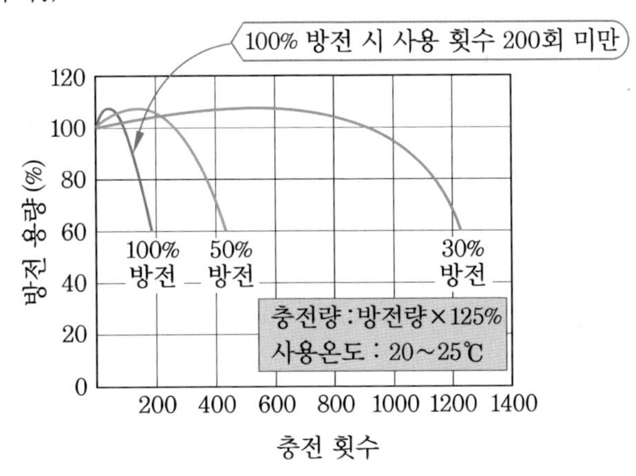

7. 배터리 전압은 $P-V$ 특성 곡선에서의 동작점을 결정하기 때문에 PC 어레이는 최대 전력점에서 작동하지 않는 경우가 많으며, 직렬 충전 조절기와 병렬 충전 조절기는 사용 가능한 태양 에너지(조도)를 항상 최적으로 사용할 수 있도록 만들어주지 않는다. 이럴 경우에는 최대 전력점 추종 장치를 사용하여 방지할 수 있다. MPPT는 기본적으로 DC/DC 컨버터로 구성되어 있다. MPPT는 조절을 수행하는데 약 5분마다 PV 어레이의 전류/전압 특성 곡선을 따라가다 최대 전력점을 결정하고, 그 다음 PV 어레이에서 최적의 전력을 사용하여 배터리의 충전 전압으로 조절할 수 있도록 DC/DC 컨버터가 설정된다.

2-17 독립형 인버터 무부하 특성 160쪽

3. 인버터의 역할은 자동 운전 / 정지 기능(전력이 생산 가능할 때 운전 시작, 생산되지 못할 때 운전 정지), 최대 전력 추종(태양광 모듈은 일사량과 표면 온도에 따라 출력이 변동함, 인버터는 태양광 모듈의 최대 출력점을 추적하여 태양광 모듈로부터 최대 출력을 얻을 수 있도록 제어함), 단독 운전 방지 기능(태양광 발전소 정전 작업 시 운전을 정지하여 보수 안정성 확보), 자동 전압 조정 기능(계통 연계 시 출력 전압이 계통 운용 범위를 초과하지 않도록 조절함), 직류 검출 기능(변환되지 않은 직류에서 검출 시 자동으로 운전 정지) 등이 있다.

2-18 독립형 인버터 부하 특성

168쪽

3. 태양광 발전 시스템은 발전기에 해당하는 태양광 패널(태양 전지 어레이), 전력 저장 기능의 축전 장치, 태양 전지에서 발전한 직류를 교류로 변환하는 전력 변환 장치인 인버터, 시스템 제어 및 모니터링과 부하 등으로 구성된다. 태양광 발전 시스템은 크게 계통 연계형 태양광 발전 시스템과 독립형 태양광 발전 시스템으로 구분된다. 독립형 태양광 발전 시스템은 태양광에 의해 생산된 전력을 배터리에 저장했다가 발전이 어려운 밤에 사용할 수 있기 때문에 전력 운용 효율이 높다. 또한 배터리로부터 전력을 사용하기 때문에 전력 품질이나 안정성도 뛰어나다는 장점이 있다.

신재생에너지 시스템기술
태양광발전설비
실기 실습

2022년 8월 10일 인쇄
2022년 8월 15일 발행

저자 : 최순식
펴낸이 : 이정일

펴낸곳 : 도서출판 **일진사**
www.iljinsa.com

04317 서울시 용산구 효창원로 64길 6
대표전화 : 704-1616, 팩스 : 715-3536
등록번호 : 제1979-000009호(1979.4.2)

값 24,000원

ISBN : 978-89-429-1744-0